高等职业院校课程改革项目优秀教学成果
高等职业院校土木工程类专业教材

# 建筑材料

主　编　王海波　冷超群　赵　霞
副主编　曾宪群　赵世军　张　晶
参　编　赵　红　陈华志



北京理工大学出版社
BEIJING INSTITUTE OF TECHNOLOGY PRESS

## 内 容 提 要

本书按照高职高专院校人才培养目标以及专业教学改革的需要，结合建筑工程材料最新标准规范进行编写。全书除绪论外，共分十四章，主要内容包括：建筑材料的基本性质，建筑石材，气硬性胶凝材料，水泥，混凝土，建筑砂浆，墙体和屋面材料，建筑钢材，建筑木材，防水材料，建筑塑料、涂料和胶粘剂合成高分子材料，绝热材料和吸声材料，建筑装饰材料，建筑材料检测与试验等。

本书可作为高职高专建筑工程技术、工程造价、建筑工程管理等专业的教材，也可作为函授和自考辅导用书，同时可供相关培训机构及土建工程技术人员学习参考。



**图书在版编目（CIP）数据**

建筑材料/王海波，冷超群，赵霞主编.—北京：北京理工大学出版社，2016.7(2020.10重印)

ISBN 978-7-5682-1872-6

Ⅰ.①建…　Ⅱ.①王…　②冷…　③赵…　Ⅲ.①建筑材料－高等学校－教材　Ⅳ.①TU5

中国版本图书馆CIP数据核字(2016)第022236号

出版发行 / 北京理工大学出版社有限责任公司
社　　址 / 北京市海淀区中关村南大街5号
邮　　编 / 100081
电　　话 / (010)68914775(总编室)
　　　　　(010)82562903(教材售后服务热线)
　　　　　(010)68948351(其他图书服务热线)
网　　址 / http://www.bitpress.com.cn
经　　销 / 全国各地新华书店
印　　刷 / 天津久佳雅创印刷有限公司
开　　本 / 787毫米×1092毫米　1/16
印　　张 / 15.5　　责任编辑 / 李玉昌
字　　数 / 427千字　　文案编辑 / 李玉昌
版　　次 / 2016年7月第1版　2020年10月第5次印刷　　责任校对 / 周瑞红
定　　价 / 45.00元　　责任印制 / 边心超

图书出现印装质量问题，请拨打售后服务热线，本社负责调换

# 前言 PREFACE

建筑是时代的橱窗，构成建筑的基本物质要素——建筑材料，也就按着时代的脉搏而呈现出自己的价值。建筑材料是建筑工程中使用的所有材料的总称。熟悉建筑材料的基本知识、掌握各种新材料的特性，是进行工程结构设计与研究和工程管理必要的基本条件；否则，会直接影响结构物的外观和使用功能，严重的则会危害结构的安全性，造成建筑工程事故。

本书根据高职高专院校人才培养目标以及专业教学改革的要求，结合高职高专院校土建类相关专业的需要进行编写。全书以材料的性能和应用为主线，注意理论与实际的结合，突出实用性，在内容安排上注意深度和广度之间的适当关系，使学生具有建筑材料的基础知识和试验技能，能在实践中正确选用与合理使用建筑材料，并为有关专业课程的开展打下良好的基础。通过本课程学习，使学生掌握工程中常用建筑材料的品种、规格、性质及使用，了解材料在储用、保管和验收中的有关问题。本课程重点是突出工程中常用的材料，要求学生系统复习，注意结合实际，利用一切机会观察以建成或在建工程所用各种材料，以补充丰富书本知识。

本书主要阐述了建筑材料的基本性质，建筑石材，气硬性胶凝材料，水泥，混凝土，建筑砂浆，墙体和屋面材料，建筑钢材，建筑木材，防水材料，建筑塑料、涂料和胶粘剂合成高分子材料，绝热材料和吸声材料，建筑装饰材料，建筑材料检测与试验等内容。为方便教学，本教材在各章前设置了“知识目标”和“技能目标”，“知识目标”以章节提要的形式概括了本章节的重点内容，“技能目标”则对学生学习本章内容后应具备的职业技能进行了提示，从而对学生学习和老师教学进行引导；在各章后面设置了“本章小结”和“思考与练习”，“本章小结”以学习重点为框架，对各章知识做了归纳，“思考与练习”以填空题、选择题和问答题的形式，从更深的层次给学生提供思考和复习的切入点。

本书由华东交通大学理工学院王海波、南昌理工学院冷超群、河北科技学院赵霞担任主编；江西生物科技职业学院曾宪群、贵州工商职业学院赵世军、福建对外经济贸易职业技术学院张晶担任副主编；贵州工商职业学院赵红、福建对外经济贸易职业技术学院陈华志参与了本书部分章节的编写。本书在编写过程中参阅了大量的文献，在此向这些文献的作者致以诚挚的谢意！

由于编写时间仓促，编者的经验和水平有限，书中难免有不妥和疏漏之处，恳请读者和专家指正。

编　者

# 目 录 CONTENTS

# 绪　论

建筑物是由各种材料建成的，用于建筑工程中的材料的性能对建筑物的各种性能具有重要影响。因此，建筑材料不仅是建筑物的物质基础，也是决定建筑工程质量和使用性能的关键因素。为使建筑物具有安全、可靠、耐久、美观、经济适用的综合性能，必须合理选择且正确使用建筑材料。

建筑材料课程是高等职业教育土建类专业的一门重要的技术基础课程，主要介绍常用建筑材料的组成、结构、性质、应用、技术标准、检验方法以及储运、保管等方面的基础知识。通过学习建筑材料课程，学生应掌握常用建筑材料的性质与应用的基础知识和基本理论，了解建筑材料的标准，并获得主要建筑材料检验方法的基本技能训练。

本课程教学以提高人才素质为核心，以培养学生职业能力为目的，注重理论联系实际，注重科学思维方法、分析问题能力和解决问题能力的培养。为学生学习建筑设计、建筑施工、建筑结构和建筑预、决算等专业课程提供材料方面的基础知 识，也为以后从事技术工作时能够正确选择、准确鉴别、合理使用、有效管理和科学开发建筑材料等打下基础。

## 一、建筑材料的定义与分类

### (一)建筑材料的定义

建筑材料是指建造建筑物或构筑物所使用的各种材料及制品的总称。建筑材料是一切建筑工程的物质基础。本课程讨论的建筑材料是构成建筑物本身的材料，包括地基基础、地面、墙、柱、梁、板、楼梯、屋盖、门窗和建筑装饰所需的材料，即狭义的建筑材料。广义的建筑材料指的是，除用于建筑物本身的各种材料外，还包括给水排水、供热、供电、供燃气、电信以及楼宇控制等配套工程所需的设备与器材。另外，施工过程中的暂设工程，如围墙、脚手架、板桩和模板等涉及的器具与材料，也应囊括其中。

### (二)建筑材料的分类

建筑材料的种类繁多，性能用途各异，为了便于区分和应用，工程中通常从不同的角度对建筑材料进行分类。

**1. 按照化学成分分类**

建筑材料按照化学成分不同可分为无机材料、有机材料和复合材料三大类，见表 0-1。

**表 0-1　建筑材料按照化学成分不同分类**

<table>
<tr><th>类　型</th><th>种　类</th><th>举　例</th></tr>
<tr><td rowspan="6">无机材料</td><td rowspan="2">金属材料</td><td>有色金属(铝、铜、锌、铅等及其合金)</td></tr>
<tr><td>黑色金属(铁、锰、铬等及其合金)</td></tr>
<tr><td rowspan="4">非金属材料</td><td>天然材料(砂、石及石材制品等)</td></tr>
<tr><td>烧土制品(砖、瓦、陶瓷和玻璃等)</td></tr>
<tr><td>胶凝材料(石灰、石膏、水泥和水玻璃等)</td></tr>
<tr><td>混凝土、砂浆和硅酸盐制品等</td></tr>
</table>

续表

| 类型 | 种类 | 举例 |
| --- | --- | --- |
| 有机材料 | 植物材料 | 木材、竹材等 |
| | 沥青材料 | 石油沥青、煤沥青和沥青制品等 |
| | 合成高分子材料 | 塑料、涂料和胶粘剂等 |
| 复合材料 | 无机非金属材料与有机材料复合 | 聚合物混凝土、玻璃纤维增强塑料、沥青混凝土等 |
| | 金属材料与无机非金属材料复合 | 钢筋混凝土 |
| | 金属材料与有机材料复合 | 轻质金属夹芯板 |

**2. 按照使用功能分类**

建筑材料按照使用功能的不同可以分为结构材料、围护材料和功能材料三类。

(1)结构材料。结构材料是指在建筑物中主要起承受荷载作用的材料，是建筑物中最重要的材料，常用于工程的主体部位，如结构物的梁、板、柱、基础等。结构材料的性能决定了工程结构的安全性和使用的可靠性，所以这类材料要求必须具有足够的强度和耐久性。常用的结构材料有混凝土和钢材等。

(2)围护材料。围护材料是指用于建筑物围护结构的材料，如墙体、门窗和屋面等部位使用的材料。围护材料不仅要求具有一定的强度和耐久性，同时为了适应现代建筑的功能需要，还要求必须具有良好的保温隔热、防水、隔声、蓄热等性能。常用的围护材料有砖、砌块、各种墙板和屋面板等。

(3)功能材料。功能材料是指担负建筑物使用过程中所需的建筑功能的非承重用材料，如防水材料、装饰材料、保温隔热材料、吸声隔声材料和密封材料等。这些功能材料的选择与使用决定了工程的适用性及美观性，是建筑材料发展的亮点。随着现代建筑功能要求的提高，新型材料不断出现，品种也更加丰富。

## 二、建筑材料在建筑工程中的地位和作用

任何一种建筑物或构筑物都是按照设计要求，使用恰当的建筑材料，按照一定的施工工艺方法建造而成的。因此，建筑材料是建筑业发展的物质基础。正确地选择、合理地使用建筑材料，不仅直接决定了建筑物的质量和使用性能，也直接影响着工程的成本。及时提供数量充足、质量良好、品种齐全的各种材料，才能保证工程建设的顺利进行。

**1. 建筑材料质量影响建筑工程质量**

建筑材料的质量直接影响着工程的质量，具体表现为材料的品种、组成、构造、规格及使用方法都会对工程的结构安全性、耐久性、适用性产生影响。将劣质材料使用到工程中，必然危害工程质量，影响工程的使用效果和耐久性能，甚至会造成严重事故。因此，必须从材料的生产、选择、使用、检验评定以及材料的储存、保管等各个环节确保材料的质量，从而确保建筑物的质量。对于新材料和代用材料的应用，要采取积极而又慎重的态度，使用前必须经过严格检验和技术鉴定。

**2. 建筑材料影响建筑工程造价**

合理的材料费支出是控制工程成本的关键。在一般建筑工程的总造价中，材料费用占工程造价的50%～60%。因此，材料的选择、使用与管理是否合理，直接影响到建筑工程

的造价。只有学习并掌握建筑材料知识，才能优化选择和正确使用材料，充分利用材料的各种功能，提高材料的利用率，在满足使用功能的前提下节约材料，降低材料费用，降低工程造价、提高经济效益。

## 三、改进和发展建筑材料的意义

在建筑工程的建设过程中，工程的结构设计方案、施工方法都与材料密切相关。建筑材料的性能是决定建筑结构形式和施工方法的主要因素。建筑材料的改进和发展，将直接促进建筑工程技术进步和建筑业的发展。我国国民经济的发展对建筑功能、工程结构的要求越来越高，从而对材料也提出了更高的要求。例如，钢筋、混凝土材料的产生和广泛应用，取代了过去的砖、石、木，使钢筋混凝土结构成为现代建筑的主要结构形式；对于高层、高等级的建筑，也需要大量具有多种功能的轻质复合墙体材料和各种高档次的装饰材料；想要减轻建筑物的自重、提高建筑物的抗震能力、改善工作与居住环境条件、推动节能建筑的发展，就需要轻质材料和保温材料。总之，建筑材料是建筑工程的基础和核心。新材料的发展促进结构和施工技术的不断进步，使工程建筑的功能、适用性、艺术性、坚固性和耐久性都得到相应改善。

## 四、建筑材料的相关技术标准

要对建筑材料进行现代化的科学管理，必须对材料产品的各项技术性能制定统一的执行标准。工程材料、建筑材料的生产、销售、采购、验收和质量检验，均应以产品质量标准为依据。目前，我国现行的标准有国家标准、行业标准、地方标准、企业标准四大类。各级标准分别由相应的标准化管理部门批准并颁布。国家标准和行业标准是全国通用标准，是国家指令性文件，各级生产、设计、施工部门必须严格遵照执行。

(1)国家标准。国家标准是由国家标准局颁布的全国性的技术文件，有强制性标准(代号 GB)和推荐性标准(代号 GB/T)。例如：

GB——全国强制性标准；

GB/T——全国推荐性标准；

GBJ——全国建筑工程技术方面的标准。

对强制性国家标准，任何技术(或产品)不得低于规定的要求；对推荐性国家标准，表示也可执行其他标准的要求。

(2)地方标准。地方标准是地方主管部门发布的地方性的技术文件。对没有国家标准和行业标准，又需在省、自治区、直辖市范围内实行统一的技术要求，可以制定地方性标准(代号为 DB)或地方性推荐标准(代号 DB/T)。

(3)行业标准。行业标准是由主管生产的部委或总局颁布的全国性的技术文件，由中央部委标准机构指定有关研究院所、大专院校、工厂、企业等单位提出或联合提出，报请中央部委主管部门审批后发布，最后报国家技术监督局备案。例如，建材行业标准(代号 JC)、建设部行业标准(代号 JGJ)、冶金行业标准(代号 YB)、交通行业标准(代号 JT)、水电行业标准(代号 SD)等。

(4)企业标准。企业生产的产品没有国家标准和行业标准的，应当制定企业内部的标准，以作为组织生产的依据企业标准。企业标准仅适用于本企业，其代号为 QB。

## 五、本课程的学习目的、学习任务及学习方法

建筑材料是建筑工程类专业的一门重要专业基础课程。学习该课程是为今后继续学习其他专业课(如钢筋混凝土结构、钢结构、建筑施工技术、建筑工程计量与计价等)打下基础，同时，也使学生获得建筑材料试验的基本技能训练。

本课程的主要学习内容包括材料的基本性质和各种常用材料的生产成分、技术性质、规格标准、质量检验、应用范围、储运、保管等知识，以及为工程建筑、结构、施工等专业课程提供材料方面的基本知识，以便学生在今后的工作中能更好地选择、检验和应用材料。

在学习中，学生必须注意掌握一定的学习方法，以达到学习目的。首先，要理论联系实际，积极主动地参观材料市场和施工现场，获得感性认识，这是提高学习兴趣和学习效果的必要途径；其次，重视试验课程教学环节，试验教学是加强职业道德、培养材料性能检测技能的重要环节。

在实际工程中，材料问题的处理或某些工程技术问题的解决，主要依靠于对材料知识的灵活运用。为能正确运用材料知识，在学习过程中要重点掌握某些典型材料的技术性能、特点，熟悉其组成、结构、构造。在此基础上利用已掌握的理论知识解决与材料有关的实际问题，引导学生如何分析问题，培养学生独立分析问题的能力。

# 第一章　建筑材料的基本性质

## 知识目标

掌握建筑材料与质量有关的性质、与水有关的性质及与热有关的性质的概念及表示方法，并能较熟练地运用；了解建筑材料的物理性质、力学性质、耐久性的基本概念、破坏作用、测定方法等；了解影响材料基本性质的相关因素，掌握建筑材料各种基本性质指标的计算方法。

## 技能目标

通过本章学习，能对材料的基本性质指标进行计算，并充分了解和掌握各种材料的性质和特点，正确选择和合理使用材料。

## 第一节　建筑材料的物理性质

### 一、材料与质量有关的性质

**1. 密度**

密度是指材料在绝对密实状态下单位体积所具有的质量。按下列公式计算：

$$\rho=\frac{m}{V}$$

式中　$\rho$——材料的密度（$g/cm^3$）；

$m$——材料在干燥状态下的质量（g）；

$V$——材料在绝对密实状态下的体积（$cm^3$）。

绝对密实状态下的体积是指不包括孔隙在内的体积。除钢材、玻璃等少数接近于绝对密实的材料外，绝大多数材料都有一些孔隙，如砖、石材等块状材料。在测定有孔隙的材料密度时，应当把材料磨成细粉以排除其内部孔隙，经干燥至恒重后，用密度瓶（李氏瓶）测定其实际体积，该体积即可以视为材料在绝对密实状态下的体积。材料磨得越细，测得的密度值就越精确。

**2. 表观密度**

表观密度是指材料在自然状态下单位体积所具有的质量。按下列公式计算：

$$\rho_0=\frac{m}{V_0}$$

式中　$\rho_0$——材料的表观密度（$g/cm^3$ 或 $kg/m^3$）；

$m$——材料在干燥状态下的质量（g 或 kg）；

$V_0$——材料在自然状态下的体积，又称表观体积($cm^3$ 或 $m^3$)。

材料在自然状态下的体积又称表观体积，是指包含材料内部孔隙在内的体积。对于外形规则的材料，其测定很简便，只要测得材料的质量和体积，即可算得表观密度；对于外形不规则材料的体积，可以采用排液法测量其静观体积，再按照公式求得，但以防水分渗入材料内部而影响测定值，在材料表面应预先涂上蜡。

当材料含有水分时，其质量和体积将发生变化，影响材料的表观密度。故在测定表观密度时，应当注明其含水情况。一般情况下，材料的表观密度是指材料在气干状态(长期在空气中的干燥状态)下的表观密度。

**3. 堆积密度**

堆积密度是指散粒材料或粉状材料在堆积状态下单位体积的质量。按下列公式计算：

$$\rho_0' = \frac{m}{v_0'}$$

式中 $\rho_0'$——堆积密度($kg/m^3$)；

$m$——材料的堆积质量(kg)；

$v_0'$——材料的堆积体积($m^3$)。

散粒材料在堆积状态下的体积，既含颗粒内部的孔隙，也包含了颗粒内部的孔隙和颗粒之间的空隙。测定散粒材料的堆积密度时，材料的质量是指在一定容积的容器内的材料质量。其堆积体积是指所用容器的容积。若以捣实体积计算时，则称紧密堆积密度。

表 1-1 列举了常用建筑材料的密度、表观密度和堆积密度。

**表 1-1 常用建筑材料的密度、表观密度和堆积密度**

| 材料名称 | 密度 /($g\cdot cm^{-3}$) | 表观密度 /($kg\cdot cm^{-3}$) | 堆积密度 /($kg\cdot cm^{-3}$) | 材料名称 | 密度 /($g\cdot cm^{-3}$) | 表观密度 /($kg\cdot cm^{-3}$) | 堆积密度 /($kg\cdot cm^{-3}$) |
|---|---|---|---|---|---|---|---|
| 建筑钢材 | 7.85 | 7 850 | — | 粉煤灰 | 1.95～2.40 | — | 550～800 |
| 普通混凝土 | — | 2 100～2 600 | — | 木材 | 1.55～1.6 | 400～800 | — |
| 烧结普通砖 | 2.50～2.70 | 1 600～1 900 | — | 水泥 | 2.8～3.1 | — | 1 200～1 300 |
| 花岗石 | 2.70～3.0 | 2 500～2 900 | — | 普通玻璃 | 2.45～2.55 | 2 450～2 550 | — |
| 碎石(石灰岩) | 2.48～2.76 | 2 300～2 700 | 1 400～1 700 | 铝合金 | 2.7～2.9 | 2 700～2 900 | — |
| 砂 | 2.50～2.6 | — | 1 450～1 750 | | | | |

**4. 密实度与孔隙率**

(1)密实度。密实度是指材料体积内被固体物质充实的程度，也就是固体物质的体积占总体积的比例，说明材料体积内被固体物质所充填的程度，即反映了材料的致密程度。按下列公式计算：

$$D = \frac{V}{V_0} \times 100\% = \frac{\rho_0}{\rho} \times 100\% = 1 - P$$

式中 $D$——材料的密实度；

$V$——材料的绝对密实体积($cm^3$ 或 $m^3$)；

$V_0$——材料的表观体积($cm^3$ 或 $m^3$)；

$P$——材料的孔隙率(%)。

(2)孔隙率。孔隙率是指散粒状或粉状材料颗粒之间的空隙体积占其自然堆积体积的百分率。按下列公式计算：

$$P=\frac{V_0-V}{V_0}=1-\frac{V}{V_0}=(1-\frac{\rho_0}{\rho})\times100\%$$

式中　$P$——材料的孔隙率(%)；

$V_0$——材料的自然堆积体积($cm^3$ 或 $m^3$)；

$V$——材料的表观体积($cm^3$ 或 $m^3$)；

$\rho$——材料的表观密度($g/cm^3$ 或 $kg/m^3$)；

$\rho_0$——材料的自然堆积密度($g/cm^3$ 或 $kg/m^3$)。

材料的密实度和孔隙率之和等于 1，即 $D+P=1$。

材料孔隙率的大小直接反映了材料的致密程度。其大小取决于材料的结构构成及制造工艺。材料的许多工程性能如强度、吸水性、吸湿性、耐水性、抗渗性、抗冻性、导热性等都与孔隙率的大小和孔隙特征有关。孔隙率越小，说明材料越密实。工程中对需要保温隔热的建筑物或部位，要求其所用材料的孔隙率应较大；相反，对要求高强或不透水的建筑物或部位，则其所用的材料孔隙率应当很小。

**5. 填充率与空隙率**

(1)填充率。填充率是指散粒材料在某堆积体积中被其颗粒填充的程度。按下列公式计算：

$$D'=\frac{V_0}{V_0'}\times100\%=\frac{\rho_0'}{\rho_0}\times100\%$$

$$D'+P'=1$$

式中　$D'$——散粒状材料在堆积状态下的填充率(%)。

(2)空隙率。空隙率是指散粒材料在某堆积体积中，颗粒之间的空隙体积所占的百分率。按下列公式计算：

$$P'=\frac{V_0'-V_0}{V_0'}100\%=(1-\frac{V_0}{V_0'})100\%=(1-\frac{\rho_0'}{\rho_0})100\%=1-D'$$

式中　$P'$——散粒状材料在堆积状态下的空隙率(%)。

空隙率的大小反映了散粒材料的颗粒之间互相填充的致密程度。空隙率越大，颗粒之间的空隙越大。在混凝土和砂浆所用砂石的一些计算中，空隙率可作为控制混凝土集料级配及计算砂率的依据。为了改善材料的性能，节约水泥，宜选用孔隙率较小的砂、石。

## 二、材料与水有关的性质

**1. 亲水性与憎水性**

材料与水接触时能被水润湿的性质称为亲水性。具备这种性质的材料称为亲水性材料，如砖、混凝土、木材、砂、石等。

材料与水接触时不能被水润湿的性质称为憎水性。当材料与水接触，材料与水分子之间的亲和力小于水分子之间的内聚力时，材料则表现为憎水性，如沥青、石油等。

**2. 吸水性与吸湿性**

材料在水中能吸收水分的性质称为吸水性。吸水性的大小用吸水率表示，吸水率有两种表示方法，即质量吸水率和体积吸水率。

(1)质量吸水率。质量吸水率是指材料在吸水饱和时，所吸收水分的质量占材料干燥质量的百分率。其计算公式为：

$$W_m=\frac{m_2-m_1}{m_1}\times 100\%$$

式中 $W_m$——材料的质量吸水率(%)；

$m_1$——材料干燥状态的质量(g 或 kg)；

$m_2$——材料吸水饱和后的质量(g 或 kg)。

(2)体积吸水率。体积吸水率是指材料在吸水饱和时，所吸收水分的体积占干燥材料总体积的百分率。其计算公式为：

$$W_v=\frac{V_w}{V_0}\times 100\%=\frac{m_2-m_1}{V_0}\times\frac{1}{\rho_w}\times 100\%$$

式中 $W_v$——材料的体积吸水率(%)；

$V_0$——干燥材料在自然状态下的总体积($cm^3$)；

$V_w$——材料吸水饱和时水的体积($cm^3$)；

$\rho_w$——水的密度($g/cm^3$)。常温下水的密度为 1.0 $g/cm^3$。

质量吸水率与体积吸水率存在如下关系：

$$W_v=W_m\times\rho_0$$

式中 $\rho_0$——材料在干燥状态下的表观密度($g/cm^3$)。

材料的吸水率反映了材料在标准测试方法下吸收水分的能力，是一个固定值。常用的建筑材料，其吸水率一般用质量吸水率表示。对于某些轻质材料，如加气混凝土、木材等，由于其质量吸水率往往超过 100%，一般采用体积吸水率表示。

(3)吸湿性。材料在潮湿空气中吸收水分的性质称为吸湿性。吸湿性的大小用含水率表示，按下列公式计算：

$$W_h=\frac{m_h-m_1}{m_1}\times 100\%$$

式中 $W_h$——材料的含水率(%)；

$m_h$——材料吸湿后的质量(g)；

$m_1$——材料在干燥状态下的质量(g)。

材料的含水率随空气的温度、湿度变化而改变。材料既能在空气中吸收水分，又能向外界释放水分，当材料中的水分与空气的湿度达到平衡的含水率时就称为平衡含水率。材料吸水后，会导致自重增加、保温隔热性能降低、强度和耐久性产生不同程度的下降。材料含水率的变化会引起体积的变化，影响使用。

材料的含水率受所处环境中空气湿度的影响。当空气中湿度在较长时间内稳定时，材料的吸湿和干燥过程处于平衡状态，此时材料的含水率保持不变，其含水率叫作材料的平衡含水率。

**【例 1-1】** 某立方体岩石试件，外形尺寸为 50 mm×50 mm×50 mm，测得其在绝对干燥状态、吸湿后及吸水饱和状态下的质量分别为 325 g、325.3 g、326.1 g，并测得该岩石的密度为 2.68 $g/cm^3$。试计算该岩石的体积吸水率、含水率、绝干表观密度、孔隙率。

**【解】** 根据题意可得 $V_0=5\times5\times5=125\ cm^3$，$m_h=325.3\ g$，$m_1=325\ g$，$m_2=326.1\ g$，$\rho_w=1\ g/cm^3$。

故：体积吸水率 $W_V=\frac{m_2-m_1}{V_0\rho_w}\times 100\%=\frac{326.1-325}{125}\times 100\%=0.88\%$

含水率 $W_h=\frac{m_h-m_1}{m_1}\times100\%=\frac{325.3-325}{325}\times100\%=0.092\%$

绝干表观密度 $\rho_0=\frac{m_1}{V_0}=\frac{325}{125}=2.6(g/cm^3)$

孔隙率 $P=(1-\rho_0/\rho)\times100\%=(1-2.6/2.68)\times100\%=2.98\%$

(4)耐水性。耐水性是指材料长期在饱和水作用下不被破坏，强度也不显著降低的性质。材料的耐水性用软化系数表示，按下列公式计算：

$$K_p=\frac{f_w}{f}$$

式中 $K_p$——材料的软化系数；

$f_w$——材料在饱水状态下的抗压强度(MPa)；

$f$——材料在干燥状态下的抗压强度(MPa)。

软化系数的大小，表明材料浸水饱和后强度降低的程度，一般为0～1。软化系数越小，说明材料吸水饱和后的强度降低越多，其耐水性越差。通常认为，软化系数大于0.80的材料是耐水性材料。

**【例 1-2】** 石材在气干、绝干、水饱和情况下测得的抗压强度分别为174 MPa、178 MPa、165 MPa，试计算该石材的软化系数，并判断该石材可否用于水下工程。

**【解】** 该石材的软化系数 $K_p=\frac{f_w}{f}=165/178=0.93>0.85$

故该石材可用于水下工程。

(5)抗渗性。抗渗性是指材料在压力水作用下抵抗水渗透的性质。材料的抗渗性以渗透系数或抗渗等级表示，按下列公式计算：

$$K=\frac{Qd}{AtH}$$

式中 $K$——材料的渗透系数(cm/h)；

$Q$——透过材料试件的水量($cm^3$)；

$d$——材料试件的厚度(cm)；

$A$——透水面积($cm^2$)；

$t$——透水时间(h)；

$H$——静水压力水头(cm)。

对于沥青、沥青混凝土、瓦等防水防潮材料，常用渗透系数 $K$ 表示其抗渗性。渗透系数反映了材料抵抗压力水渗透的能力，渗透系数越大，材料的抗渗性越差。对于混凝土和砂浆等材料，常用抗渗等级 $P_n$ 表示其抗渗性，$P_n$ 值越大，表示抗渗等级越高，抗渗性就越好。

(6)抗冻性。抗冻性是指材料在吸水饱和状态下，能经受多次冻融循环作用而不被破坏，强度不严重降低且质量也不显著减小的性质。材料的抗冻性用抗冻等级表示。材料的抗冻等级可分为F15、F25、F50、F100、F200等，分别表示此材料可承受15次、25次、50次、100次、200次等的冻融循环。

材料的抗冻性与材料的强度、孔结构、耐水性和吸水饱和程度有关。一般情况下，密实的材料、具有闭口孔隙且强度较高的材料，有较强的抗冻能力。材料抗冻等级的选择，是由结构物的种类、使用条件以及气候条件等来决定的。

### 三、材料与热有关的性质

**1. 导热性**

导热性是指材料传导热量的性能，用导热系数表示。材料导热性的大小用热导率 $\lambda$ 表示。热导率 $\lambda$ 是指厚度为 1 m 的材料，当两侧温差为 1 K 时，在 1 s 时间内通过面积为 1 $m^2$ 的热量。按下列公式计算：

$$\lambda=\frac{Qa}{At(t_2-t_1)}$$

式中 $\lambda$——材料的热导率[W/(m·K)]；

$Q$——传递的热量(J)；

$a$——材料的厚度(m)；

$A$——材料的传热面积($m^2$)；

$t$——传热时间(s)；

$t_2-t_1$——材料两侧的温差(K)。

材料的导热系数越大，表示传热越快，保温性越差。各种材料的导热系数差别很大，一般来说，无机材料的导热系数大于有机材料；材料的孔隙率越大，即空气越多，导热系数越小，同类材料的孔隙率是随表观密度的减小而增大，导热系数随表观密度的减小而减小；导热系数与孔隙形态特征也有关系，由微细而封闭孔隙组成的材料，导热系数小，反之则大；材料的含水率增加，导热系数也增加。常见建筑材料的导热系数为 0.035～3.5 W/(m·K)，工程中通常把 $\lambda<0.23$ W/(m·K)的材料称为绝热材料(保温和隔热材料)。

**2. 热容量和比热容**

热容量是指材料加热时吸收热量、冷却时放出热量的性质。其计算公式为：

$$Q=cm(T_2-T_1)$$

式中 $Q$——材料的热容量(J)；

$c$——材料的比热[J/(g·K)]；

$m$——材料的质量(g)；

$T_2-T_1$——材料受热或冷却前后的温度差(K)。

比热 $c$ 是真正反映不同材料热容性差别的参数，可以由下列公式导出：

$$c=\frac{Q}{m(T_2-T_1)}$$

热容量大小用比热容表示，1 g 材料温度升高或降低 1 K 时，所吸收或放出的热量称为比热容。材料的比热容反映材料吸热和放热能力的大小。选择高热容材料作为墙体、屋面、内装饰，在热流变化较大时，对稳定建筑物内部温度变化有重要意义，能保持建筑内部温度的稳定性。

## 第二节 建筑材料的力学性质

材料的力学性质是指材料在外力作用下，抵抗破坏和变形方面的性质。它是选用建筑材料时首要考虑的基本性质，对建筑物的正常、安全及有效使用是至关重要的。

## 一、材料的强度、强度等级和比强度

### 1. 强度

材料在外力作用下抵抗破坏的能力，称为材料的强度。材料破坏时，建筑材料受外力作用时，内部就产生应力。外力增加，应力相应增大，应力达到的极限值称为材料的极限强度。

根据外力作用方式的不同，材料强度有抗压、抗拉、抗剪、抗弯(折)强度等，如图 1-1 所示。

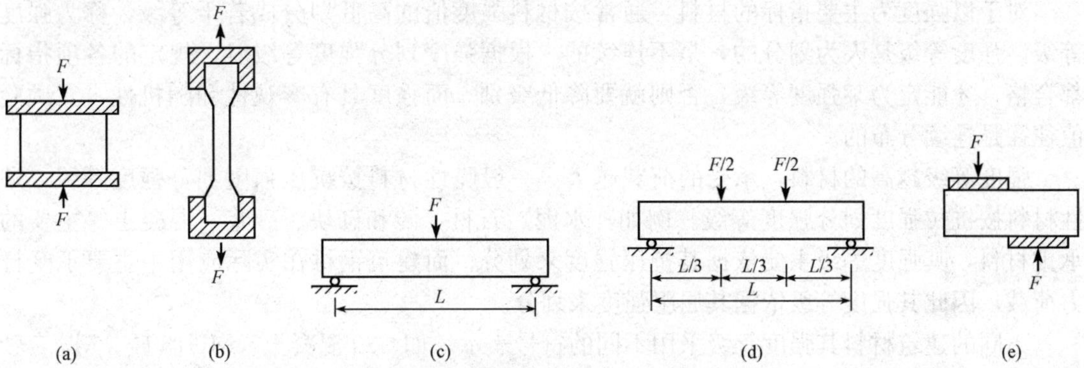


**图 1-1　材料的几种受力状态**

(a)抗压；(b)抗拉；(c)、(d)抗剪；(e)抗弯

(1)抗压(拉、剪)强度。材料的抗压强度、抗拉强度和抗剪强度，均可按下列公式计算：

$$F=\frac{P}{A}$$

式中　$F$——材料的强度，包括抗压强度、抗拉强度和抗剪强度(MPa)；

$P$——材料受压、受拉、受剪破坏时的荷载(N)；

$A$——材料的受力面积($mm^2$)。

(2)抗弯(折)强度。材料的抗弯(折)强度与材料受力情况有关，对于矩形截面试件，若两端支撑，中间承受荷载作用，则其抗弯(折)强度按下列公式计算：

$$f_m=\frac{3FL}{2bh^2}$$

式中　$f_m$——材料的抗弯(折)强度(MPa)；

$F$——受弯时的破坏荷载(N)；

$L$——两支点间距(mm)；

$b$、$h$——材料截面宽度、高度(mm)。

强度是材料的主要技术性质之一。材料的强度与其组成及结构有关。相同种类的材料，其组成、结构特征、孔隙率、试件形状、尺寸、表面状态、含水率、温度及试验时的加荷速度等，对材料的强度都有影响。不同材料的各种强度是不同的，常用建筑材料的各种强度值见表 1-2。

**表 1-2　常用建筑材料的各种强度值**　　MPa

| 材料 | 抗压 | 抗拉 | 抗弯 |
|---|---|---|---|
| 花岗石 | 100～250 | 5～8 | 10～14 |
| 普通混凝土 | 5～60 | 1～9 | — |
| 轻集料混凝土 | 5～50 | 0.4～2 | — |
| 松木(顺纹) | 30～50 | 80～120 | 60～100 |
| 钢材 | 240～1 500 | 240～1 500 | — |

**2. 强度等级**

对于以强度为主要指标的材料，通常按材料强度值的高低划分成若干等级，称为强度等级。强度等级是人为划分的，是不连续的。根据强度划分强度等级时，规定的各项指标都合格，才能定为某强度等级，否则就要降低级别。而强度具有客观性和随机性，其试验值往往是连续分布的。

强度等级越高的材料，承受的荷载越大。一般脆性材料按抗压强度划分强度等级；塑性材料按抗拉强度划分强度等级。例如，水泥、石材、砖和砌块、砂浆、混凝土等主要的承重材料，其强度等级主要依据其抗压强度来划分；而建筑钢材在实际应用中主要承受拉力荷载，因此其强度等级依据其屈服强度来划分。

不同的建筑材料其强度等级采用不同的符号表示，如C30混凝土、MU15砖、M7.5砂浆、42.5级普通水泥等。掌握材料的强度等级，对生产者和使用者均有重要的意义，它可使生产者在生产中控制产品质量时有依据，从而确保产品的质量；并有利于使用者掌握材料的性能指标，便于合理选用材料、正确进行设计和控制工程施工质量。

**3. 比强度**

比强度是按单位质量计算的材料强度，其值等于材料强度与其表观密度之比。它是衡量材料轻质高强性能的一项重要指标。优质的结构材料，必须具有较高的比强度，几种常用建筑材料的比强度见表1-3。

**表 1-3　几种常用建筑材料的比强度**

| 材料名称 | 表观密度/($kg\cdot cm^{-3}$) | 强度/MPa | 比强度 |
|---|---|---|---|
| 低碳钢 | 7 850 | 420 | 0.054 |
| 普通混凝土(抗压) | 2 400 | 40 | 0.017 |
| 松木(顺纹、抗拉) | 500 | 100 | 0.200 |
| 玻璃钢 | 2 000 | 450 | 0.225 |
| 烧结普通砖(抗压) | 1 700 | 10 | 0.006 |

由表1-3可知，玻璃钢和木材是轻质高强的高效能材料，普通混凝土为质量大而强度相对较低的材料。比强度高的材料具有轻质高强的特性，可用作高层、大跨度的结构材料，轻质高强的材料也是未来建筑材料发展的主要方向。

## 二、材料的弹性与塑性

**1. 弹性**

材料在外力作用下产生变形，当外力取消后能够完全恢复原来形状的性质称为弹性，这种变形称为弹性变形。其值的大小与外力成正比。

**2. 塑性**

材料在外力作用下产生变形，当外力取消后，材料不能恢复到原来形状，但不产生裂缝的性质称为塑性。这种不能恢复的变形称为塑性变形，塑性变形属于永久性变形。

实际上，只有单纯的弹性或塑性的材料都是不存在的。各种材料在不同的应力下都会表现出不同的变形性能。

### 三、材料的韧性与脆性

**1. 韧性**

材料在冲击荷载或振动荷载作用下，能吸收较大的能量，同时产生较大的变形而不破坏的性质称为韧性。材料的韧性用冲击韧度指标表示。具有这种性质的材料称为韧性材料。建筑钢材(软钢)、木材、塑料等是较典型的韧性材料。对于路面、桥梁、起重机梁及有抗震要求的结构都要考虑材料的韧性。

**2. 脆性**

材料受外力作用，当外力达到一定限度时，材料发生突然破坏，且破坏时无明显塑性变形的这种性质称为脆性，具有脆性的材料称为脆性材料，如石材、烧结普通砖、混凝土、铸铁、玻璃及陶瓷等。脆性材料的抗压能力很强，其抗压强度比抗拉强度大得多，可达十几倍甚至更高。脆性材料抗冲击及动荷载能力差，故常用于承受静压力作用的建筑部位，如基础、墙体、柱子、墩座等。

### 四、材料的硬度与耐磨性

**1. 硬度**

硬度是指材料表面耐较硬物体刻画或压入而产生塑性变形的能力。一般来说，硬度大的材料耐磨性较强、强度较高，但不易机械加工。不同材料其硬度的测定方法不同，常用的方法有刻画法、压入法。木材、金属等韧性材料的硬度，一般采用压入法来测定。

**2. 耐磨性**

耐磨性是指材料表面抵抗磨损的能力，用磨损率表示，它等于试件在标准试验条件下磨损前后的质量差与试件受磨表面积之商。磨损率越大，材料的耐磨性越差。材料的硬度大、韧性好、构造均匀致密时，其耐磨性较强。地面、路面等经常受摩擦的部位要求材料具有较好的耐磨性。

## 第三节　建筑材料的耐久性

建筑材料的耐久性是指材料使用过程中，在内、外部因素的作用下，经久不破坏、不变质，保持原有性能的性质。

材料的耐久性是一项综合性质，包括抗冻性、抗渗性、抗风化性、耐磨性、大气稳定性、耐化学侵蚀性、强度等。因此，无法用一个统一的指标去衡量所有材料的耐久性，应根据材料的种类和建筑物所处的环境条件提出不同耐久性的要求。

**1. 环境影响因素**

材料在建筑物使用过程中长期受到周围环境和各种自然因素的破坏作用。因此，影响材料耐久性的因素，除材料本身的化学成分和组成性质、结构和构造特征等内在因素外，还包含物理作用、化学作用、机械作用、生物作用等外在因素。

(1)物理作用包括材料的干湿变化、温度变化及冻融变化等。这些作用将使材料发生体积的胀缩，或导致内部裂缝的扩展。时间长久即会使材料逐渐破坏。在寒冷地区，冻融变化对材料会起着显著的破坏作用；在高温环境下，经常处于高温状态的建筑物或构筑物，所选用的建筑材料要具有耐热性能。

(2)化学作用包括大气、环境水以及酸、碱、盐等液体或有害气体对材料的侵蚀作用，使材料产生质的变化而破坏。

(3)机械作用包括使用荷载的持续作用，交变荷载引起材料疲劳、磨损、磨耗等。

(4)生物作用包括菌类、昆虫等的作用使材料腐朽、蛀蚀而破坏。

通常砖、石料、混凝土等矿物材料，多是由于物理作用而破坏，也可能同时会受到化学作用的破坏；金属材料主要是由于化学作用引起的腐蚀；木材等有机质材料常因生物作用而破坏；沥青材料、高分子材料在阳光、空气和热的作用下会逐渐老化而使材料变脆或开裂。

在实际工程中，材料往往受到多种破坏因素的同时作用。材料品质不同，其耐久性的内容也各有不同。金属材料常由化学和电化学作用引起腐蚀、破坏，其耐久性的主要指标是耐蚀性；无机非金属材料(如石材、砖、混凝土等)常因化学作用、溶解、冻融、风蚀、温差、湿差、摩擦等某些因素或综合因素共同作用，其耐久性指标主要包括抗冻性、抗风化性、抗渗性、耐磨性等方面的要求；有机材料常由生物作用，光、热、电作用而引起破坏，其耐久性包括抗老化性、耐蚀性指标。

**2. 提高材料耐久性的措施**

材料的耐久性直接影响建筑物的安全性和经济性。提高材料的耐久性，一方面要依据工程的重要性，合理选材、用材；另一方面要采取相应的保护措施，提高材料的表面密实度，增加保护层，提高材料的耐久性。

耐久性良好的建筑材料，才能保证建筑物的耐久性。提高材料的耐久性，对节约建筑材料、保证建筑物长期正常使用、减少维修费用、延长建筑物使用寿命等均有十分重要的意义。

常用的提高耐久性的措施如下：

(1)设法减轻大气或周围介质对材料的破坏作用，如降低湿度、排除侵蚀物质等。

(2)提高材料本身对外界的抵抗能力，如提高材料的密实度、采取防腐措施等。

(3)在材料表面设置保护层保护本体材料免受破坏，如覆盖、抹灰、刷涂料等。

## 本章小结

建筑材料的基本性质是指材料处于不同的使用条件和使用环境时，通常必须考虑最基本的共有的性质。建筑材料所处的部位、周围环境、使用功能的要求和作用不同，对材料性质的要求也就不同。

本章介绍了建筑材料的物理性质：材料与质量有关的性质、材料与水有关的性质、材料与热有关的性质。材料的力学性质：强度、塑性、韧性及脆性和耐磨性。材料的耐久性概念及影响因素、测定方法。所学内容是学习建筑材料课程所必备的基础知识。通过本章的学习，应当掌握建筑材料各种基本性能的定义、内涵及计算方法。

## 思考与练习

### 一、选择题(单选或多选)

1. 下列(　　)性质与材料的孔隙构造特征有关。

A. 吸水性　　B. 抗渗性　　C. 塑性　　D. 导热性

E. 吸声性

2. 软化系数表示材料的(　　)。

A. 吸湿性　　B. 耐水性　　C. 抗渗性　　D. 抗冻性

3. 下列材料属于亲水材料的有(　　)。

A. 花岗石　　B. 石膏　　C. 石灰　　D. 混凝土

E. 沥青

4. 材料的吸声特征与材料的(　　)有关。

A. 表观密度　　B. 孔隙特征　　C. 厚度　　D. 表面的条件

5. 影响材料耐久性的因素有(　　)。

A. 物理作用　　B. 化学作用　　C. 生物作用　　D. 人为作用

### 二、简答题

1. 材料的密度、表观密度及堆积密度三者之间有何实质区别？
2. 材料与热有关的性质包括哪些内容？
3. 什么是材料的强度？影响强度的因素有哪些？
4. 弹性与塑性的区别是什么？
5. 什么是材料的耐久性？影响材料耐久性的因素有哪些？

### 三、计算题

1. 已知湿砂的质量为 3 000 g，干燥后的质量为 2 857 g，求砂子的含水率。

2. 干燥的石材试样重 500 g，浸入水中吸水饱和后排出水的体积是 190 $cm^3$，取出后抹干再浸入水中排出水的体积是 200 $cm^3$，求此石材的表观密度、体积吸水率和质量吸水率。

# 第二章　建筑石材

知识目标

了解岩石的分类；熟悉岩石的性质；掌握建筑石材的选用原则。

技能目标

通过本章的学习，能够检验建筑石材的特点、技术性质和要求，并能根据工程实际情况选择相适应的建筑石材。

## 第一节　岩　　石

### 一、岩石的分类

**1. 按岩石成因分类**

自然界的岩石以其成因可分为三类。由地球内部的岩浆上升到地表附近或喷出地表，冷却凝结而成的岩石称为岩浆岩；由岩石风化后再沉积、胶结而成的岩石称为沉积岩；岩石在温度、压力作用或化学作用下变质而成的新岩石称为变质岩。

**2. 按岩石强度分类**

根据日本JIS标准的规定，岩石按抗压强度可分为硬石、次硬石和软石三类。硬石包括花岗石、安山岩、大理石等；次硬石包括软质安山岩、硬质砂岩等；软石为凝灰岩。

**3. 按岩石形状分类**

石材用于建筑工程，按岩石形状可分为砌筑和装饰两类。砌筑用石材分为毛石和料石；装饰用石材主要为板材。

### 二、岩石的性质

岩石的性质主要包括物理性质、力学性质、化学性质和热力学性质。

**1. 物理性质**

工程上一般主要对石材的体积密度、吸水率和耐水性等有要求。

大多数岩石的体积密度均较大，且主要与其矿物组成、结构的致密程度等有关。致密岩石的体积密度一般为2 400～3 200 $kg/m^3$，常用致密岩石的体积密度为2 400～2 850 $kg/m^3$，饰面用大理石和花岗石的体积密度分别大于2 300 $kg/m^3$、2 560 $kg/m^3$。同种岩石，体积密度越大，则孔隙率越低，强度、吸水率、耐久性等越高。岩石的吸水率与岩石的致密程度和岩石的矿物组成有关。深成岩和多数变质岩的吸水率较小，一般不超过1%。二氧化硅的亲水性较高，因而二氧化硅含量高则吸水率就高，即酸性岩石($SiO_2 \geq 63\%$)的吸水率相对较高。岩石的吸水率越小，则岩石的强度与耐久性越高。为保证岩石的性能，有时要限制岩石的吸水率，如饰面用大理石和花岗石的吸水率分别小于0.5%、0.6%。大多数岩石的耐水性较高。当岩石中含有较多的黏土时，其耐水性较低，如黏土质砂岩等。致密石材的导热系数较高，可达2.5～3.5 W/(m·K)；多孔石材的导热系数较低，如火山渣、浮石的导热系数为0.2～0.6 W/(m·K)，因而适用于配制保温用轻集料混凝土。

**2. 力学性质**

工程结构物中用的岩石除受上述物理性质影响外，还受到外力的作用，所以岩石还应具备一定的力学性质。除一般材料力学所述及的抗压、抗拉、抗剪、抗弯、弹性模量等纯力学性质外，还有一些特殊要求的力学指标，如抗磨光、抗冲击和抗磨耗等。

岩石的抗压强度很大，而抗拉强度却很小，后者为前者的1/20～1/10。岩石是典型的脆性材料，这是岩石区别于钢材和木材的主要特征之一，也是限制石材作为结构材料使用的主要原因。岩石的比强度也小于木材和钢材。由于生成的原因，大部分岩石呈现出各向异性。一般来说，加压方向垂直于节理面或裂纹时，其抗压强度大于加压方向平行于节理面或裂纹时的抗压强度。

**3. 化学性质**

通常认为岩石是一种非常耐久的材料，然而按材质而言，其抵抗外界作用的能力是比较差的。石材的劣化现象是指长期日晒夜露及受风雨和气温变化而不断风化的状态。风化是指岩石在各种因素的复合或者相互促进下发生的物理或化学变化，直至破坏的复杂现象。风化包括物理风化和化学风化。物理风化是地表岩石发生机械破碎而不改变其化学性质，也不形成新矿物的风化作用。化学风化是指雨水和大气中的气体($O_2$、$CO_2$、CO、$SO_2$、$SO_3$等)与造岩矿物发生化学反应的现象，主要有水化、氧化、还原、溶解、脱水、碳化等反应，在含有碳酸钙和铁质成分的岩石中容易产生这些反应。由于这些作用在表面产生，风化破坏表现为岩石表面有剥落现象。

化学风化与物理风化经常相互促进，例如，在物理风化作用下石材产生裂缝，雨水就渗入其中，因此促进了化学风化作用。另外，发生化学风化作用后，石材的孔隙率增加，就易受物理风化的影响。从抗物理风化、化学风化的综合性能来看，一般花岗石耐久性最佳，安山岩次之，软质砂岩和凝灰岩最差。大理石的主要成分碳酸钙的化学性质不稳定，故也容易风化。

**4. 热力学性质**

岩石属于不燃烧材料，但从其构造可知，岩石的热稳定性不一定很好。当岩石温度发生大幅度升高或降低时，其内部会产生内应力，导致岩石崩裂；其次，有些造岩矿物(如碳酸钙)因热的作用会发生分解反应，导致岩石变质。岩石的比热大于钢材、混凝土和烧结普通砖，所以用石材建造的房屋，在热流变动或采暖设备供热不足时，能较好地缓和室内的温度波动。岩石的导热系数小于钢材，大于混凝土和烧结普通砖，说明其隔热能力优于钢材，但不如混凝土和烧结普通砖。

## 第二节　常用建筑石材

### 一、天然石材种类

天然石材来自岩石，是将采来的岩石进行一定的加工处理后所得到的材料。天然石材按地质形成条件可分为岩浆岩、沉积岩和变质岩三大类，具有强度高、耐久性、耐磨性好等特点，在建筑装饰工程中应用广泛。

**1. 岩浆岩**

岩浆岩由地壳内部熔融岩浆上升冷却而成，又称火成岩。根据形成条件的不同，岩浆岩可分为深成岩、喷出岩和火山岩三种。

(1)深成岩。岩浆在地下深处冷凝成岩者称为深成岩。深成岩由于冷凝缓慢，有充分的时间结晶，形成全晶结构。这类岩石结晶完整，晶粒粗大，构造密实，抗压强度高。工程上常用的深成岩有花岗石、闪长岩、辉长岩等。

(2)喷出岩。岩浆从地壳缝隙中喷出，沿地表流动厚积，冷凝成岩者称为喷出岩。大量喷出的岩浆，因冷凝较快而形成结晶更少的隐晶结构或非结晶的玻璃体结构。而薄处岩浆速冷凝固时，由于挥发的气体内扩形成气孔状构造；有些气孔被后来的石英、方解石等矿物填充而形成杏仁状构造。工程中常用的喷出岩有玄武岩、安山岩等。

(3)火山岩。岩浆冲出地表喷向空中而落回地面形成的火山灰、火山渣、浮石等，或再被岩浆或其他物质胶结而成为火山凝灰岩，称为火山岩。因其急速冷却，内部形成大量的气孔，常用作混凝土的轻集料；又因多呈玻璃体质，有较高的化学活性，常用作水泥的混合材料。

**2. 沉积岩**

露出地表的各种先期形成的岩石，经风化、剥蚀作用成为岩石碎屑，再经流水、风力、冰川等的自然搬运、沉积，又经长期的压密、胶结、重结晶等作用，在地表及其附近形成的岩石，称为沉积岩。根据沉积条件的不同，沉积岩可分为碎屑沉积岩、黏土沉积岩、化学沉积岩和生物化学沉积岩等。

(1)碎屑沉积岩。风化的岩石碎屑，经风、水的搬运而沉积，长期受覆盖层的压密和胶结物的胶结作用而形成的岩石称为碎屑沉积岩。碎屑粒径大于 2 mm 的称为碎屑岩；小于 2 mm 的称为砂岩；由火山喷出的碎屑沉积而成的称为火山碎屑岩。

(2)黏土沉积岩。由粒径小于 0.005 mm 的极细矿物沉积，并在压力作用下经压密固结而成的岩石，一般层理较薄，如泥岩、页岩等。其主要作为生产砖瓦、陶瓷、水泥的原料使用。

(3)化学沉积岩。原有岩石中的某些成分溶解于水，其溶液、胶体经迁移、沉淀、结晶形成的岩石称为化学沉积岩，如白云岩、石膏、菱镁石和部分石灰岩等。

(4)生物化学沉积岩。由生物遗骸沉积或有机化合物转变而成的岩石称为生物化学沉积岩，如石灰岩、白垩、贝壳岩、珊瑚、硅藻土等。

**3. 变质岩**

(1)石英岩。石英岩由硅质砂岩变质而成。结构致密均匀，坚硬，加工困难，耐酸性好，抗压强度为250～400 MPa。其主要用于纪念性建筑等的饰面以及耐酸工程，使用寿命可达千年以上。

(2)大理石。大理石由石灰岩或白云岩变质而成，主要矿物组成为方解石、白云石。具有等粒、不等粒、斑状结构。常呈白、浅红、浅绿、黑、灰等颜色(斑纹)，抛光后具有优良的装饰性。白色大理石又称汉白玉。大理石的体积密度为2 500～2 800 $kg/m^3$，抗压强度为100～300 MPa，莫氏硬度为3～4，易于雕琢磨光。城市空气中的二氧化硫遇水后，对大理石中的方解石有腐蚀作用，即生成易溶的石膏，从而使表面变得粗糙多孔并失去光泽，故不宜用于室外。但吸水率小、杂质少、晶粒细小、纹理细密、质地坚硬，特别是白云岩或白云质石灰岩变质而成的某些大理石，也可用于室外，如汉白玉、艾叶青等。大理石主要用于室内的装修，如墙面、柱面及磨损较小的地面、踏步等。

(3)片麻岩。片麻岩由花岗石变质而成。呈片状构造，各向异性。在冰冻作用下易成层剥落。体积密度为2 600～2 700 $kg/m^3$，抗压强度为120～250 MPa(垂直解理面方向)，可用于一般建筑工程的基础、勒脚等石砌体，也可作为混凝土集料。

## 二、岩石制品

### 1. 毛石

毛石又称片石或块石，是由爆破直接获得的石块。根据其平整程度，可分为乱毛石和平毛石两类。

(1)乱毛石。乱毛石形状不规则，一般在一个方向的尺寸达300～400 mm，质量为20～30 kg，其中部厚度一般不宜小于150 mm。乱毛石主要用来砌筑基础、勒脚、墙身、堤坝、挡土墙壁等，也可作为毛石混凝土的集料。

(2)平毛石。平毛石由乱毛石略经加工而成，形状较乱毛石整齐，其形状基本上有六个面，但表面粗糙，中部厚度不小于200 mm。平毛石常用于砌筑基础、墙身、勒脚、桥墩、涵洞等。

毛石的抗压强度取决于其母岩的抗压强度，它以三个边长为70 mm的立方体试块的抗压强度的平均值表示。根据抗压强度的大小，石材共分为九个强度等级，即MU100、MU80、MU60、MU50、MU40、MU30、MU20、MU15、MU10。岩石的矿物组成对毛石的抗压强度有一定的影响。组成花岗石的主要矿物成分中石英是很坚硬的矿物，其含量越高，花岗石的强度也越高；而云母为片状矿物，易于分裂成柔软的薄片，因此，若云母含量越多，则其强度越低。沉积岩的抗压强度与胶结物成分有关，由硅质物质胶结的沉积岩，抗压强度较大；由石灰石物质胶结的，抗压强度次之；由黏土物质胶结的，抗压强度最小。

毛石的结构与构造特征对石材的抗压强度也有很大的影响。结晶质石材的强度较玻璃质的高；等粒结构的石材强度较斑状结构的高；构造致密的石材强度较疏松多孔的高。上述有关毛石抗压强度的论述也适用于料石。

### 2. 料石

料石又称条石，是由人工或机械开采出的较规则的六面体石块，略经加工凿琢而成。按其加工后的外形规则程度，可分为毛料石、粗料石、半细料石和细料石四种。

(1)毛料石。外形大致方正，一般不加工或仅稍加修整，高度不应小于200 mm，叠砌面凹入深度不大于 25 mm。

(2)粗料石。其截面的宽度、高度应不小于 200 mm，且不小于长度的 1/4，叠砌面凹入深度不大于 20 mm。

(3)半细料石。规格尺寸同上，但叠砌面凹入深度不应大于 15 mm。

(4)细料石。通过细加工，外形规则、规格尺寸同上，叠砌面凹入深度不大于 10 mm。

上述料石常由砂岩、花岗石等质地比较均匀的岩石开采琢制，至少应有一个面较整齐，以便互相合缝。料石主要用于砌筑墙身、踏步、地坪、拱和纪念碑；形状复杂的料石制品，用于柱头、柱脚、楼梯踏步、窗台板、栏杆和其他装饰面等。

## 三、饰面用岩石制品

工程上常用的饰面板材有花岗石板材、大理石板材、青石装饰板材等。

### 1. 花岗石板材

天然花岗石经加工后的板材简称花岗石板材。花岗石板材以石英、长石和少量云母为主要矿物组分，随着矿物成分的变化，可以形成多种不同色彩和颗粒结晶的装饰材料。花岗石板材结构致密，强度高，空隙率和吸水率小，耐化学侵蚀、耐磨、耐冻、抗风蚀性能优良，经加工后色彩多样且具有光泽，是理想的天然装饰材料。使用年限为 75～200 年。根据用途和加工方法不同，花岗石板材可分为以下三种：

(1)粗面板材。表面平整、粗糙，具有规则的斧纹或刨纹的板材，如剁斧板、机刨板、锤击板、烧毛板等。

(2)细面板材。表面平整、光滑的板材。

(3)镜面板材。表面平整、光滑、色泽鲜明、有镜面光泽的板材。

花岗石板材主要用于建筑工程室内外的地面、墙面、柱面、台阶等饰面工程。用于纪念碑(雕像)等饰面，具有庄重、高贵、华丽的装饰效果。

### 2. 大理石板材

天然大理石板材是用大理石荒料(形状大致规则的大块石料)，经锯切、研磨、抛光后裁切为一定规格的板材，是建筑装饰中应用较为广泛的天然石饰面材料。大理石板材硬度小，易于加工和磨光，耐久年限达 40～100 年。

大理石属碳酸岩，是石灰岩、白云岩经变质而成的结晶产物。矿物组分主要是石灰石、方解石和白云石。其结构致密，密度为 2.7 $g/cm^3$ 左右，强度较高，吸水率低，但表面硬度较低，不耐磨，耐化学侵蚀和抗风蚀性能较差。

大理石板材是用于建筑物室内高级饰面的材料，可用于墙面、地面、柱面、栏杆、踏步等。当用于室外时，因碳酸钙在大气中受硫化物及水的作用，容易被腐蚀，使面层很快变色，失去光泽，并逐渐破损，所以只有少数几种(如汉白玉、艾叶青等质地纯、杂质少的品种)可用于室外饰面。

### 3. 青石装饰板材

青石板属于沉积岩类(砂岩)，主要成分为石灰石、白云石。随着岩石埋深条件的不同和其他杂质(如铜、铁、锰、镍等金属氧化物)的混入而形成多种色彩。青石板质地密实，强度中等，易于加工，可采用简单工艺凿割成薄板或条形材，是理想的建筑装饰材料。青石装饰板材主要用于建筑物墙裙、地坪铺贴以及庭园栏杆(板)、台阶等处，具有古建筑的独特风格。

常用青石板的色泽为豆青色和深豆青色以及青色带灰白结晶颗粒等多种。青石板根据加工工艺的不同可分为粗毛面板、细毛面板和剁斧板等多种，还可根据建筑意图加工成光面磨光板。

### 四、道路路面用岩石制品

道路路面用岩石制品包括直接铺砌路面面层用的整齐块石、半整齐块石和不整齐块石以及用作路面基层的锥形块石和片石等。

(1)高级铺砌用整齐块石。整齐块石由高强、硬质、耐磨的岩石经精凿加工而成，其加工费用昂贵。这种块石铺筑的路面，需以水泥混凝土为底层，并且用水泥砂浆灌缝找平，所以这种路面造价很高，只有在有特殊要求的路面，如特重交通以及履带车等行驶的路面上使用。尺寸一般可按设计要求确定。大方块石为300 mm×300 mm×(120～150)mm，小方块石为120 mm×120 mm×250 mm。用于加工高级铺砌用的岩石，抗压强度不低于100 MPa，洛杉矶磨耗率不大于5%。

(2)路面铺砌用半整齐块石。经粗凿而成立方体的方块石或长方体条石，顶面与底面平行，顶面积与底面积之比不小于40%～75%。半整齐块石宜用硬质岩石制成，为修凿方便，常采用花岗石。顶面不进行加工，因此顶面平整性较差，一般只在特殊地段使用，如土基尚未沉实稳定的桥头引道及干道或铁轮履带车经常通过的地段等。

(3)铺砌用不整齐块石。不整齐块石又称拳石，它是由粗打加工而得到的块石，要求顶面为一平面，底面与顶面基本平行，顶面积与底面积之比大于40%～60%。其优点是造价不高，经久耐用；缺点是不平整，行车振动大，故目前应用较少。

(4)路面基层用锥形块石。锥形块石又称大块石，由片石进一步加工而得，要求上小下大，接近截锥形，其底面积不宜小于100 $cm^2$，以便砌摆稳定。高度一般有(160±20)mm、(200±20)mm、(250±20)mm等，通常底基层厚度应为石块高的1.1～1.4倍，除特殊情况外，一般不采用大块石基层。

### 五、建筑石材的选用原则

在建筑工程设计和施工中，石材的选用应当遵循以下原则：

(1)经济性。天然石材的密度大、运输不方便、运费高，应综合考虑地方资源，尽可能做到就地取材。难于开采和加工的石料，将使材料成本提高，选材时应加注意。

(2)适用性。要按使用要求分别衡量各种石材在建筑中是否适用。

(3)安全性。由于天然石材是构成地壳的基本物质，因此可能含有放射性物质。放射性物质在衰变中会产生对人体有害的物质。因此，在选用天然石材时，应有放射性检验合格证明或检测鉴定。

## 本章小结

本章以天然石材的种类和性质为主要内容，介绍了岩石的分类、技术性质和技术要求，工程上常用的各类天然石材，建筑工程、装饰饰面工程、道路路面工程等用岩石制品的种类及特性。

天然石材按地质形成条件可分为岩浆岩、沉积岩和变质岩三大类。岩石的性质，主要包括物理性质、力学性质、化学性质和热力学性质。

在建筑工程设计和施工中，建筑石材的选用应遵循经济性、适用性和安全性的原则。

## 思考与练习

**一、填空题**

1. 天然岩石按地质形成条件可分为__________、__________和__________三大类。

2. 按形成条件不同，岩浆岩可分为__________、__________和__________三种。

3. 砌筑用石材可分为__________和__________。装饰用石材主要指__________。

4. 天然大理石板材主要用于建筑物__________饰面，少数品种可用于__________饰面；天然花岗石板材用作建筑物__________高级饰面材料。

**二、选择题(单选或多选)**

1. 花岗石属于(　　)。

A. 深成岩浆岩　　B. 喷出岩　　C. 火山岩　　D. 正长岩

2. 建筑中用到的喷出岩有(　　)。

A. 辉长岩　　B. 玄武岩　　C. 辉绿岩　　D. 安山岩

3. 砂岩主要由(　　)胶结而成。

A. 氧化硅　　B. 碳酸钙　　C. 氧化铁　　D. 黏土

4. 下列石材不属于轻质石材的是(　　)。

A. 表观密度为 1 750 $kg/m^3$ 的石材

B. 表观密度为 1 950 $kg/m^3$ 的石材

C. 表观密度为 2 000 $kg/m^3$ 的石材

D. 表观密度为 2 050 $kg/m^3$ 的石材

5. 软化系数大于(　　)为高耐水性。

A. 0.60　　B. 0.70　　C. 0.80　　D. 0.90

6. 建筑石材的选用原则有(　　)。

A. 经济性　　B. 适用性　　C. 安全性　　D. 美观性

**三、判断题**

1. 花岗石板材既可用于室内装饰又可用于室外装饰。　　(　　)

2. 大理石板材既可用于室内装饰又可用于室外装饰。　　(　　)

3. 汉白玉是一种白色花岗石，因此可用作室外装饰和雕塑。　　(　　)

4. 石材按其抗压强度共分为 MU100、MU80、MU60、MU50、MU40、MU30、MU20、MU15 和 MU10 九个强度等级。　　(　　)

**四、简答题**

1. 天然岩石的主要技术性质包括哪些方面?

2. 为什么要将推广和使用建筑砌块作为墙体材料的一种发展方向?

# 第三章　气硬性胶凝材料

知识目标

了解建筑石灰的原料及生产过程；掌握气硬性胶凝材料和水硬性胶凝材料的区别；掌握石灰的生产、熟化、硬化、技术标准、性质、应用、用途及储运；掌握石膏的种类、凝结与硬化、技术性能及特点、石膏及其制品的应用；了解水玻璃的硬化过程、性质与应用。

技能目标

通过本章的学习，能根据不同的施工条件选择相适应的气硬性胶凝材料。

在建筑工程中，把经过一系列的物理、化学作用后，由液体或膏状体变为坚硬的固体，同时，能将散粒材料（如砂、石子）或块状材料（如砖、石块、砌块）胶结成具有一定机械强度的整体的材料，统称为胶凝材料。

建筑上使用的胶凝材料按其化学组成可分为有机胶凝材料和无机胶凝材料两大类。

有机胶凝材料是以天然或合成的高分子化合物（如沥青、树脂、橡胶等）为基本组分的胶凝材料。

无机胶凝材料是以无机化合物为主要成分，掺入水或适量的盐类水溶液（或含少量有机物的水溶液），经一定的物理化学变化过程产生强度和粘结力，可将松散的材料胶结成整体，也可将构件结合成整体。无机胶凝材料也称矿物胶凝材料（如各种水泥、石膏、石灰等）。

无机胶凝材料按硬化条件可分为气硬性胶凝材料和水硬性胶凝材料。气硬性胶凝材料只能在空气中凝结硬化，也只能在空气中保持和发展其强度，气硬性胶凝材料的耐水性差，不宜用于潮湿环境；水硬性胶凝材料在空气中和水中均能很好地硬化，并保持和发展其强度，水硬性胶凝材料的耐水性好，可用于潮湿环境或水中。

常用的气硬性胶凝材料有石灰、石膏、水玻璃、菱苦土等；常用的水硬性胶凝材料有各种水泥。本章只介绍气硬性胶凝材料。

## 第一节　建筑石灰

石灰是建筑工程中使用较早的矿物胶凝材料之一。由于其原料来源广泛，生产工艺简单，成本低廉，具有其特定的工程性能，至今仍广泛应用于建筑工程中。

### 一、石灰的生产

**1. 原料**

生产石灰的原料有以碳酸钙（$CaCO_3$）为主要成分的矿物、岩石（如石灰岩、白云岩）等。

而主要原料是天然的石灰岩。

**2. 生产过程**

将主要成分为碳酸钙($CaCO_3$)和碳酸镁($MgCO_3$)的岩石经高温煅烧(加热至 900 ℃以上),得到白色或灰白色的块状材料即为生石灰,因成块状,俗称块灰。反应同时放出二氧化碳气体。

生石灰的主要化学成分为氧化钙(CaO)和氧化镁(MgO)。当氧化镁含量不大于 5%时称为钙质石灰,氧化镁含量大于 5%时称为镁质石灰。

$$CaCO_3 \xrightarrow{900\ ℃\sim1\ 100\ ℃} CaO + CO_2\uparrow$$

在上述反应过程中,$CaCO_3$、CaO、$CO_2$ 的质量比为 100∶56∶44,即质量减少 44%,而在正常煅烧过程中,体积只减少约 15%,所以生石灰具有多孔结构。石灰在生产过程中,对质量有影响的因素有煅烧的温度和时间、石灰岩中碳酸镁的含量及黏土杂质含量。碳酸钙在 900 ℃时开始分解,但速度较慢。所以,煅烧温度宜控制在 1 000~1 100 ℃。温度较低、煅烧时间不足、石灰岩原料尺寸过大、装料过多时,会产生欠火石灰。欠火石灰中 $CaCO_3$ 尚未完全分解,未分解的 $CaCO_3$ 没有活性,从而降低了石灰的有效成分含量;温度过高或煅烧时间过长时,则会产生过火石灰。随煅烧温度的提高和时间的延长,已分解的 CaO 与原料中含有的 $SiO_2$ 和 $Al_2O_3$ 等黏土杂质烧结成难溶于水的玻璃质釉状物,从而使石灰与水反应的速度变得更慢(需数天或数月)。过火石灰如用于工程上,由于熟化不彻底,其细小颗粒会在已经硬化的浆体中吸收水分,发生水化反应而体积膨胀,引起局部鼓泡或脱落,影响工程质量。

在石灰的原料中,除主要成分碳酸钙外,常含有碳酸镁。

$$MgCO_3 \xrightarrow{700\ ℃} MgO + CO_2\uparrow$$

煅烧过程中碳酸镁分解出氧化镁,存在于石灰中。镁质石灰熟化较慢,但硬化后强度稍高。用于建筑工程中的多为钙质石灰。

## 二、石灰的熟化与硬化

**1. 石灰的熟化**

生石灰在使用前,一般要加水使之消解为熟石灰——氢氧化钙,这个过程称为石灰的“熟化”或“消化”。其反应式如下:

$$CaO + H_2O \longrightarrow Ca(OH)_2 + 64.9\ kJ$$

在熟化过程中,一方面因为反应速度很快,释放出大量的热量;另一方面熟化后体积增大 1~2.5 倍。熟化易在工程中造成事故,因此,在石灰熟化过程中应注意安全,防止烧伤、烫伤。石灰熟化的理论用水量为生石灰质量的 32%,由于生石灰熟化时放热,会使大量的水变为水蒸气而蒸发,为了使生石灰充分熟化,实际用水量可达 70%~100%。

熟化时根据加水量的多少,可得到消石灰粉和石灰浆。

生石灰在熟化过程中有两个显著的特点:一是体积膨胀(增大 1~2.5 倍);二是放出大量的热,放热速度快。不同质量的石灰,其熟化的速度有很大的差异。

煅烧良好、氧化钙含量高、杂质含量小的生石灰,其熟化速度快,放热量和体积增大也快。另外,熟化速度还取决于熟化池中的温度,温度高,熟化速度快。

**2. 石灰的硬化**

石灰浆在空气中的硬化是由以下两个作用相继进行而完成的。

(1)干燥结晶。石灰膏中的游离水分一部分蒸发掉，另一部分被砌体吸收。氢氧化钙从过饱和溶液中结晶析出，晶相颗粒逐渐靠拢结合成固体，强度随之提高。

(2)碳化硬化。氢氧化钙与空气中的二氧化碳反应生成不溶于水的、强度和硬度较高的碳酸钙，析出的水分逐渐蒸发，其反应式为：

$$Ca(OH)_2+CO_2+nH_2O \longrightarrow CaCO_3+(n+1)H_2O$$

这个反应实际是二氧化碳与水结合形成碳酸，再与氢氧化钙作用生成碳酸钙。如果没有水，这个反应就不能进行。碳化过程是由表及里，但表层生成的碳酸钙结晶阻碍了二氧化碳的深入，也影响了内部水分的蒸发，所以碳化过程长时间只限于表面。氢氧化钙的结晶作用则主要发生在内部。石灰硬化过程的两个主要特点：一是硬化速度慢；二是体积收缩大。

因此石灰的硬化只能在空气中进行，也只能在空气中才能继续发展提高其强度，所以石灰只能用于干燥环境的地面上建筑物、构筑物，而不能用于水中或潮湿环境中。

## 三、石灰的分类

(1)按生石灰的加工情况可分为建筑石灰和建筑生石灰粉。

(2)按生石灰的化学成分可分为钙质石灰和镁质石灰两类。根据化学成分的含量每类分成各个等级，见表 3-1。

**表 3-1　建筑生石灰的分类**

| 类　别 | 名　称 | 代　号 |
|---|---|---|
| 钙质石灰 | 钙质石灰 90 | CL90 |
| | 钙质石灰 85 | CL85 |
| | 钙质石灰 75 | CL75 |
| 镁质石灰 | 镁质石灰 85 | ML85 |
| | 镁质石灰 80 | ML80 |

## 四、石灰的技术要求

(1)建筑生石灰的化学成分应符合表 3-2 的要求。

**表 3-2　建筑生石灰的化学成分**　　%

| 名称 | 氧化钙+氧化镁(CaO+MgO) | 氧化镁(MgO) | 二氧化碳($CO_2$) | 三氧化硫($SO_3$) |
|---|---|---|---|---|
| CL 90-Q<br>CL 90-QP | ≥90 | ≤5 | ≤4 | ≤2 |
| CL 85-Q<br>CL 85-QP | ≥85 | ≤5 | ≤7 | ≤2 |
| CL 75-Q<br>CL 75-QP | ≥75 | ≤5 | ≤12 | ≤2 |

续表

| 名称 | 氧化钙+氧化镁（CaO+MgO） | 氧化镁（MgO） | 二氧化碳（$CO_2$） | 三氧化硫（$SO_3$） |
|---|---|---|---|---|
| ML 85-Q<br>ML 85-QP | ≥85 | >5 | ≤7 | ≤2 |
| ML 80-Q<br>ML 80-QP | ≥80 | >5 | ≤7 | ≤2 |

(2)建筑生石灰的物理性质应符合表 3-3 的要求。

**表 3-3　建筑生石灰的物理性质**

| 名称 | 产浆量/($dm^3$/10kg) | 细度 | |
|---|---|---|---|
| | | 0.2mm 筛余量/% | 90μm 筛余量/% |
| CL 90-Q<br>CL 90-QP | ≥26<br>— | —<br>≤2 | —<br>≤7 |
| CL 85-Q<br>CL 85-QP | ≥26<br>— | —<br>≤2 | —<br>≤7 |
| CL 75-Q<br>CL75-QP | ≥26<br>— | —<br>≤2 | —<br>≤7 |
| ML 85-Q<br>ML 85-QP | — | —<br>≤2 | —<br>≤7 |
| ML 80-Q<br>ML 80-QP | — | —<br>≤7 | —<br>≤2 |
| 注：其他物理特性，根据用户要求，可按 JC/T 478.1—2013 进行测试。 | | | |

## 五、石灰的技术性质

### 1. 良好的保水性和可塑性

生石灰熟化为石灰浆时，能自动形成颗粒极细的呈胶体分散状态的氢氧化钙，表面吸附一层厚的水膜，因而保水性能好，且水膜层也大大降低了颗粒间的摩擦力。因此，用石灰膏制成的石灰砂浆具有良好的保水性和可塑性。在水泥砂浆中掺入石灰膏，可使砂浆的保水性和可塑性显著提高。

### 2. 凝结硬化慢、强度低

由于碳化过程十分缓慢，因此石灰是一种硬化较慢而且强度较低的胶凝材料。根据试验，1∶3(石灰∶砂)的石灰砂浆试块，28 d 的抗压强度通常只有 0.2～0.5 MPa。在实际工程中，通常用加入水泥的方法来提高砂浆的强度。

### 3. 体积收缩大

体积收缩大是石灰在硬化过程中的另一特点，一方面是由于蒸发大量的游离水而引起显著的收缩；另一方面碳化也会产生收缩。所以石灰除调成石灰乳液作为薄层涂刷外，不宜单独使用，常掺入砂子、纸筋等材料形成砂浆或纸筋灰浆以避免石灰浆体产生收缩裂纹。

#### 4. 耐水性差

石灰浆体在硬化过程中的较长时间内，主要成分仍是氢氧化钙(表层是碳酸钙)，由于氢氧化钙易溶于水，所以石灰的耐水性较差。硬化中的石灰若长期受到水的作用，会导致强度降低，甚至会溃散。

### 六、石灰的应用

建筑石灰的应用，主要有三个方面：一是工程现场直接使用，如配制石灰土和石灰砂浆等；二是生产石灰碳化制品和硅酸盐制品的主要原料；三是作为某些保温材料、无熟料水泥的重要组成材料。其常见用途如下。

#### 1. 拌制各种灰浆和砂浆

石灰膏可用来粉刷墙壁和配制石灰砂浆或水泥混合砂浆。

将熟化并陈伏好的石灰膏稀释成石灰乳，可用作内外墙及顶棚的涂料，一般多用于内墙涂刷。由于石灰乳为白色或浅灰色，具有一定的装饰效果，还可掺入碱性矿质颜料，使粉刷的墙面形成需要的颜色。

在以石灰膏为胶凝材料，掺入砂和水后，拌和成的混合物，称为石灰砂浆。它作为抹灰砂浆可用于墙面、顶棚等大面积暴露在空气中的抹灰层，也可以用作要求不高的砌筑砂浆。在水泥砂浆中掺入石灰膏后，可以提高水泥砂浆的保水性和砌筑、抹灰质量，节省水泥，这种砂浆叫作水泥混合砂浆，在建筑工程中广泛应用。

#### 2. 拌制灰土、三合土

消石灰粉和黏土按一定比例配合称为灰土，再加入炉渣、砂、石等填料，即为三合土。灰土和三合土经夯实后强度高、耐水性好，且操作简单、价格低廉，广泛应用于建筑物、道路等的垫层和基础。石灰土和三合土的强度形成，可能是由于石灰改善了黏土的和易性，在强力夯打之下，大大提高了紧密度。而且黏土颗粒表面的少量活性氧化硅和氧化铝与氢氧化钙起化学反应，生成了不溶性的水化硅酸钙和水化铝酸钙，将黏土颗粒粘结起来，从而提高了黏土的强度和耐久性。

#### 3. 建筑生石灰粉

将生石灰磨成细粉，即为建筑生石灰粉。建筑生石灰粉加入适量的水拌成的石灰浆可以直接使用，主要是因为粉状石灰熟化速度较快，熟化放出的热促使硬化进一步加快。生石灰粉硬化后的强度要比石灰膏硬化后的强度高。

#### 4. 碳化石灰板材

将磨细生石灰掺入 30%～40%的纤维状填料或轻质集料和水按一定比例搅拌成型，然后通入高浓度二氧化碳经人工碳化(12～24 h)而成的一种轻质板材称为碳化石灰板。为减轻自重、提高碳化效果，碳化石灰板常做成薄壁空心板，主要用于非承重内墙板、天花板等。

#### 5. 生产硅酸盐制品

将磨细的生石灰或消石灰粉与天然砂或粒化高炉矿渣、炉渣、粉煤灰等硅质材料配合均匀，加水搅拌，再经陈伏(使生石灰充分熟化)、加压成形和压蒸处理可制成蒸压灰砂砖。灰砂砖呈灰白色。如果掺入耐碱颜料，可制成各种颜色。其尺寸与普通黏土砖相同，也可制成其他形状的砌块，主要用作墙体材料。

## 七、石灰的应用与储运

(1)建筑生石灰粉、建筑消石灰粉一般用袋装，袋上应标明厂名、产品名称、商标、净重、批量编号。

(2)生石灰在运输和储存时要防止受潮，且储存时间不宜过长。否则生石灰会吸收空气中的水分自行消化成消石灰粉，然后与二氧化碳作用形成碳化层，推动胶凝能力。工地上一般将石灰的储存期变为陈伏期，陈伏期间，石灰膏上部要覆盖一层水，以防碳化。

(3)生石灰不宜与易燃、易爆物品共存、运输，以免酿成火灾。这是因为储运中的生石灰受潮熟化要放出大量的热且体积膨胀，会导致易燃、易爆物品燃烧和爆炸。

在石灰的储存和运输中必须注意，生石灰应在干燥环境中储存和保管。若储存期过长，则必须在密闭容器内存放。运输中应采取防雨措施，并应防止石灰受潮或遇水后水化，甚至由于熟化热量集中放出而发生火灾。磨细生石灰粉在干燥条件下储存期一般不超过一个月，最好是随生产随用。

# 第二节　建筑石膏

石膏在建筑工程中的应用也有较长的历史。由于其具有轻质、隔热、吸声、耐火、色白且质地细腻等一系列优良性能，加之我国石膏资源极其丰富，储量大、分布广。因此，石膏及其制品，尤其是各种石膏板材，已经在建筑工程中得以广泛应用，并且发展迅速。

石膏是以硫酸钙($CaSO_4$)为主要成分的传统气硬性胶凝材料。我国石膏的矿藏量丰富，分布较广，其制品具有质量轻、耐火、隔声、绝热等优良性能。因此，已经在建筑上得到广泛应用，主要用于制作各种石膏板材、石膏砌块及石膏装饰品。另外，石膏也是生产水泥、水泥制品及硅酸盐制品的掺加材料。

## 一、建筑石膏的生产

将纯净天然二水石膏破碎，在窑内加热至 107～170 ℃时(低温煅烧)，脱去部分结晶水，得到β型半水石膏($\beta CaSO_4 \cdot \frac{1}{2}H_2O$)，即为建筑石膏。

$$CaSO_4 \cdot 2H_2O \xrightarrow{107\ ℃ \sim 170\ ℃} CaSO_4 \cdot \frac{1}{2}H_2O + 1\frac{1}{2}H_2O$$

建筑石膏(β型半水石膏)呈白色粉末状，密度为 2.60～2.75 $g/cm^3$，堆积密度为 800～1 000 $kg/m^3$。β型半水石膏中杂质少、色白，可作为模型石膏，适用于建筑装饰及陶瓷的制坯工艺。

## 二、建筑石膏的凝结硬化

建筑石膏使用时需加水调制，成为具有一定可塑性的浆体，石膏浆在较短时间内就会失去塑性，继而产生强度，又较快发展成具有一定强度的固体，这个过程称为石膏的凝结硬化。半水石膏在水中发生溶解，很快形成饱和溶液，并与水发生化学反应，重新生成二水石膏。其反应式为：

$$CaSO_4 \cdot \frac{1}{2}H_2O + 1\frac{1}{2}H_2O \longrightarrow CaSO_4 \cdot 2H_2O$$

建筑石膏与适量的水混合成可塑的浆体，但很快就失去塑性、产生强度，并发展成为坚硬的固体。石膏的凝结硬化是一个连续的溶解、水化、胶化、结晶的过程。由于二水石膏的溶解度(2.05 g/L)比半水石膏的溶解度(8.16 g/L)小得多，所以溶液中的二水石膏很快达到饱和状态，以胶凝微粒的形式析出。此时溶液中的半水石膏又成了非饱和状态继续溶解水化，直到半水石膏完全转化为二水石膏为止。在此过程中，石膏浆体中的自由水分逐渐减少，二水石膏的胶体微粒则不断增加，浆体逐渐变稠失去塑性，此为"凝结过程"。然后，随着水分进一步被吸收和蒸发，胶体进一步变稠，微粒紧密而凝聚，逐渐转变为晶体，晶体逐渐增大，互相交错共生在一起，提高了彼此间的摩擦力及粘结力，产生了强度，并不断增长，直至完全干燥，强度才停止发展，这就是石膏的硬化过程。

石膏的凝结和硬化是一个连续的、复杂的物理化学变化过程。从加水开始拌和到浆体开始失去可塑性的过程称为浆体的初凝，对应的这段时间称为初凝时间；从加水开始拌和到浆体完全失去可塑性，并开始产生强度的过程称为浆体的终凝，对应的这段时间称为终凝时间。建筑石膏凝结硬化较快，一般初凝不早于 3 min，终凝不迟于 30 min。

## 三、建筑石膏的技术性质

### 1. 建筑石膏等级

根据国家现行标准《建筑石膏》(GB/T 9776—2008)，建筑石膏按 2 h 强度(抗折)分为 3.0、2.0、1.6 三个等级。分为三级，即优等品、一等品、合格品。建筑石膏的各项技术指标应符合表 3-4 的规定。

**表 3-4 建筑石膏技术指标**

| 等级 | 细度(0.2 mm方孔筛筛余)/% | 凝结时间/min | | 2 h强度/MPa | |
|---|---|---|---|---|---|
| | | 初凝 | 终凝 | 抗折 | 抗压 |
| 3.0 | ≤10 | ≥3 | ≤30 | ≥3.0 | ≥6.0 |
| 2.0 | | | | ≥2.0 | ≥4.0 |
| 1.6 | | | | ≥1.6 | ≥3.0 |

### 2. 石膏的特性

(1)孔隙率大、强度较低。为使石膏具有必要的可塑性，通常加水量比理论需水量多得多(加水量为石膏用量的 60%～80%，而理论需水量只为石膏用量的 18.6%)，硬化后由于多余水分的蒸发，内部的孔隙率很大，因而强度较低。石膏制品质量较轻，其体积密度一般为 800～1 000 $kg/m^3$，属于轻质材料。

(2)硬化后体积微膨胀。石膏在凝结过程中体积产生微膨胀，其膨胀率为 1%。这一特性使石膏制品在硬化过程中不会产生裂缝，棱角清晰造型饱满，适宜浇铸模型，制作建筑艺术配件及建筑装饰件等。

(3)防火性好、耐火性差。由于硬化的石膏中结晶水含量较多，遇火时，这些结晶水吸收热量蒸发，形成蒸汽幕，阻止火势蔓延，同时，表面生成不燃的无水硫酸钙为良好的绝缘体，起到防火作用。其极限抗火时间可达 5～20 min。但二水石膏脱水后强度下降，故耐火性差。

(4)有良好的装饰性和可加工性。石膏表面光滑饱满，颜色洁白，质地细腻，具有良好的装饰性。微孔结构使其脆性有所改善，硬度也较低，所以硬化石膏可锯、可刨、可钉，具有良好的可加工性。

### 四、建筑石膏的应用和储运

石膏是一种用途很广的工业和建筑材料，可用于水泥缓凝剂、石膏建筑制品、模型制作等。建筑石膏在建筑工程中可用作室内抹灰、粉刷、油漆打底等材料，还可以制造建筑装饰制品和石膏板。

**1. 室内抹灰及粉刷**

建筑石膏常被用于室内抹灰和粉刷。建筑石膏加砂、缓凝剂和水拌和成石膏砂浆，用于室内抹灰，其表面光滑、细腻、洁白、美观。石膏砂浆也可作为腻子用于油漆等的打底层。建筑石膏加缓凝剂和水拌和成石膏浆体，可作为室内粉刷的涂料。

**2. 建筑装饰制品**

建筑石膏具有凝结快、体积稳定、装饰性强、不老化、无污染等特点，常用于制造建筑雕塑、建筑装饰制品。

**3. 制作石膏板**

石膏板具有质量轻、保温、防火、吸声、能调节室内温度、湿度及制作方便等性能，应用较为广泛。常见的有普通纸面石膏板、装饰石膏板、石膏空心条板、吸声用穿孔石膏板、耐水纸面石膏板、耐火纸面石膏板、石膏蔗渣板等。另外，各种新型的石膏板材仍在不断出现。

建筑石膏一般采用袋装，可用具有防潮及不易破损的纸袋或其他复合袋包装。包装袋上应清楚标明产品标记、制造厂名、生产批号和出厂日期、质量等级、商标、防潮标志。运输、储存时不得受潮和混入杂物，不同等级的石膏应分别储运，不得混杂。石膏的储存期为3个月(自生产日起算)，超过3个月的石膏应重新进行质量检验，以确定等级。

## 第三节　水玻璃

水玻璃俗称泡花碱，是由碱金属氧化物和二氧化硅组成的能溶于水的一种金属硅酸盐物质。根据碱金属氧化物种类的不同，水玻璃有硅酸钠水玻璃($Na_2O \cdot nSiO_2$)和硅酸钾水玻璃($K_2O \cdot nSiO_2$)等，工程中以硅酸钠水玻璃最为常用。

### 一、水玻璃的生产

水玻璃的生产有干法和湿法两种。

(1)干法的主要原料是石英砂($SiO_2$)、纯碱($Na_2CO_3$)。将原料磨细，按比例配合，在玻璃熔炉内熔融而生成硅酸钠，冷却后得固态水玻璃，然后在水中加热溶解而成为液体水玻璃。其反应式为：

$$nSiO_2 + Na_2CO_3 \xrightarrow{1\,300\ ℃ \sim 1\,400\ ℃} Na_2O \cdot nSiO_2 + CO_2 \uparrow$$

(2)湿法是将石英砂与氢氧化钠溶液放入蒸压锅中通入0.2～0.3 MPa(2～3个大气压)的高压蒸汽，在搅拌中直接生成液态水玻璃。其反应式为：

$$nSiO_2+NaOH\longrightarrow Na_2O\cdot nSiO_2+H_2O$$

式中　$n$——水玻璃模数，即二氧化硅与氧化钠的摩尔数比。其值的大小决定水玻璃的性质。$n$值越大，水玻璃的黏度越大，粘结能力越强，但对水的溶解度降低。建筑工程中常用水玻璃的$n$值一般为2.5～3.0，$n$值过大或者水玻璃过稠均不便于施工。当水玻璃过稀或过稠时，可采用加热浓缩或加水稀释的方法来调整，使之黏度适宜。如果加入一些尿素，可不改变稠度，而提高粘结力。

## 二、水玻璃的硬化

水玻璃在空气中吸收二氧化碳形成无定形的硅酸凝胶，并逐渐干燥而硬化。其反应式为：

$$Na_2O\cdot nSiO_2+CO_2+mH_2O\longrightarrow Na_2CO_3+nSiO_2\cdot mH_2O$$

空气中的二氧化碳浓度很低，上述过程进行得非常缓慢，为了提高硬化速度，常常加入氟硅酸钠($Na_2SiF_6$)作为促硬剂，掺加量为水玻璃质量的12%～15%。加入氟硅酸钠后水玻璃的初凝时间可缩短至30～60 min，终凝时间可缩短至240～360 min，7 d可达到最高强度。

## 三、水玻璃的技术性质

### 1. 粘结力强

水玻璃有良好的粘结能力，硬化时析出的硅酸凝胶呈空间网络结构，具有较高的胶凝能力，因而粘结强度高。另外，硅酸凝胶还有堵塞毛细孔隙而防止水渗透的作用。

### 2. 耐热性好

水玻璃不燃烧，在高温下硅酸凝胶干燥得更加强烈，强度并不降低，甚至有所增加。故水玻璃常用于配置耐热混凝土、耐热砂浆、耐热胶泥等。

### 3. 耐酸性强

水玻璃能经受除氢氟酸、过热(300 ℃以上)磷酸、高级脂肪酸或油酸以外的几乎所有的无机酸和有机酸的作用，常用于配制水玻璃耐酸混凝土、耐酸砂浆、耐酸胶泥等。

### 4. 耐碱性、耐水性差

水玻璃在加入氟硅酸钠后仍不能完全硬化，仍有一定量的水玻璃。由于水玻璃可溶于碱，且溶于水，硬化后的产物$Na_2CO_3$及NaF均可溶于水，所以水玻璃硬化后不耐碱、不耐水。为提高耐水性，可采用中等浓度的酸对已硬化的水玻璃进行酸洗处理。

## 四、水玻璃的应用

### 1. 耐酸材料

以水玻璃为胶凝材料的耐酸胶泥、耐热混凝土、耐热砂浆及耐热混凝土广泛用于防腐工程中。

**2. 涂刷或浸渍材料**

用浸渍法处理多孔材料时，可使其密实度和强度提高。对黏土砖、硅酸盐制品、水泥混凝土等均有良好的效果。但不能用以涂刷或浸渍石膏制品，因为硅酸钠与硫酸钙会发生化学反应生成硫酸钠，在制品孔隙中结晶，体积显著膨胀，从而导致制品的破坏。用液体水玻璃涂刷或浸渍含有石灰的材料，如水泥混凝土和硅酸盐制品等时，水玻璃与石灰之间起反应生成的硅酸钙胶体填实制品孔隙，使制品的密实度有所提高。

**3. 加固土壤**

将液态水玻璃与氯化钙溶液交替注入土壤中，两者反应析出的硅酸胶体起到胶结和填充孔隙的作用，能阻止水分渗透，提高土壤的密实度和强度。

**4. 耐热材料**

在水玻璃中加入促凝剂和耐热的填料、集料，可配制成耐热砂浆和耐热混凝土，用于高炉基础、热工设备基础及围护结构等耐热工程。

**5. 制作水玻璃混凝土**

以水玻璃为胶结材料，以氟硅酸钠为固化剂，掺入铸石粉等粉状填料和砂、石集料，经混合搅拌、振捣成型、干燥养护及酸化处理等加工而成的复合材料叫作水玻璃混凝土。若采用的填料和集料为耐酸材料，则称为水玻璃耐酸混凝土；若选用耐热的砂、石集料，则称为水玻璃耐热混凝土。

水玻璃混凝土具有机械强度高、耐酸和耐热性能好、整体性强、材料来源广泛、施工方便、成本低及使用效果好等特点，适用于耐酸地坪、墙裙、踢脚板、设备基础和支架、烟囱内衬以及耐酸池、槽、罐等设备外壳或内衬，还可以配筋后制成预制件。

# 第四节　菱苦土

## 一、菱苦土的组成

菱苦土又称镁质胶凝材料或氯氧镁水泥，是一种白色或浅黄色的粉末，其主要成分是氧化镁($MgO$)。它的主要原料是天然菱镁矿($MgCO_3$)，也可用蛇纹石($3MgO \cdot 2SiO_2 \cdot 2H_2O$)、冶炼轻质镁合金的熔渣或海水为原料来提炼菱苦土。

天然菱镁矿的主要成分碳酸镁一般在400 ℃时开始分解，600 ℃～650 ℃时分解反应剧烈进行，实际煅烧温度为750 ℃～850 ℃。其反应式为：

$$MgCO_3 \longrightarrow MgO + CO_2 \uparrow$$

煅烧适当的菱苦土，密度为3.1～3.4 g/cm$^3$，堆积密度为800～900 kg/m$^3$。

## 二、菱苦土的硬化与性质

菱苦土与水拌和后迅速水化并放出大量的热，但其凝结硬化很慢，强度很低。通常用氯化镁($MgCl_2$)的水溶液(也称卤水)来拌和，氯化镁用量为55%～60%(以$MgCl_2 \cdot 6H_2O$计)。氯化镁可大大加速菱苦土的硬化，且硬化后的强度很高。加氯化镁后，其初凝时间为30～60 min，1 d的强度可达最高强度的60%～80%，7 d左右可达最高强度(抗压强度达

40～70 MPa)。硬化后的体积密度为 1 000～1 100 kg/m$^3$，属于轻质高强材料。

菱苦土硬化后的主要产物为 $x$MgO · $y$MgCl$_2$ · $z$H$_2$O，其吸湿性大、耐水性差。遇水或吸湿后易产生翘曲变形，表面泛霜(俗称"返卤")，且强度大大降低。因此，菱苦土制品不宜用于潮湿环境。

为改善菱苦土制品的耐水性，可采用硫酸镁(MgSO$_4$ · 7H$_2$O)、硫酸亚铁(FeSO$_4$ · H$_2$O)来拌和，但其强度有所降低。对此，可掺入少量的磷酸盐或防水剂，也可掺入活性混合材料，如粉煤灰等。

### 三、菱苦土的应用

菱苦土与各种纤维粘结良好，且碱性较低，对各种纤维和植物的腐蚀较弱。建筑上常用菱苦土与木屑[1∶(1.5～3)]及氯化镁溶液(密度为 1.2～1.25 g/cm$^3$)制作菱苦土木屑地面。它具有保温、防火、防爆(碰撞时不产生火星)的作用及一定的弹性。表面刷漆后，适用于纺织车间、教室、办公室、影剧院等，但不宜用于潮湿的环境。

使用玻璃纤维增强的菱苦土制品具有很高的抗折强度和抗冲击能力，其主要产品为玻璃纤维增强菱苦土波瓦，可用于非受冻地区、一般仓库及临时建筑等的屋面防水。

配竹筋的菱苦土制品可作为设备等的包装材料。

菱苦土在使用过程中，常用氯化镁溶液调制，其氯离子对钢筋有锈蚀作用，故其制品不宜配置钢筋。菱苦土在存放时须防潮、防水，且储存期不宜超过 3 个月。过期或受潮，均会使其强度发生显著下降。

## 本章小结

本章讲述了建筑石灰、建筑石膏、水玻璃、菱苦土几种常用气硬性胶凝材料的特性、技术性质和应用。重点为气硬性胶凝材料的共性；生石灰的熟化原理和特点，正确的熟化方法和石灰浆的硬化原理，从而理解石灰浆的主要性质和合理应用；石膏的技术性质、用途。通过建筑石灰、建筑石膏的化学物理组成去推导相关技术性质，根据技术性质推导出它们各自的用途及局限性，是本章的难点。

## 思考与练习

### 一、选择题(单选或多选)

1. 生产石膏的主要原料是(　　)。

A. $CaCO_3$　　B. $Ca(OH)_2$　　C. $CaSO_4 \cdot 2H_2O$　　D. CaO

2. 凝结硬化快，硬化后体积微膨胀是(　　)的一个特性。

A. 石膏　　B. 石灰　　C. 水玻璃　　D. 菱苦土

3. 下列属于水玻璃用途的是(　　)。

A. 涂刷材料表面，提高抗风化能力　　B. 加固地基

C. 配制速凝防水剂　　D. 制作水玻璃混凝土

4. 下列不属于建筑石膏的用途的是(　　)。

A. 用于室内抹灰和粉刷　B. 制作建筑装饰制品

C. 制作硅酸盐混凝土及其制品　D. 制作石膏板

5. 石灰硬化的理想环境条件是在(　　)中进行。

A. 自来水　B. 潮湿环境　C. 空气　D. 海水

6. 石灰硬化过程中，体积发生(　　)。

A. 微小收缩　B. 膨胀　C. 较大收缩　D. 没有变化

7. 石灰不适用的情况是(　　)。

A. 水中　B. 三合土　C. 混合砂浆　D. 粉刷墙壁

8. 水玻璃中常掺用的促硬剂是(　　)。

A. NaF　B. $SO_2$　C. $Na_2SiF_6$　D. $Na_2CO_3$

## 二、简答题

1. 气硬性胶凝材料和水硬性胶凝材料有何区别？
2. 什么是石灰的熟化？生石灰为什么要充分熟化后才可使用？
3. 石灰的主要性质有哪些？
4. 建筑石膏的主要特性有哪些？
5. 水玻璃的性质是怎样的？有何用途？

# 第四章 水 泥

知识目标

掌握硅酸盐水泥的熟料矿物组成、特性、主要的技术性质及标准要求、检验方法、应用；掌握掺混合材料的硅酸盐水泥的特性(与硅酸盐水泥相比较)、工程中的应用，并掌握水泥在储存和保管时的注意事项，了解其他品种水泥的特性及应用。

技能目标

通过本章的学习，能根据通用硅酸盐水泥的特性，在工程实际应用中选择合适的水泥品种。

水泥呈粉末状，加水拌和成为塑性浆体，是能够胶结砂、石等粒或块状材料并能在空气和水中凝结硬化、保持和发展强度的无机水硬性胶凝材料。

水泥是建筑工程中最为重要的建筑材料之一，主要作为胶凝材料制作混凝土、钢筋混凝土和预应力混凝土构件，也可用来配制各类砂浆，用于建筑物的砌筑、抹面、装饰等。

水泥的品种繁多，按其矿物组成可分为硅酸盐水泥、铝酸盐水泥、硫铝酸盐水泥、铁铝酸盐水泥、氟铝酸盐水泥；按用途和性能可分为通用水泥、专用水泥、特性水泥三大类。通用水泥是指用于一般土木建筑工程的水泥，如硅酸盐水泥、普通硅酸盐水泥、矿渣硅酸盐水泥、火山灰硅酸盐水泥、粉煤灰硅酸盐水泥等；专用水泥是指有专门用途的水泥，如砌筑水泥、大坝水泥、道路水泥等；特性水泥是指具有某种比较突出性能的水泥，如快硬硅酸盐水泥、膨胀水泥、白色水泥、抗硫酸盐水泥等。

本章主要讲述产量最大、用途最广泛的通用硅酸盐系列水泥。通用硅酸盐水泥是以硅酸盐水泥熟料和适量石膏及规定的混合材料制成的水硬性胶凝材料。按混合材料的品种和掺量可分为硅酸盐水泥、普通硅酸盐水泥、矿渣硅酸盐水泥、火山灰硅酸盐水泥、粉煤灰硅酸盐水泥和复合硅酸盐水泥。

## 第一节 硅酸盐水泥

### 一、硅酸盐水泥的生产及矿物质组成

#### 1. 硅酸盐水泥的生产

硅酸盐水泥的生产过程可简称为“两磨一烧”，即：

(1)生料制备阶段(生料磨细)。石灰质原料、黏土质原料和少量的校正原料，按一定的比例配料、磨细，并调整为成分合适、质量均匀的生料。

(2)熟料煅烧阶段(生料煅烧成熟料)。生料在水泥窑内煅烧至部分熔融，可得到以硅酸钙为主要成分的硅酸盐水泥熟料。

(3)水泥粉磨阶段(熟料磨细)。熟料、适量的石膏、混合材料混合后共同磨细成品，其中石膏的掺加是为了调整硅酸盐水泥的凝结时间(延缓水泥的凝结时间)。其具体的生产工艺流程如图 4-1 所示。

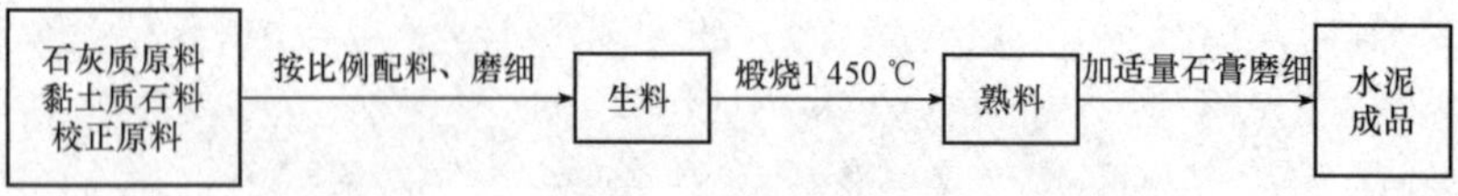


**图 4-1　硅酸盐水泥的生产工艺过程**

**2. 硅酸盐水泥的矿物质组成**

硅酸盐水泥的熟料简称为熟料，是经高温煅烧而成的，主要含有 CaO、$SiO_2$、$Al_2O_3$、$Fe_2O_3$ 的原材料，按适当比例磨成细粉烧至部分熔融所得到以硅酸钙为主要矿物成分的水硬性胶凝物质，其中硅酸钙矿物含量(质量含量)不小于 66%，氧化钙和氧化硅质量比不小于 2.0%，是决定水泥质量的主要因素。所以，水泥生产的主要环节是控制熟料中的化学成分。

硅酸盐水泥熟料主要由硅酸二钙($2CaO \cdot SiO_2$，简写 $C_2S$)、硅酸三钙($3CaO \cdot SiO_2$，简写 $C_3S$)、铝酸三钙($3CaO \cdot Al_2O_3$，简写 $C_3A$)、铁铝酸四钙($4CaO \cdot Al_2O_3 \cdot Fe_2O_3$，简写 $C_4AF$)四种矿物组成。其中，硅酸盐水泥熟料除上述主要组成外，还含有少量的游离氧化钙(含量过高，将造成水泥体积安定性不良)、游离氧化镁(含量过高，将造成水泥体积安定性不良)以及含碱矿物和玻璃体(当含量高，且遇到活性集料时，易发生碱-集料膨胀反应)等。

水泥具有较好的建筑技术特性，主要是水泥熟料中几种主要矿物成分水化作用的结果。水泥熟料中各种矿物成分单独与水发生水化反应时的特性见表 4-1。

**表 4-1　水泥熟料中各种矿物成分单独与水发生水化反应时的特性**

| 矿物名称 | 硅酸三钙($C_3S$) | 铝酸三钙($C_3A$) | 硅酸二钙($C_2S$) | 铁铝酸四钙($C_4AF$) |
|---|---|---|---|---|
| 含量/% | 37～60 | 7～15 | 15～37 | 10～18 |
| 水化反应速度 | 快 | 最快 | 慢 | 快 |
| 水化热(28 d 放热量) | 大 | 最大 | 小 | 中 |
| 强度 | 高 | 低 | 早期低，后期高 | 低(对抗折有利) |
| 干缩性 | 中 | 大 | 小 | 小 |

由表 4-1 可知，水泥中各矿物熟料的含量对水泥的性能有决定作用，当改变各种熟料矿物成分的含量，水泥的性质会发生相应的变化。如提高熟料中的 $C_3S$ 和 $C_3A$ 的含量，可制得快凝快硬水泥。如制成水利工程上所用低水化热的大坝水泥，则要尽可能降低熟料中的 $C_3A$ 和 $C_3S$ 的含量，提高 $C_2S$ 的含量。

**3. 硅酸盐水泥的水化与凝结硬化**

(1)硅酸盐水泥的水化。水泥加水后，熟料矿物开始与水发生水化反应，生成各种水化物，并放出一定的热量。水泥具有许多优良的性能，主要是水泥熟料中矿物水化作用的结果。其反应式为：

$$2(3CaO \cdot SiO_2)+6H_2O \xlongequal{} 3CaO \cdot 2SiO_2 \cdot 3H_2O+3Ca(OH)_2$$

硅酸三钙　　　　　　　水化硅酸钙　　　　氢氧化钙

$$2(2CaO \cdot SiO_2)+4H_2O \xlongequal{} 3CaO \cdot 2SiO_2 \cdot 3H_2O+Ca(OH)_2$$

硅酸二钙　　　　　　　　　水化硅酸钙

$$3CaO \cdot Al_2O_3+6H_2O \xlongequal{} 3CaO \cdot Al_2O_3 \cdot 6H_2O$$

铝酸三钙　　　　　　水化铝酸三钙

$$4CaO \cdot Al_2O_3 \cdot Fe_2O_3+7H_2O \xlongequal{} 3CaO \cdot Al_2O_3 \cdot 6H_2O+CaO \cdot Fe_2O_3 \cdot H_2O$$

铁铝酸四钙　　　　　　　　水化铝酸三钙　　　　　水化铁酸一钙

上述四种主要矿物的水化反应中，硅酸三钙水化反应速度快、水化放热量大，所生成的水化硅酸钙几乎不溶于水，呈胶体微粒析出，逐渐成为凝胶，具有较高的强度。生成的氢氧化钙初始阶段溶于水，很快达到饱和，结晶析出，之后的水化反应是在氢氧化钙溶液中进行的。硅酸二钙与水的反应与硅酸三钙相似，只是反应速率较低、水化放热量小，生成物中氢氧化钙较少。铝酸三钙与水反应速度极快，水化放热量很大，所生成水化铝酸三钙溶于水，其中一部分会与石膏发生反应，生成不溶于水的水化硫铝酸钙晶体，其余部分会吸收溶液中的氢氧化钙，最终成为水化铝酸四钙晶体，强度很低。铁铝酸四钙与水反应，水化速度较高，水化热和强度较低，除生成水化铝酸钙外，还生成水化铁酸一钙，它也将在溶液中吸收氢氧化钙而提高碱度。以上是水泥水化的主要反应。在水化产物中水化硅酸钙所占比例最大，约为70%；氢氧化钙次之，占20%左右。其中水化硅酸钙、水化铁酸钙为凝胶体，具有强度贡献；而氢氧化钙、水化铝酸钙、钙矾石都为晶体，它将使水泥石在外界条件下变得疏松，使水泥石强度下降，是影响硅酸盐水泥耐久性的主要因素。

(2)硅酸盐水泥的凝结硬化。水泥加水拌和后，生成各种水化产物，从而形成可塑性的浆体，随着时间的延长(水化反应的进行)，水泥浆逐渐失去可塑性，并发展成具有一定强度的坚硬体，称为水泥的凝结硬化。硅酸盐水泥的凝结硬化过程是很复杂的物理化学过程。在水泥浆体内，各种物理化学变化不能按时间来划分，但在不同的凝结硬化阶段由不同的变化起主要作用。人为地将硅酸盐水泥的凝结硬化主要分为以下几个过程：

第一个过程：当水泥加水拌和后，未水化的水泥颗粒分散在水中，并与水化物形成水泥浆体。

第二个过程：水泥颗粒表面与水接触后，表面的水泥颗粒与水反应，形成不同的水化产物，由于水化产物的溶解度很小，且随着新生水化产物的增多，自由水分减少，各种水化产物先后析出，并包裹在水泥颗粒表面，形成包有水化物膜层的水泥颗粒。

第三个过程：随着水化的不断进行，生成更多的水化产物。各种水化凝胶体和氢氧化钙、水化硅酸钙晶体相互连接形成网状结构，从而使浆体流动性和可塑性逐渐降低，水泥逐渐凝结。

第四个过程：随着水化的深入进行，各种晶体和凝胶体水化物越来越多，它们相互连生，形成较紧密的网状结晶结构，并在网状结构内部不断充实水化物，从而使水泥浆具有初步的强度。随着凝结硬化时间的延长，水泥颗粒内部未水化的部分继续水化，生成的水化物进一步发展，填充水泥颗粒内部和颗粒之间的毛细孔，使水泥浆体逐渐产生强度而进入硬化阶段，最后成为坚硬的水泥石。

水泥凝结硬化的影响因素是多方面的，如熟料矿物成分含量、细度、石膏的掺量、水胶比、养护的温度和湿度以及养护龄期等。其中，矿物组成各成分的比例是影响水泥凝结硬化的主要因素，熟料中各矿物成分与水作用时的特性是不同的，其强度发展规律也会不同；水泥颗粒越细，与水泥的接触面越大，水化反应速度越快，凝结硬化也越快；石膏的掺加是为了延缓水泥的凝结硬化，但是石膏掺入过多，会引起水泥体积安定性不良，致使水泥产生膨胀性破坏；水胶比的大小直接影响新拌水泥浆体内毛细孔的数量，水胶比小，水泥浆稠，水泥石整体结构内毛细孔减少，水泥的凝结硬化速度快，强度提高也快；养护环境内足够的温度和湿度会有利于水泥的水化和凝结硬化，从而有利于其早期强度的发展；水泥的水化和凝结硬化是连续的过程，水泥石的强度随着养护龄期的增长而增大，实践证明，水泥一般在 28 d 内强度发展较快，28 d 后强度增长缓慢。

## 二、硅酸盐水泥的技术性质

根据现行国家标准《通用硅酸盐水泥》(GB 175—2007)规定，硅酸盐水泥的技术要求包括化学性质和物理性质。

### 1. 硅酸盐水泥的化学性质

通用硅酸盐水泥的化学指标应符合表 4-2 的要求。

硅酸盐水泥的碱含量(选择性指标)按 $Na_2O+0.658K_2O$ 计算值表示。如果使用活性集料，用户要求提供低碱水泥时，水泥中的含碱量应不大于 0.60%或由买卖双方协商确定。

**表 4-2　通用硅酸盐水泥的化学指标(质量含量)**　　%

<table>
<tr><th>品种</th><th>代号</th><th>不溶物</th><th>烧失量</th><th>三氧化硫</th><th>氧化镁</th><th>氯离子</th></tr>
<tr><td rowspan="2">硅酸盐水泥</td><td>P·Ⅰ</td><td>≤0.75%</td><td>≤3.0%</td><td rowspan="3">≤3.5%</td><td rowspan="3">≤5.0%①</td><td rowspan="8">≤0.06%③</td></tr>
<tr><td>P·Ⅱ</td><td>≤1.50%</td><td>≤3.5%</td></tr>
<tr><td>普通硅酸盐水泥</td><td>P·O</td><td>—</td><td>≤5.0%</td></tr>
<tr><td rowspan="2">矿渣硅酸盐水泥</td><td>P·S·A</td><td>—</td><td>—</td><td rowspan="2">≤4.0%</td><td>≤6.0%②</td></tr>
<tr><td>P·S·B</td><td>—</td><td>—</td><td>—</td></tr>
<tr><td>火山灰质硅酸盐水泥</td><td>P·P</td><td>—</td><td>—</td><td rowspan="3">≤3.5%</td><td rowspan="3">≤6.0%</td></tr>
<tr><td>粉煤灰硅酸盐水泥</td><td>P·F</td><td>—</td><td>—</td></tr>
<tr><td>复合硅酸盐水泥</td><td>P·C</td><td>—</td><td>—</td></tr>
<tr><td colspan="7">① 如果水泥压蒸试验合格，则水泥中氧化镁的含量允许放宽至 6.0%。<br>② 如果水泥中氧化镁的含量大于 6.0%时，允许进行水泥压蒸安定性试验并合格。<br>③ 当有更低要求时，该指标由买卖双方协商确定。</td></tr>
</table>

### 2. 硅酸盐水泥的物理性质

(1)细度。水泥细度是指水泥颗粒粗细的程度，细度是影响水泥性能的重要指标。水泥细度通常采用筛析法或比表面积法进行测定。

水泥与水的反应是从水泥颗粒表面开始，逐渐深入到颗粒内部的。水泥颗粒越细，其比表面积越大，与水的接触面越多，水化反应进行得越快、越充分。一般认为，粒径小于 40 μm 的水泥颗粒才具有较高的活性；大于 90 μm 的，则几乎接近惰性。因此，水泥的细度对水泥的性质有很大影响。通常水泥越细，凝结硬化越快，强度(特别是早期强度)越高，收缩也增大。但水泥越细，越易吸收空气中的水分而受潮形成絮凝团，反而会使水泥活性降低。另外，提高水泥的细度要增加粉磨时的能耗，降低粉磨设备的生产率，增加成本。

硅酸盐水泥的细度用比表面积表示，其比表面积不小于300 $m^2/kg$。同时，水泥细度只是硅酸盐水泥技术要求中的选择性指标，不作为判定水泥合格与否的标准。

(2)凝结时间。水泥从加水开始到失去流动性，即从可塑性状态发展到固体状态所需要的时间称为凝结时间。凝结时间又分为初凝时间和终凝时间。初凝时间是指从水泥加水拌和起到水泥浆开始失去塑性所需的时间；终凝时间是指从水泥加水拌和时起到水泥浆完全失去可塑性，并开始具有强度的时间。

初凝时间不能过短，是为了保证施工过程能从容地在水泥浆初凝前完成。因此，初凝不符合标准要求应做废品处理。终凝时间不宜过长，因为水泥终凝后才开始产生强度，而水泥制品遮盖浇水养护以及下面工序的进行，需待其具有一定强度后方可进行。

水泥凝结时间的测定是以标准稠度的水泥净浆，在规定的温度、湿度条件下，用凝结时间测定仪来测定的。硅酸盐水泥的初凝时间不小于45 min，终凝时间不大于390 min。凝结时间的测定必须具备两个规定条件：一是在规定的恒温、恒湿环境中；二是受测水泥浆必须是标准稠度的水泥浆。各批水泥的矿物成分、粉磨细度不尽相同，拌成标准稠度的水泥浆时用水量也各不相同。标准稠度用水量是指水泥净浆达到规定稠度(标准稠度)时所需的拌和水量，以占水泥质量的百分率表示。水泥标准稠度用水量一般为24%～33%。

(3)体积安定性。水泥的体积安定性是指水泥在凝结硬化过程中体积变化的均匀性。当水泥浆体硬化过程发生不均匀变化时，会导致膨胀开裂、翘曲，称为安定性不良。安定性不合格的水泥应做废品处理，不得用于建筑工程。

水泥安定性不良的主要原因是熟料中含有过量的游离氧化钙($f-CaO$)、游离氧化镁($f-MgO$)、三氧化硫($SO_3$)，或掺入的石膏过多。水泥中MgO的含量不得超过5.0%，水泥中$SO_3$的含量不得超过3.5%。对过量$f-CaO$引起的安定性不良，可以用沸煮法检验。沸煮法检验又分为两种：一种是试饼法，将标准稠度的水泥净浆制成规定尺寸形状的试饼，凝结后经沸水煮3 h，不开裂、不翘曲为合格；另一种方法为雷氏法，将标准稠度的水泥净浆装入雷氏夹，凝结并沸煮后，雷氏夹张开幅度不超过规定为合格。雷氏法为标准方法，当两种方法测定结果发生争议时，以雷氏法为准。

(4)标准稠度用水量。水泥的许多性质都与新拌制的水泥浆的稀稠程度有关，如凝结时间、体积安定性测定等。所谓标准稠度是按规定的方法拌制的水泥净浆，用维卡仪测定试杆沉入净浆并距底板6 mm±1 mm时的水泥净浆的稠度(标准法)，或在水泥标准稠度测定仪上，试锥下沉28 mm±2 mm时的水泥净浆的稠度(代用法)。

水泥标准稠度用水量是指水泥净浆达到标准稠度时所需要的水，通常用水与水泥质量的比(百分数)来表示。硅酸盐水泥的标准稠度用水量一般为21%～28%。水泥的标准稠度用水量，主要与水泥的细度及其矿物成分有关。

(5)强度和强度等级。水泥作为胶凝材料，强度是最重要的性质之一，也是划分强度等级的依据。

水泥强度是指水泥胶砂强度，是评定水泥强度等级的依据。硅酸盐水泥的强度不仅与熟料的矿物质成分，混合材料的品种、数量及水泥的细度等有关，还与水泥的水胶比、试件的制作方法、养护条件等有关。根据《水泥胶砂强度检验方法(ISO法)》(GB/T 17671—

1999)规定，以水泥和标准砂按 1∶3，水胶比为 0.5，用标准制作方法制成 40 mm×40 mm×160 mm 的标准试件，在标准养护条件下，测其 3 d 和 28 d 的抗压强度和抗折强度，将硅酸盐水泥分为 42.5、42.5R、52.5、52.5R、62.5、62.5R 六个强度等级。根据早期强度，有普通型和早强型(R)两种类型。各龄期的强度值不得低于表 4-3 中规定的数值，水泥强度不满足要求的为不合格品。

**表 4-3　通用硅酸盐水泥各龄期的强度要求**

<table>
<tr><th rowspan="2">品种</th><th rowspan="2">强度等级</th><th colspan="2">抗压强度/MPa</th><th colspan="2">抗折强度/MPa</th></tr>
<tr><th>3 d</th><th>28 d</th><th>3 d</th><th>28 d</th></tr>
<tr><td rowspan="6">硅酸盐水泥</td><td>42.5</td><td>17.0</td><td rowspan="2">42.5</td><td>3.5</td><td rowspan="2">6.5</td></tr>
<tr><td>42.5R</td><td>22.0</td><td>4.0</td></tr>
<tr><td>52.5</td><td>23.0</td><td rowspan="2">52.5</td><td>4.0</td><td rowspan="2">7.0</td></tr>
<tr><td>52.5R</td><td>27.0</td><td>5.0</td></tr>
<tr><td>62.5</td><td>28.0</td><td rowspan="2">62.5</td><td>5.0</td><td rowspan="2">8.0</td></tr>
<tr><td>62.5R</td><td>32.0</td><td>5.5</td></tr>
<tr><td rowspan="4">普通硅酸盐水泥</td><td>42.5</td><td>17.0</td><td rowspan="2">42.5</td><td>3.5</td><td rowspan="2">6.5</td></tr>
<tr><td>42.5R</td><td>22.0</td><td>4.0</td></tr>
<tr><td>52.5</td><td>23.0</td><td rowspan="2">52.5</td><td>4.0</td><td rowspan="2">7.0</td></tr>
<tr><td>52.5R</td><td>27.0</td><td>5.0</td></tr>
<tr><td rowspan="6">矿渣硅酸盐水泥<br>火山灰质硅酸盐水泥<br>粉煤灰硅酸盐水泥<br>复合硅酸盐水泥</td><td>32.5</td><td>10.0</td><td rowspan="2">32.5</td><td>2.5</td><td rowspan="2">5.5</td></tr>
<tr><td>32.5R</td><td>15.0</td><td>3.5</td></tr>
<tr><td>42.5</td><td>15.0</td><td rowspan="2">42.5</td><td>3.5</td><td rowspan="2">6.5</td></tr>
<tr><td>42.5R</td><td>19.0</td><td>4.0</td></tr>
<tr><td>52.5</td><td>21.0</td><td rowspan="2">52.5</td><td>4.0</td><td rowspan="2">7.0</td></tr>
<tr><td>52.5R</td><td>23.0</td><td>4.5</td></tr>
</table>

(6)水化热。水泥与水的水化反应是放热反应，所释放的热称为水化热。水化热的多少和释放速率，取决于水泥熟料的矿物质组成、混合材料的品种和数量、水泥细度和养护条件等。大部分水化热在水泥水化初期放出。

硅酸盐水泥是六种通用水泥中水化热量最大、放热速率最快的一种，普通硅酸盐水泥水化热数量和放热速率其次，掺大量混合材料的水泥则水化热较少。

水泥的水化热多，有利于冬期施工，可在一定程度上防止冻害，但不利于大体积工程。大量水化热聚集于内部，造成内部与表面有较大温差，内部受热膨胀，表面冷却收缩，使大体积混凝土在温度应力下严重受损。

尽管国家标准没有规定通用水泥的水化热限值，但选用水泥时应充分考虑水化热对工程的影响。

## 三、硅酸盐水泥石的腐蚀和防止措施

在通常使用条件下，硅酸盐水泥石有较好的耐久性。当硅酸盐水泥石长时间处于侵蚀性介质(如流动的淡水、酸和酸性水、硫酸盐和镁盐溶液、强碱等)中，会逐渐受到侵蚀，变得疏松，强度下降甚至破坏。

环境对硅酸盐水泥石结构的腐蚀可分为物理腐蚀与化学腐蚀。物理腐蚀是指各类盐溶液渗透到水泥石结构内部，并不与水泥石成分发生化学反应，而是产生结晶使体积膨胀，对水泥石产生破坏作用。在干湿交替的部位，这类腐蚀尤为严重。化学腐蚀是指外界各类腐蚀介质与水泥石内部的某些成分发生化学反应，并生成易溶于水的矿物和体积显著膨胀的矿物或无胶结能力的物质，从而导致水泥石结构的解体。

**1. 硅酸盐水泥的腐蚀类型**

硅酸盐水泥构件在正常的使用环境中有较好的耐久性。将硅酸盐水泥制品长期放在侵蚀性介质中，如流动的软水，酸性水，强碱性、含硫酸盐、镁盐的溶液等，将会导致水泥石表面疏松、强度降低，从而降低建筑的使用寿命，这种现象称为硅酸盐水泥的腐蚀。硅酸盐水泥的腐蚀类型主要有以下几种。

(1)软水侵蚀(溶出性侵蚀)。软水是指只含少量可溶性钙盐和镁盐的天然水，或是经过软化处理的硬水。江水、河水、湖(淡水湖)水等均属于软水。硅酸盐水泥的水化产物主要是 $Ca(OH)_2$，且其溶解度是最大的。当水量不多时，$Ca(OH)_2$ 溶解于水且浓度很快达到饱和而停止。若在流动的压力水中，水泥中的 $Ca(OH)_2$ 就会不断地溶解于水，并被水流带走。水泥中由于 $Ca(OH)_2$ 浓度的降低，会导致其他水泥产物发生分解。水泥制品中毛细孔的存在将导致腐蚀现象不断深入，从而使水泥内部孔隙增大，强度降低，最终致使水泥结构破坏。

(2)酸类侵蚀。水泥的主要水化产物中含有大量的 $Ca(OH)_2$，当遇到酸(弱酸和强酸)时，将会和酸发生反应，从而生成能溶于水泥的各种盐。如 $CO_2$ 含量较多的工业污水或地下水。这种碳酸水和水泥石中的 $Ca(OH)_2$ 发生反应生成溶于水的 $Ca(HCO_3)_2$，从而腐蚀水泥。具体的反应式为：

$$Ca(OH)_2+CO_2+H_2O = CaCO_3+2H_2O$$

$$CaCO_3+H_2O+CO_2 = Ca(HCO_3)_2$$

如工业废水或地下水中含有较多的无机酸、有机酸，则这种酸水将会和水泥石中的 $Ca(OH)_2$发生化学反应，生成溶于水或体积膨胀的产物，从而导致水泥石破坏。无机酸中的盐酸、硫酸、氢氟酸，有机酸中的醋酸、蚁酸、乳酸对水泥石的腐蚀较严重。其中盐酸和硫酸与水泥石中的 $Ca(OH)_2$ 发生化学反应，其反应式为：

$$Ca(OH)_2+2HCl = CaCl_2+2H_2O$$

$$Ca(OH)_2+H_2SO_4 = CaSO_4\cdot 2H_2O$$

(3)盐类侵蚀。盐对硅酸盐水泥的侵蚀主要有硫酸盐侵蚀和镁盐侵蚀。硫酸盐侵蚀是海水、湖水、沼泽水或地下水的 $SO_4^{2-}$ 与水泥石中的 $Ca(OH)_2$ 发生化学反应生成 $CaSO_4$，而 $CaSO_4$ 又会和水泥石中的水化铝酸钙反应生成含有结晶水的硫铝酸钙，体积增大 1.5 倍以上，从而破坏水泥石。具体反应式为：

$$SO_4^{2-}+Ca^{2+} = CaSO_4$$

$$3CaSO_4+4CaO\cdot Al_2O_3\cdot 12H_2O+20H_2O = 3CaO\cdot Al_2O_3\cdot 3CaSO_4\cdot 31H_2O+Ca(OH)_2$$

镁盐侵蚀是海水或地下水中含有硫酸镁和氯化镁，它们会和水泥石中的 $Ca(OH)_2$ 发生反应。具体反应式为：

$$MgSO_4+Ca(OH)_2+2H_2O = CaSO_4\cdot 2H_2O+Mg(OH)_2$$

$$MgCl_2+Ca(OH)_2 = CaCl_2+Mg(OH)_2$$

生成的 $Mg(OH)_2$ 没有胶结能力，二水石膏引起硫酸盐的破坏作用，$CaCl_2$ 易溶于水，从而导致水泥石破坏。

水泥石本身具有相当高的碱度，因此弱碱溶液一般不会侵蚀水泥石，但是当铝酸盐含量较高的水泥石遇到强碱(如氢氧化钠)作用后会被腐蚀破坏。氢氧化钠与水泥熟料中未水化的铝酸三钙作用，生成易溶的铝酸钠，其反应式如下：

$$3CaO \cdot Al_2O_3 + 6NaOH = 3Na_2O \cdot Al_2O_3 + 3Ca(OH)_2$$

当水泥石被氢氧化钠浸润后又在空气中干燥，与空气中的二氧化碳作用生成碳酸钠。它在水泥石毛细孔中结晶沉积，会使水泥石胀裂。

**2. 水泥石腐蚀的预防措施**

水泥石的腐蚀实际上是一个极其复杂的物理化学作用过程，常常是几种作用同时存在，相互影响。引起水泥石腐蚀的外在因素是侵蚀性介质，内在因素主要有两个：一是水泥石中存在易引起腐蚀的成分，如氢氧化钙、水化铝酸钙等；二是水泥石本身不密实，使侵蚀性介质易于进入内部引起破坏。预防水泥石侵蚀可采取以下措施：

(1)合理选择水泥品种。根据水泥制品的使用环境及侵蚀类型，合理选择水泥品种。如在有压力的流动水环境中，选择水化产物中 $Ca(OH)_2$ 含量较少的水泥，可提高其抗软水侵蚀能力；在含有硫酸盐的环境中，采用抗硫酸盐水泥，可有效抵抗硫酸盐的侵蚀；掺入活性混合材料，可提高硅酸盐水泥抵抗多种介质侵蚀的能力。

(2)提高水泥石的密实度。水泥石(或混凝土)的孔隙率越小，抗渗能力越强，侵蚀介质也越难进入，侵蚀作用越轻。在实际工程中，可采用多种措施提高混凝土与砂浆的密实度，如合理设计混凝土配合比、降低水胶比、掺外加剂、改善施工方法等。

(3)在水泥石表面设置保护层。当侵蚀作用较强或上述措施不能满足要求时，可在水泥制品(混凝土、砂浆等)表面设置耐腐蚀性高且不透水的隔离层或保护层表面，以防止侵蚀性介质与水泥石直接接触，达到抗侵蚀的目的。

## 四、硅酸盐水泥的特性和应用

(1)快凝、快硬、高强。硅酸盐水泥与其他品种硅酸盐系水泥相比，凝结硬化速度快，早期强度和后期强度都较高，适用于早期强度有较高要求的工程，如现浇混凝土梁、板、柱和预制构件，也适用于重要结构的高强混凝土水泥和预应力混凝土工程等。

(2)抗冻性好。硅酸盐水泥未掺或掺很少量的混合材料，硅酸盐水泥硬化后的水泥结构密实，抗冻性好，适用于严寒地区遭受反复冻融的工程和抗冻性要求高的工程。

(3)干缩小和耐磨性好。硅酸盐水泥硬化时干缩小，不易产生干缩裂缝，可用于干燥环境工程。由于干缩小，表面不易起粉尘，因此耐磨性好，可用于道路工程。

(4)水化热大。硅酸盐水泥含有大量的硅酸三钙、铝酸三钙，在水泥水化时，放热迅速且放热量大，适用于冬季施工，不宜用于大体积混凝土工程。

(5)耐腐蚀性差。硅酸盐水泥石中有较多的氢氧化钠和水化铝酸钙，耐软水和耐化学腐蚀性差。故硅酸盐水泥不宜用于经常与流动的淡水接触和压力水作用的工程，也不适用于受海水、矿物水等作用的工程。

(6)耐热性差。硅酸盐水泥石在受热温度超过 250 ℃时水化产物开始脱水，体积产生收缩，强度开始下降。当受热温度超过 700 ℃，水泥石由于体积膨胀而造成破坏。因此，硅酸盐水泥不宜用于耐热要求高的工程，如工业窑炉、高炉基础等，也不宜用来配置耐热混凝土。

(7)抗碳化性好。水泥石中的氢氧化钙与空气中的二氧化碳和水作用生成碳酸钙的过程称为碳化。碳化会引起水泥石内部的碱度降低，产生微裂缝，使钢筋混凝土中的钢筋产生锈蚀。硅酸盐水泥在水化后，水泥石中含有较多的氢氧化钙，碳化时水泥的碱度下降少，对钢筋的保护作用强，可用于空气中二氧化碳浓度较高的环境中，如铸造车间等。

硅酸盐水泥、普通硅酸盐水泥、矿渣硅酸盐水泥、火山灰质硅酸盐水泥、粉煤灰硅酸盐水泥和复合硅酸盐水泥是我国目前使用广泛的六种水泥，现将这六种水泥的成分、特性汇总列于表 4-4。

**表 4-4　六种水泥的特性及强度等级**

| 水泥 | 硅酸盐水泥 | 普通硅酸盐水泥 | 矿渣硅酸盐水泥 | 火山灰质硅酸盐水泥 | 粉煤灰硅酸盐水泥 | 复合硅酸盐水泥 |
|---|---|---|---|---|---|---|
| 特性 | ①强度高；②快硬早强；③抗冻、耐磨性好；④水化热大；⑤耐腐蚀性较差；⑥耐热性较差 | ①早期强度较高；②抗冻性较好；③水化热较大；④耐腐蚀性较差；⑤耐热性较差 | ①早期强度低，但后期增长快；②强度发展对温度、湿度敏感；③水化热低；④耐软水、海水、硫酸盐腐蚀性较好；⑤耐热性较好；⑥抗冻抗渗性较差 | ①抗渗性较好，耐热不及矿渣水泥，干缩大，耐磨性差；②其他同矿渣水泥 | ①干缩性较小；②抗裂性较好；③其他同矿渣水泥 | ①早期强度较高；②其他性能与掺主要混合材料的水泥接近 |
| 适用范围 | ①高强度混凝土；②预应力混凝土；③快硬早强结构；④抗冻混凝土 | ①一般的混凝土；②预应力混凝土；③地下与水中结构；④抗冻混凝土 | ①一般耐热要求的混凝土；②大体积混凝土；③蒸汽养护构件；④一般混凝土构件；⑤一般耐软水、海水、硫酸盐腐蚀要求的混凝土 | ①水中、地下、大体积混凝土，抗渗混凝土；②其他同矿渣水泥 | ①水中、地下、与水中大体积混凝土；②其他同矿渣水泥 | ①早期强度较高的工程；②其他与掺主要混合材料的水泥类似 |
| 不适用范围 | ①大体积混凝土；②易受腐蚀的混凝土；③耐热混凝土，高温养护混凝土 | 无 | ①早期强度要求较高的混凝土；②严寒地区及处在水位升降的范围内的混凝土；③抗渗性要求较高的混凝土 | ①干燥环境及处在水位变化范围内的混凝土；②有耐磨要求的混凝土；③其他同矿渣水泥 | ①抗碳化要求的混凝土；②有抗渗要求的混凝土；③其他同火山灰质水泥 | 与掺主要混合材料的水泥类似 |

# 第二节　掺混合材料的硅酸盐水泥

硅酸盐水泥因为熟料含量高，具有水化热高、强度高、成本高等特点。为了扩大硅酸盐水泥的应用范围，降低成本，可在硅酸盐水泥熟料中掺加一定量的混合材料，从而改善水泥的性能，提高产量，调节水泥的强度等级，称为掺混合材料的硅酸盐水泥。掺混合材料的硅酸盐水泥有：普通硅酸盐水泥、矿渣硅酸盐水泥、火山灰质硅酸盐水泥、粉煤灰硅酸盐水泥和复合硅酸盐水泥。上述五种水泥和硅酸盐水泥统称为通用硅酸盐水泥。

## 一、混合材料的作用与种类

掺加在硅酸盐水泥内的混合材料可分为活性混合材料和非活性混合材料。

**1. 活性混合材料**

具有一定的化学活性，能和水泥的水化物产生化学反应，生成新的水硬性胶凝材料，凝结硬化产生强度，从而改变水泥的某些特性的混合材料称为活性混合材料。常见的活性混合材料有粒化高炉矿渣、火山灰质混合材料和粉煤灰。其中粒化高炉矿渣是高炉炼铁的副产品经水淬急冷处理后得到的颗粒状材料；火山灰质混合材料是天然的和人工的以氧化硅、氧化铝为主要成分的矿物质材料，本身磨细加水拌和并不硬化，但与气硬性石灰混合物后，再加水拌和，不仅能在空气中硬化，而且能在水中继续硬化的矿物质材料；粉煤灰是燃煤电厂排出的烟气中收集下来的细颗粒废渣。上述三种混合材料中均有活性 $SiO_2$ 和活性 $Al_2O_3$，磨细后在水泥中与水泥水化后的产物 $Ca(OH)_2$ 发生二次反应，生成具有水硬性的水化硅酸钙和水化铝酸钙。

当有石膏存在时，水化铝酸钙将和石膏进一步发生反应生成水化硫铝酸钙。

掺加活性混合材料的硅酸盐水泥的反应分次进行。首先是硅酸盐水泥熟料中的各矿物成分水化生成 $Ca(OH)_2$ 等水化产物；然后是混合材料中的活性 $SiO_2$ 和活性 $Al_2O_3$ 与 $Ca(OH)_2$，在掺入石膏的激发下发生二次反应。活性混合材料的掺加主要起改善水泥的某些性能，扩大水泥强度的等级范围、降低水化热、增加产量和降低成本等作用。

**2. 非活性混合材料**

非活性混合材料不具有化学活性或化学活性很小。掺在水泥中主要起填充作用，可以调节水泥强度，降低水化热，降低水泥生产成本，增加水泥产量。常见的非活性混合材料有磨细的石英砂、石灰石、黏土、慢冷矿渣等。

## 二、掺混合材料的硅酸盐水泥的技术要求、特性及应用

### (一)普通硅酸盐水泥

凡由硅酸盐水泥熟料、＞5％且≤20％的混合材料和适量石膏磨细制成的水硬性胶凝材料，称为普通硅酸盐水泥，简称普通水泥，代号为 P·O。

**1. 技术要求**

(1)普通水泥的化学指标见表 4-2。

(2)细度(选择性指标)。普通水泥比表面积不小于300 $m^2/kg$，用比表面积法测定。

(3)凝结时间。普通水泥初凝时间不小于45 min，终凝时间不大于600 min。

(4)体积安定性。沸煮法检验必须合格。标准规定普通水泥中MgO的含量和$SO_3$的含量须符合表4-2的要求。

(5)强度等级。普通水泥根据3 d和28 d的抗折和抗压强度分42.5、42.5R、52.5、52.5R四个强度等级。各龄期强度不得低于表4-3规定的数值。

**2. 特性及应用**

由于普通水泥混合材料的掺量较少，所以其性质与硅酸盐水泥相近。与硅酸盐水泥相比，普通水泥水化热略有减低，早期强度硬化稍慢，强度低，抗冻性、耐磨性和抗碳化能力稍差，耐腐蚀能力稍好。普通水泥被广泛应用于各种强度等级的钢筋混凝土工程中。

**(二)矿渣硅酸盐水泥**

凡由硅酸盐水泥熟料和粒化高炉矿渣、适量石膏磨细制成的水硬性胶凝材料称为矿渣硅酸盐水泥，简称矿渣水泥。其可分为A型矿渣水泥(P·S·A)和B型矿渣水泥(P·S·B)。其中，A型水泥矿渣含量＞20％且≤50％；B型水泥矿渣含量＞50％且≤70％。

**1. 技术要求**

(1)矿渣水泥的化学指标见表4-2。

(2)细度(选择性指标)。以筛余表示，其80 μm方孔筛筛余不大于10％或45 μm方孔筛筛余不大于30％。

(3)凝结时间。矿渣水泥初凝时间不小于45 min，终凝时间不大于600 min。

(4)体积安定性。沸煮法检验必须合格。标准规定矿渣水泥中MgO的含量和$SO_3$的含量须符合表4-2的要求。

(5)强度等级。矿渣水泥根据3 d和28 d的抗折和抗压强度分32.5、32.5R、42.5、42.5R、52.5、52.5R六个强度等级。各龄期强度不得低于表4-3规定的数值。

**2. 特性及应用**

由于矿渣水泥中熟料矿物较少而活性混合材料较多，且掺入的矿渣对水的吸附力较差，所以具有保水性差、泌水性大、水化热低、凝结硬化慢、早期强度较低等特点。由于矿渣水泥水化析出的$Ca(OH)_2$较少，因此这种水泥抵抗软水、海水和硫酸盐腐蚀的能力较强，宜用于水中工程和海港工程。矿渣水泥还具有耐热性，所以可用于耐热混凝土，但这种水泥硬化后碱度较低，故抗碳化能力较差。矿渣水泥的抗冻性、耐磨性、抗渗性和抵抗干湿交替循环的性能均不及普通水泥。

**(三)火山灰质硅酸盐水泥**

凡由硅酸盐水泥熟料＞20％且≤40％火山灰质混合材料、适量石膏磨细制成的水硬性胶凝材料称为火山灰质硅酸盐水泥，简称火山质灰水泥，代号为P·P。

**1. 技术要求**

(1)火山灰质水泥的化学指标见表4-2。

(2)细度(选择性指标)。以筛余表示，其80 μm方孔筛筛余不大于10％或45 μm方孔筛筛余不大于30％。

(3)凝结时间。火山灰质水泥初凝时间不小于45 min，终凝时间不大于600 min。

(4)体积安定性。沸煮法检验必须合格。标准规定火山灰质水泥中 MgO 的含量和 $SO_3$ 的含量须符合表 4-2 的要求。

(5)强度等级。火山灰质水泥根据 3 d 和 28 d 的抗折和抗压强度分 32.5、32.5R、42.5、42.5R、52.5、52.5R 六个强度等级。各龄期强度不得低于表 4-3 规定的数值。

**2. 特性及应用**

火山灰质水泥和矿渣水泥一样具有水化热低、凝结硬化慢、早期强度增长慢、后期强度增长较快、耐腐蚀能力强、抗碳化能力差等特点。但火山灰质水泥颗粒较细，泌水性小，故具有较高的抗渗性，适用于有抗渗要求的混凝土工程。火山灰质水泥需水量大，在干热环境中易产生干缩裂缝，所以在干燥环境中的混凝土工程，使用时必须加强养护，使其在较长时间内保持润湿状态。

**(四)粉煤灰硅酸盐水泥**

凡由硅酸盐水泥熟料>20%且≤40%粉煤灰、适量石膏磨细制成的水硬性胶凝材料称为粉煤灰硅酸盐水泥，简称粉煤灰水泥，代号为 P·F。

**1. 技术要求**

(1)粉煤灰水泥的化学指标见表 4-2。

(2)细度(选择性指标)。以筛余表示，其 80 μm 方孔筛筛余不大于 10%或 45 μm 方孔筛筛余不大于 30%。

(3)凝结时间。粉煤灰水泥初凝时间不小于 45 min，终凝时间不大于 600 min。

(4)体积安定性。沸煮法检验必须合格。标准规定粉煤灰水泥中 MgO 的含量和 $SO_3$ 的含量须符合表 4-2 的要求。

(5)强度等级。粉煤灰水泥根据 3 d 和 28 d 的抗折和抗压强度分 32.5、32.5R、42.5、42.5R、52.5、52.5R 六个强度等级。各龄期强度不得低于表 4-3 规定的数值。

**2. 特性及应用**

粉煤灰水泥和火山灰质水泥、矿渣水泥一样具有水化热低、凝结硬化慢、早期强度较低、后期强度增长较快、耐腐蚀能力强、抗碳化能力差等特点。但粉煤灰水泥还具有干缩性小的特点，故抗裂性较好，所以可用于大体积混凝土工程、水下混凝土及海港工程。粉煤灰水泥的吸水率小，故需水量小，配制的混凝土和易性较好。

**(五)复合硅酸盐水泥**

凡由硅酸盐水泥熟料>20%且≤50%规定的混合材料，适量石膏磨细制成的水硬性胶凝材料称为复合硅酸盐水泥，简称复合水泥，代号为 P·C。其中，复合水泥中混合材料总掺量按质量分数应大于 20%且不超过 50%。水泥中允许用不超过 8%的窑灰代替部分混合材料；掺矿渣时混合材料掺量不得与矿渣硅酸盐水泥重复。

**1. 技术要求**

(1)复合水泥的化学指标见表 4-2。

(2)细度(选择性指标)。以筛余表示，其 80 μm 方孔筛筛余不大于 10%或 45 μm 方孔筛筛余不大于 30%。

(3)凝结时间。复合水泥初凝时间不小于 45 min，终凝时间不大于 600 min。

(4)体积安定性。用沸煮法检验必须合格。标准规定复合水泥中 MgO 的含量和 $SO_3$ 的含量须符合表 4-2 的要求。

(5)强度等级。复合水泥根据 3 d 和 28 d 的抗折和抗压强度分 32.5、32.5R、42.5、42.5R、52.5、52.5R 六个强度等级。各龄期强度不得低于表 4-3 规定的数值。

**2. 特性及应用**

复合水泥的性能一般受掺加混合材料的种类、掺量和比例等因素的影响，早期强度接近于普通水泥，高于矿渣水泥、火山灰质水泥和粉煤灰水泥，其他性能优于矿渣水泥、火山灰质水泥、粉煤灰水泥，因而适用范围广泛。

## 三、通用硅酸盐水泥的工程选用

通用硅酸盐水泥的工程选用见表 4-5。

**表 4-5 通用硅酸盐水泥的工程选用**

| 混凝土工程特点及所处环境条件 | | | 优先选用 | 可以选用 | 不宜选用 |
|---|---|---|---|---|---|
| 普通混凝土 | 1 | 在一般气候环境中的混凝土 | 普通水泥 | 矿渣水泥、火山灰质水泥、粉煤灰水泥、复合水泥 | — |
| | 2 | 在干燥环境中的混凝土 | 普通水泥 | 矿渣水泥 | 火山灰质水泥、粉煤灰水泥 |
| | 3 | 在高温环境中或长期处于水中的混凝土 | 矿渣水泥、火山灰质水泥、粉煤灰水泥、复合水泥 | 普通水泥 | — |
| | 4 | 厚大体积的混凝土 | 矿渣水泥、火山灰质水泥、粉煤灰水泥、复合水泥 | — | 硅酸盐水泥 |
| 有特殊要求的混凝土 | 1 | 要求快硬、高强(>C40)的混凝土 | 硅酸盐水泥 | 普通水泥 | 矿渣水泥、火山灰质水泥、粉煤灰水泥、复合水泥 |
| | 2 | 严寒地区的露天混凝土，寒冷地区处于水位升降范围内的混凝土 | 普通水泥 | 矿渣水泥(强度等级>32.5) | 火山灰质水泥、粉煤灰水泥 |
| | 3 | 严寒地区处于水位升降范围内的混凝土 | 普通水泥(强度等级>42.5) | — | 矿渣水泥、火山灰质水泥、粉煤灰水泥、复合水泥 |
| | 4 | 有抗渗要求的混凝土 | 普通水泥、火山灰质水泥 | — | 矿渣水泥 |
| | 5 | 有耐磨要求的混凝土 | 硅酸盐水泥、普通水泥 | 矿渣水泥(强度等级>32.5) | 火山灰质水泥、粉煤灰水泥 |
| | 6 | 受侵蚀性介质作用的混凝土 | 矿渣水泥、火山灰质水泥、粉煤灰水泥、复合水泥 | — | 硅酸盐水泥 |

# 第三节　通用硅酸盐水泥的验收、储存与运输

## 一、通用硅酸盐水泥的验收

由于水泥有效期短，质量极容易变化，因此，对进入施工现场的水泥必须进行验收，以检测水泥是否合格，确定水泥是否能够用于工程中。水泥的验收包括包装标志验收、数量验收和质量验收三个方面。

**1. 包装标志验收**

根据供货单位的发货明细表或入库通知单及质量合格证，分别核对水泥包装上所注明的水泥品种、代号、净含量、强度等级，生产许可证标志(QS)，生产者名称和地址，出厂编号，执行标准号，包装年、月、日等。掺火山灰质混合材料的普通水泥和矿渣水泥还应标上“掺火山灰”字样，包装袋两侧应印有水泥名称和强度等级，硅酸盐水泥和普通硅酸盐水泥的印刷采用红色，矿渣水泥的印刷采用绿色，火山灰质水泥、粉煤灰水泥和复合水泥的印刷采用黑色或蓝色。

散装水泥在供应时必须提交与袋装水泥标志相同内容的卡片。

**2. 数量验收**

水泥可以袋装或散装，袋装水泥每袋净含量50 kg，且不得少于标志质量的99%。随机抽取20袋，总质量(含包装袋)不得少于1 000 kg，其他包装形式由供需双方协商确定，但有关袋装质量要求，应符合上述规定。散装水泥平均堆积密度为1 450 $kg/m^3$，袋装压实的水泥为1 600 $kg/m^3$。

**3. 质量验收**

(1)检查出厂合格证和出厂检验报告。水泥出厂应有水泥生产厂家的出厂合格证，内容包括厂别、品种、出厂日期、出厂编号和检验报告。检验报告内容应包括出厂检验项目、细度、混合材料品种和掺加量、石膏和助磨剂的品种及掺加量、属旋窑或立窑生产及合同约定的其他技术要求。当用户需要时，生产者应在水泥发出之日起7 d内寄发除28 d强度以外的各项试验结果。28 d强度数值，应在水泥发出日起32 d内补报。

(2)交货与验收。交货时水泥的质量验收可抽取实物试样以其检验结果为依据，也可以生产者同编号水泥的检验报告为依据。采用何种方法验收应由双方商定，并在合同或协议中注明。

以抽取实物试样的检验结果为验收依据时，买卖双方应在发货前或交货地共同取样和签封。取样方法按《水取样方法》(GB/T 12573—2008)进行，取样数量为20 kg，缩分为二等份。一份由卖方保存40 d，一份由买方按《通用硅酸盐水泥》(GB 175—2007)规定的项目和方法进行检验。在40 d以内，买方检验认为产品质量不符合相应标准要求，而卖方又有异议时，双方应将卖方保存的另一份试样送有关监督检验机构进行仲裁检验。

以水泥厂同编号水泥的试验报告为验收依据时，在发货前或交货时，买方在同编号水泥中取样，双方共同签封后由卖方保存90 d；或认可卖方自行取样、签封并保存90 d的同编号水泥的封存样。在90 d内，买方对水泥质量有疑问时，买卖双方应将共同认可的试样送省级或省级以上国家认可的水泥质量监督检验机构进行仲裁检验。

(3)复验。按照《混凝土结构工程施工质量验收规范》(GB 50204—2015)以及工程质量管理的有关规定，用于承重结构的水泥，用于使用部位有强度等级要求的混凝土用水泥，出厂超过3个月(快硬硅酸盐水泥为超过1个月)的水泥和进口水泥，在使用前必须进行复验，并提供试验报告。水泥的抽样复验应符合见证取样送检的有关规定。

水泥复验的项目，通常只检测水泥的安定性、强度和其他必要的性能指标。

经确认水泥各项技术指标及包装质量符合要求时方可出厂，出厂水泥应保证出厂强度等级，其余技术要求应符合国家规定。

## 二、通用硅酸盐水泥的储存与运输

水泥的储存与运输方式主要有袋装和散装两种。袋装水泥在存放时，应用木料垫高出地面30 cm，四周离墙30 cm，堆置高度一般不超过10袋。存放散装水泥时，应分库进行标志存放，并应将水泥储存于专用的水泥罐中，防水防潮。

水泥在存放过程中很容易吸收空气中的水分产生水化作用，凝结成块，降低水泥强度，影响水泥的正常使用。所以，水泥应在干燥环境条件下存放，以免潮气侵入，导致水泥变质。

对于受潮水泥，可以进行处理后再使用，受潮水泥的识别、处理和使用见表4-6。

**表4-6　受潮水泥的识别、处理和使用**

| 受潮程度 | 处理办法 | 使用要求 |
|---|---|---|
| 轻微结块，可用手捏成粉末 | 将粉块压碎 | 经试验后根据实际强度使用 |
| 部分结成硬块 | 将硬块筛除，粉块压碎 | 经试验后根据实际强度使用，用于受力小的部位，强度要求不高的工程或配制砂浆 |
| 大部分结成硬块 | 将硬块粉碎磨细 | 不能作为水泥使用，可作为混合材掺入新水泥使用(掺量应小于25%) |

不同品种、强度等级、生产厂家、出厂日期的水泥，应分别储存，并加以标志，不得混杂。

水泥储存期不宜过长，以免受潮变质或降低强度等级，储存期按出厂日期起，通用水泥一般为3个月。水泥储存时间太长，即使条件良好的仓库，也会因吸湿结块失效。水泥如果保管得好，3个月内可按原强度等级使用。6个月后强度降低15%～30%，不能按原强度等级使用，需以重新检测的实际强度为准。所以，为保证质量，水泥的使用不超过3个月，超过3个月的水泥应重新检验，重新确定强度等级，否则不得在工程中使用。

# 第四节　特性水泥与专用水泥

## 一、特性水泥

与通用硅酸盐水泥相比较，有突出特性的水泥通称为特性水泥。特性水泥品种繁多，包括铝酸盐水泥、快硬硅酸盐水泥、膨胀水泥、白色硅酸盐水泥。

**1. 铝酸盐水泥**

铝酸盐水泥是以铝矾土和石灰石为原料，经高温煅烧制得，以铝酸钙为主、氧化铝含量大50%的熟料，经磨细制成的水硬性胶凝材料，代号为CA。它是一种快硬、早强、耐腐蚀、耐热的水泥。

(1)铝酸盐水泥的水化反应。

当温度低于20 ℃时：

$$CaO \cdot Al_2O_3 + 10H_2O = CaO \cdot Al_2O_3 \cdot 10H_2O$$

当温度处于20 ℃～30 ℃时：

$$2(CaO \cdot Al_2O_3) + 11H_2O = 2CaO \cdot Al_2O_3 \cdot 8H_2O + Al_2O_3 \cdot 3H_2O$$

当温度高于30 ℃时：

$$3(CaO \cdot Al_2O_3) + 12H_2O = 3CaO \cdot Al_2O_3 \cdot 6H_2O + 2(Al_2O_3 \cdot 3H_2O)$$

在较低温度下，水化物主要是$CAH_{10}$和$C_2AH_8$，呈细长针状和板状结晶连生体，形成骨架。析出的氢氧化铝凝胶填充于骨架空隙中，形成密实的水泥石。所以高铝水泥水化后密实度大、强度高。需要指出的是，$CAH_{10}$和$C_2AH_8$都是不稳定的，随温度升高会逐步转化为$C_3AH_6$。晶体转变的结果，使水泥石析出游离水，孔隙率增大，强度由高变低。

(2)铝酸盐水泥的特性。铝酸盐水泥的特性有：快硬、早强，后期强度下降，在结构工程中应慎重使用；水化热高、放热快，不适用于大体积混凝土工程；耐硫酸盐腐蚀能力强，密实不透水，但对碱的侵蚀无抵抗能力；耐热性好，是因为在高温下各组分发生固相反应成烧结状态，代替了水泥的水化结合。应用时必须注意，铝酸盐水泥硬化后由于晶体转化，长期强度下降幅度大(比早期最高强度下降约40%)，不宜用于长期承重的结构。铝酸盐水泥不得与硅酸盐水泥、石灰等能析出$Ca(OH)_2$的材料混合使用，如遇到$Ca(OH)_2$将出现"闪凝"，无法施工，而且硬化后强度很低。

铝酸盐水泥的特点可归纳为：硬化快、早强、放热大、耐水耐酸不耐碱、致密抗渗耐高温，不宜高温季节使用，不能与石灰质混用。

**2. 快硬硅酸盐水泥**

快硬硅酸盐水泥是指由硅酸盐水泥熟料加入适量石膏，磨细制成的早期强度高的以3 d抗压强度表示强度等级的水泥，简称快硬水泥。

快硬水泥可分为32.5、37.5和42.5三个强度等级。细度要求0.080 mm方孔筛筛余不得超过10%。初凝时间不早于45 min，终凝时间不迟于600 min。

快硬水泥具有早期强度增进率高的特点，其3 d抗压强度可达到强度等级，后期强度仍有一定增长。主要用于紧急抢修工程、军事工程、冬期施工工程，也用于制造预应力钢筋混凝土或混凝土预制构件。

**3. 膨胀水泥**

膨胀水泥是指在凝结硬化过程中体积产生膨胀的水泥，通常由胶凝材料和膨胀剂混合而成。膨胀剂在水化过程中形成具有膨胀性的钙矾石晶体导致体积稍有胀大。

膨胀水泥按胶结材料不同，可分为硅酸盐型、铝酸盐型和硫铝酸盐型膨胀水泥；按膨胀值不同，可分为收缩补偿水泥和自应力水泥两类。

**4. 白色硅酸盐水泥**

白色硅酸盐水泥是指由氧化铁含量少的硅酸盐水泥熟料加入适量石膏，磨细制成的水硬性胶凝材料，简称白水泥。白水泥可分为32.5、42.5、52.5、62.5四个强度等级，根据白度和强度等级分为优等品、一等品、合格品三个等级。初凝时间不早于45 min，终凝时间不迟于720 min。体积安定性，用沸煮法检验必须合格。

白水泥粉磨时加入耐碱矿物颜料即可制得彩色硅酸盐水泥。彩色水泥分为27.5、32.5、42.5三个强度等级，基本颜色有红色、黄色、蓝色、绿色、棕色和黑色，初凝时间不早于60 min，终凝时间不迟于600 min。白色水泥和彩色水泥主要用于建筑装饰工程和装饰制品的生产。

## 二、专用水泥

为满足工程要求而生产的专门用于某种工程的水泥属于专用水泥。专用水泥以适用的工程命名，如砌筑水泥、道路硅酸盐水泥、大坝水泥等。

**1. 砌筑水泥**

砌筑水泥是指由活性混合材料，加入适量硅酸盐水泥熟料和石膏，磨细制成主要用于配制砌筑砂浆的低强度等级水泥，代号为M。砌筑水泥可分为12.5和22.5两个强度等级，初凝时间不早于60 min，终凝时间不迟于720 min。砌筑水泥的强度较低，不能用于钢筋混凝土或结构混凝土，主要用于工业与民用建筑的砌筑和抹灰砂浆、垫层混凝土等。

**2. 道路硅酸盐水泥**

以适当成分的生料烧至部分熔融，所得以硅酸钙为主要成分和较多量铁铝酸盐的硅酸盐水泥熟料称为道路硅酸盐水泥熟料。道路水泥是指由道路硅酸盐水泥熟料，0～10%活性混合材料和适量石膏磨细制成的水硬性胶凝材料，代号为P·R。道路水泥分为32.5、42.5和52.5三个强度等级，比表面积为300～450 $m^2/kg$，初凝时间不早于90 min，终凝时间不迟于600 min。

道路水泥具有色泽美观、需水量少、抗折强度高，耐磨性、保水性及和易性好，抗冻性、外加剂适应性强等优点。主要用于高速公路、机场跑道、大跨度建设等。

**3. 大坝水泥**

大坝水泥是指水化过程中释放水化热量较低的适用于浇筑坝体等大体积结构的硅酸盐类水泥。其比表面积不小于250 $m^2/kg$，初凝时间不早于60 min，终凝时间不迟于720 min。

常用的大坝水泥有中热水泥、低热水泥和低热矿渣水泥等。大坝水泥具有水化热低、抗硫酸盐性能强、干缩小、耐磨性好等优点，主要用于大坝、大体积建筑物和厚大的基础等工程，可以克服因水化热引起温度应力而导致的混凝土破坏。

## 本章小结

本章是本课程的重要章节之一，主要介绍了通用硅酸盐水泥概念、组成及其特性和应用，并介绍了其他品种的水泥，如铝酸盐水泥、砌筑水泥、道路硅酸盐水泥、抗硫酸盐硅酸盐水泥、膨胀水泥和自应力水泥、中低热硅酸盐水泥、白色和彩色硅酸盐水泥的技术要求、特性及应用，以及水泥的验收、储存与运输。

## 思考与练习

**一、填空题**

1. 硅酸盐类水泥是以________为主要成分的水泥熟料、适量的石膏及规定的混合材料制成的水硬性胶凝材料。

2. 随着水泥水化、凝结的继续，浆体逐渐转变为具有一定强度的坚硬固体水泥石，这一过程称为________。

3. 水泥强度是指________，是评定水泥强度等级的依据。

4. 在硅酸盐水泥中掺加一定量的混合材料，能改善________，增加________，提高________。

**二、单选题**

1. 复合水泥在水泥分类中属于(　　)。
A. 专用水泥　B. 特性水泥　C. 通用水泥　D. 以上都可以

2. 道路水泥在水泥分类中属于(　　)。
A. 通用水泥　B. 专用水泥　C. 特性水泥　D. 以上都可以

3. 关于硅酸盐水泥的性质和应用说法，下列表述不正确的是(　　)。
A. 硅酸盐水泥凝结硬化快，耐冻性、耐磨性好
B. 适用于早期强度高、凝结硬化快、冬期施工及严寒地区受反复冻融的工程
C. 水泥石中有较多的氢氧化钙，抗软水腐蚀和抗化学腐蚀性差
D. 不适用于经常与流动的淡水接触及有水压作用的工程

4. 掺混合材料的硅酸盐水泥具有(　　)的特点。
A. 早期强度高　B. 凝结硬化快　C. 抗冻性好　D. 水化热低

5. 下列不属于活性混合材料的有(　　)。
A. 粒化高炉矿渣　B. 火山灰质混合材料　C. 粉煤灰　D. 石灰石

6. 硅酸盐水泥和普通硅酸盐水泥包装袋的印刷采用(　　)。
A. 红色　B. 蓝色　C. 绿色　D. 黄色

**三、多选题**

1. 水泥石的腐蚀主要包括(　　)等。
A. 软水侵蚀　B. 盐类腐蚀　C. 酸类腐蚀　D. 强碱腐蚀

2. 硅酸盐水泥矿物组成中，(　　)是强度的主要来源。
A. 硅酸三钙　B. 硅酸二钙　C. 铝酸三钙　D. 铁铝酸四钙

3. 对于通用水泥，(　　)指标不符合标准规定的，为不合格品。
A. 细度　B. 初凝时间　C. 终凝时间　D. 体积安定性

4. 水泥中常用的活性混合材料主要有(　　)等。
A. 粒化高炉矿渣　B. 粉煤灰
C. 火山灰质材料　D. 石灰石粉

5. 生产硅酸盐水泥熟料的主要原料有(　　)。
A. 石灰石　B. 花岗石　C. 黏土　D. 铁矿石

## 四、简答题

1. 什么是水泥的体积安定性？产生安定性不良的原因是什么？
2. 硅酸盐水泥有哪些技术性质？主要适用于哪些工程？
3. 水泥的储存和保管应注意哪些事项？
4. 什么是水泥石的腐蚀？简述腐蚀的类型和预防措施。
5. 不同品种以及同品种不同强度等级的水泥能否掺混使用？为什么？

# 第五章 混凝土

**知识目标**

了解普通混凝土的分类、组成及特点、质量控制和评定方法；熟悉普通混凝土组成材料的种类、技术要求及选用；掌握普通混凝土拌合物的性质及其测定和调整方法，硬化混凝土的强度及影响混凝土强度的主要因素，混凝土的变形性能、耐久性能、影响因素及其配合比设计的方法；了解特种混凝土和新型混凝土的特性及应用。

**技能目标**

通过本章的学习，能进行砂样筛分析试验；混凝土拌合物的检验；混凝土标准试件制作；混凝土强度检验；能正确填写材料试验报告；能对普通混凝土进行强度评定；能进行普通混凝土的配合比设计；能在实际工程中正确选择混凝土组成材料。

## 第一节 混凝土概述

混凝土是一种重要的建筑材料，广泛应用于工业与民用建筑、水利、交通、港口等工程中。随着现代建筑技术的发展，具有不同性能的特种混凝土也逐渐应用于实际施工中。

混凝土是由胶凝材料、水和粗、细集料按适当比例配合，拌制成拌合物，经一定时间硬化而成的人造石材。目前，工程上使用最多的是以水泥为胶凝材料，砂、石为集料的普通水泥混凝土(简称普通混凝土)。

### 一、混凝土的分类

混凝土的种类繁多，通常可以从以下不同角度进行分类。

**1. 按所用胶凝材料分类**

按所用胶凝材料不同，混凝土可分为水泥混凝土、沥青混凝土、水玻璃混凝土、聚合物混凝土等。

**2. 按用途分类**

按用途不同，混凝土可分为结构混凝土、道路混凝土、水工混凝土、耐热混凝土、耐酸混凝土、防射线混凝土等。

**3. 按表观密度大小分类**

(1)重混凝土。重混凝土是指干表观密度大于 2 800 kg/m$^3$ 的混凝土。重混凝土常采用密度大的集料，如重晶石、铁矿石、钢屑等制成，主要用于防辐射的屏蔽材料。

(2)普通混凝土。普通混凝土是指干表观密度为 2 000～2 800 kg/m$^3$，以水泥为胶凝材料，采用天然普通砂、石作为集料配制而成的混凝土，是建筑工程中应用范围最广、用量最大的混凝土，主要用作各种建筑的承重结构材料。

(3)轻混凝土。轻混凝土是指干表观密度小于1 950 kg/m$^3$ 的混凝土。如轻集料混凝土、大孔混凝土和多孔混凝土等，主要适用于绝热、绝热兼承重或承重材料。

**4. 按性能特点分类**

按性能特点不同，混凝土可分为抗渗混凝土、耐酸混凝土、耐热混凝土、高强混凝土、高性能混凝土等。

**5. 按施工方法分类**

按施工方法不同，混凝土可分为现浇混凝土、预制混凝土、泵送混凝土、喷射混凝土等。

在混凝土中应用最广、用量最大的是水泥混凝土，水泥混凝土按表观密度可分为：

(1)重混凝土。表观密度大于2 800 kg/m$^3$，由特别密实和特别重的集料(如重晶石、铁矿石等)制成。它具有防射线的性能。

(2)普通混凝土。表观密度为2 000～2800 kg/m$^3$，由天然砂、石作为集料制成，是建筑结构、道路、水工工程的常用材料。

(3)轻混凝土。表观密度小于2 000 kg/m$^3$，它包括轻集料混凝土、多孔混凝土及大孔混凝土等，常用作保温隔热或结构兼保温材料。

## 二、混凝土的特点

混凝土是目前世界上用量最大的一种工程材料，应用范围遍及建筑、道路、桥梁、水利、国防工程等领域。近代混凝土基础理论和应用技术的迅速发展，有力地推动了土木工程的不断创新。

混凝土之所以能在土木工程中得到广泛应用，是由于它有许多独特的技术性能。这些特点主要反映在以下几个方面：

(1)材料来源广泛。混凝土中占整个体积80%以上的砂、石料均可以就地取材，其资源丰富，有效降低了制作成本。

(2)性能可调整范围大。根据使用功能要求，改变混凝土的材料配合比例及施工工艺，可在相当大的范围内对混凝土的强度、保温耐热性、耐久性及工艺性能进行调整。

(3)在硬化前有良好的塑性。混凝土拌合物优良的可塑成型性，使混凝土可适应各种形状复杂的结构构件的施工要求。

(4)施工工艺简易、多变。混凝土既可进行简单的人工浇筑，也可根据不同的工程环境特点灵活采用泵送、喷射、水下等施工方法。

(5)可用钢筋增强。钢筋与混凝土虽为性能迥异的两种材料，但两者却有近乎相等的线性膨胀系数，从而使它们可共同工作，弥补了混凝土抗拉强度低的缺点，扩大了其应用范围。

(6)有较高的强度和耐久性。近代高强混凝土的抗压强度可达100 MPa以上，且同时具备较高的抗渗、抗冻、抗腐蚀、抗碳化性。其耐久年限可达数百年以上。

混凝土除以上优点外，也存在着自重大、养护周期长、导热系数较大、不耐高温、拆除废弃物再生利用性较差等缺点。随着混凝土新功能、新品种的不断开发，这些缺点正不断得以克服和改进。

## 三、混凝土应用的基本要求

(1)要满足结构安全和施工不同阶段所需要的强度要求。

(2)要满足混凝土搅拌、浇筑、成型过程所需要的工作性要求。

(3)要满足设计和使用环境所需要的耐久性要求。

(4)要满足节约水泥、降低成本的经济性要求。

简单地说，就是要满足强度、工作性、耐久性和经济性的要求，这些要求也是混凝土配合比设计的基本目标。

# 第二节　普通混凝土的组成材料

混凝土的性能在很大程度上取决于组成材料的性能，因此，必须根据工程性质、设计要求和施工条件合理选择原材料的品种、质量和用量。

混凝土由水泥、水、砂和石子组成，另外，还常掺入适量的外加剂和掺合料。砂和石子在混凝土中起骨架作用，故称为集料。砂称为细集料，石子称为粗集料。水泥和水形成水泥浆包裹在集料的表面并填充集料之间的空隙，在混凝土硬化之前起润滑作用，赋予混凝土拌合物流动性；硬化之后起胶结作用，将砂石集料胶结成一个整体，使混凝土产生强度，成为坚硬的人造石材。外加剂起改性作用，掺合料起降低成本和改性作用，混凝土的宏观结构如图 5-1 所示。

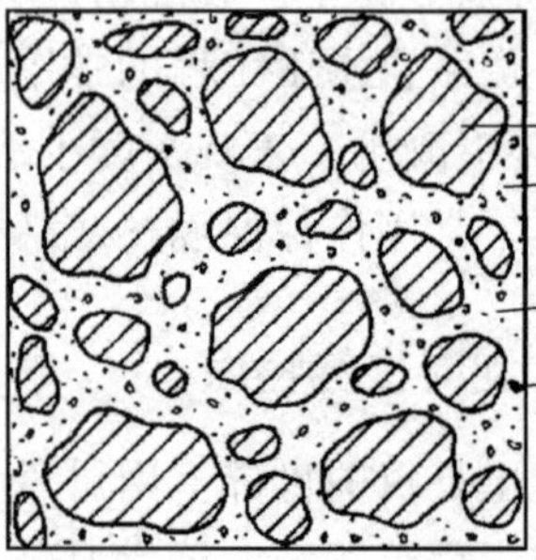

**图 5-1　混凝土的宏观结构**

普通混凝土的性能在很大程度上取决于原材料的性能及相对含量，同时与施工工艺有关。因此，只有了解原材料的性能及质量要求，合理选择材料，才能保证混凝土的质量。

## 一、水泥

水泥是决定混凝土成本的主要材料，同时又起到粘结、填充等重要作用，因此水泥的选用格外重要。配制混凝土用的水泥应符合现行国家标准的有关规定。在配制时，应合理选择水泥的品种和强度等级。

(1)水泥品种的选择。水泥品种应根据工程特点、所处环境，结合各种水泥的不同特性及设计、施工的要求进行选择。常用水泥品种可按表 5-1 选择。

**表 5-1　常用水泥品种选用**

| 混凝土工程特点及所处环境条件 | | 优先使用 | 可以使用 | 不宜使用 |
|---|---|---|---|---|
| 普通混凝土 | 在普通气候环境中的混凝土 | 普通水泥 | 矿渣水泥<br>火山灰质水泥<br>粉煤灰水泥 | |
| | 在干燥环境中的混凝土 | 普通水泥 | 矿渣水泥 | 火山灰质水泥 |

续表

| 混凝土工程特点及所处环境条件 | | 优先使用 | 可以使用 | 不宜使用 |
|---|---|---|---|---|
| 普通混凝土 | 在高湿环境中或长期处于水下的混凝土 | 矿渣水泥<br>火山灰质水泥<br>粉煤灰水泥 | 普通水泥 | |
| | 厚大体积的混凝土 | 矿渣水泥<br>火山灰质水泥<br>粉煤灰水泥 | 普通水泥 | 硅酸盐水泥 |
| 有特殊要求的混凝土 | 要求快硬高强(≥C30)的混凝土 | 硅酸盐水泥<br>快硬硅酸盐水泥 | | |
| | 严寒地区的露天混凝土及处于水位升降范围内的混凝土 | 普通水泥<br>硅酸盐水泥或<br>抗硫酸盐硅酸盐水泥 | 矿渣水泥<br>(≥32.5级) | 火山灰质水泥 |
| | 有抗渗要求的混凝土 | 普通水泥<br>火山灰质水泥 | 硅酸盐水泥<br>粉煤灰水泥 | 矿渣水泥 |
| | 有耐磨要求的混凝土 | 普通水泥 | 矿渣水泥(≥32.5级) | 火山灰质水泥 |
| | 受侵蚀性环境水或气体作用的混凝土 | 根据介质的种类、浓度等具体情况，按专门规定选用 | | |

(2)水泥强度等级的选择。水泥的强度等级应与混凝土设计强度等级一致。原则上，配置高强度等级的混凝土，应选用高强度等级水泥。通常中低强度等级的混凝土(C60以下)，水泥强度等级为混凝土强度等级的1.5～2.0倍；高强度等级的混凝土(≥C60)，水泥强度等级为混凝土强度等级的0.9～1.5倍。如果水泥强度等级过低，为了达到工程要求，必然增加水泥的用量，减小水胶比，影响混凝土拌合物的流动性，并显著增加混凝土的水化热和混凝土的干缩、徐变；如果水泥强度等级过高，水泥的用量较少就可以达到混凝土强度等级的要求，但不能达到混凝土拌合物和易性与耐久性的要求。

## 二、细集料

公称粒径为0.16～5 mm的集料称为细集料。通常在混凝土中，粗、细集料的总体积要占混凝土体积的70%～80%，因此集料质量的优劣对混凝土各项性质的影响很大。

**1. 砂的种类及其特性**

混凝土的细集料主要采用天然砂，有时也可采用人工砂。

(1)天然砂是由天然岩石经长期风化等自然条件作用而形成的，按其产源不同可分为河砂、湖砂、海砂及山砂等。河砂、湖砂和海砂是在河、湖、海等天然水域中形成和堆积的岩石碎屑，由于长期受水流的冲刷作用，颗粒表面比较圆滑而清洁，且这些砂产源广，但海砂中常含有碎贝壳及盐类等有害杂质。山砂是岩体风化后在山间适当地形中堆积下来的岩石碎屑，其颗粒多具棱角，表面粗糙，砂中含泥量及有机杂质较多。相对来说，河砂较为适用，故建筑工程中普遍采用河砂作为细集料。

(2)人工砂是将天然岩石轧碎而成，其颗粒富有棱角，比较洁净，但砂中片状颗粒及细粉含量较多且成本较高，一般只有在当地缺乏天然砂源时，才采用人工砂作为细集料。

**2. 混凝土用砂质量要求**

《普通混凝土用砂、石质量及检验方法标准》(JGJ 52—2006)中对砂的技术质量要求，主要有以下几个方面。

(1)砂中含泥量等的质量标准。砂应质地坚硬、清洁，有害杂质含量不超过限量。砂中有害杂质主要有黏土、淤泥、云母、硫化物、硫酸盐、有机物以及贝壳、煤屑等轻物质。黏土、淤泥、云母会影响水泥与集料的胶结，含量多时会使混凝土强度降低。尤其是成团的黏土，对混凝土强度的影响更为严重。硫化物、硫酸盐、有机物对水泥有侵蚀作用。轻物质本身强度较低，会影响混凝土的强度及耐久性，所以要严格控制砂中的泥、泥块等的含量。具体限值要求见表 5-2。

**表 5-2　天然砂的含泥量和泥块含量**

| 混凝土强度等级 | ≥C60 | C55～C30 | ≤C25 |
|---|---|---|---|
| 含泥量(按质量计,%) | ≤2.0 | ≤3.0 | ≤5.0 |
| 泥块含量(按质量计,%) | ≤0.5 | ≤1.0 | ≤2.0 |

(2)有害杂质含量。为了保证混凝土的质量，要求配制混凝土的砂清洁不含杂质。但实际上砂中常含有云母、硫化物、硫酸盐、氯盐、轻物质和有机物等有害杂质。云母为表面光滑的小薄片，与水泥浆粘结差，会影响混凝土的强度及耐久性。砂中含有的硫化物、硫酸盐和有机物对水泥石有侵蚀作用；氯盐对钢筋混凝土中的钢筋有锈蚀作用；砂中相对密度小于 2 000 $kg/m^3$ 的物质，定义为轻物质，它也是降低混凝土性能的有害物质。天然砂中有害杂质含量应符合表 5-3 的规定。

**表 5-3　天然砂中有害杂质含量**

| 项　　目 | 质量指标 |
|---|---|
| 云母含量(按质量计,%) | ≤2.0 |
| 硫化物与硫酸盐含量(折算成 $SO_3$ 按质量计,%) | ≤1.0 |
| 轻物质含量(按质量计,%) | ≤1.0 |
| 有机物含量用比色法试验 | 颜色不应深于标准色，当颜色深于标准色时，应按水泥胶砂强度试验方法进行强度对比试验，抗压强度比不应低于 0.95 |

**3. 砂的粗细程度与颗粒级配**

(1)砂的粗细程度。砂的粗细程度即不同粒径的砂粒混合在一起后的总体粗细程度。砂的粗细关系到混凝土的性能，相同用量的砂，细砂的总表面积较大，而粗砂的总表面积较小。在混凝土中，砂子的表面需要由水泥浆包裹，砂子的总表面积越大，需要包裹砂粒表面的水泥浆就越多。一般来说，用粗砂拌制的混凝土比用细砂拌制的混凝土所需的水泥浆少，但用粗砂拌制的混凝土和易性较差。因此，在拌制混凝土时，不能只考虑砂的粗细程度，还应考虑砂的颗粒级配。

(2)砂的颗粒级配。砂的颗粒级配是指砂中大小颗粒的搭配情况。在混凝土中，砂粒之间的空隙是由水泥浆来填充的，为了节约水泥和提高混凝土的强度，应尽量减小砂粒之间的空隙。同样粗细的砂堆在一起，空隙最大[图 5-2(a)]；若用两种粒径的砂搭配起来，空隙就减小了[图 5-2(b)]；若用三种粒径的砂搭配，空隙就更小了[图 5-2(c)]。由此可见，要减小砂粒之间的空隙，不宜使用单一粒径的砂，而应使用颗粒大小不同的砂子相互搭配，即选用颗粒级配良好的砂。

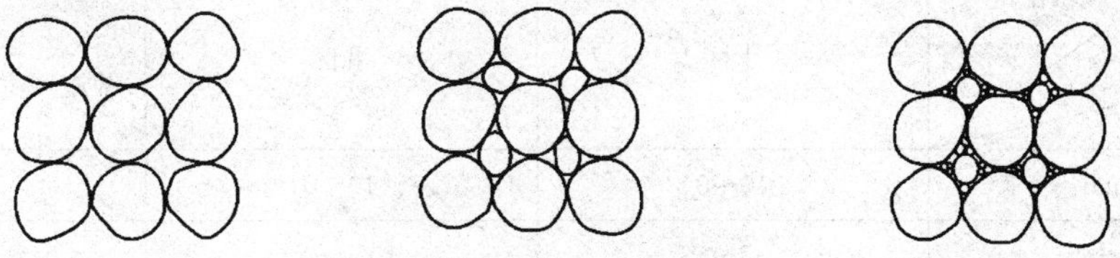


**图 5-2　细集料颗粒级配**

因此，在拌制混凝土时，砂的粗细程度与颗粒级配应同时考虑，即砂中心含有较多的粗颗粒并以适当的中颗粒及少量的细颗粒填充其空隙，便可使总表面积和空隙率均较小。这种搭配状况叫作砂的级配。级配好的砂，不仅水泥浆用量较少，而且可提高混凝土的强度和耐久性。

(3)砂的粗细程度与颗粒级配的确定。工程上通常用筛分析法测定砂子的粗细程度和颗粒级配。用细度模数 $M_x$ 表示砂的粗细程度，用级配区表示砂的颗粒级配。筛分析法是将 500 g 干砂试样倒入孔径为 4.75 mm、2.36 mm、1.18 mm、600 μm、300 μm、150 μm 的标准方孔筛上，按由粗到细的顺序过筛，然后称得余留在各个筛上的砂的质量，叫作“分计筛余量”，然后求得分计筛余百分率和累计筛余百分率。累计筛余百分率和分计筛余百分率的关系见表 5-4。

**表 5-4　累计筛余百分率和分计筛余百分率的关系**

| 筛孔尺寸 | 分计筛余量/g | 分计筛余百分率/% | 累计筛余百分率/% |
|---|---|---|---|
| 4.75 mm | $m_1$ | $\alpha_1=(m_1/m)\times100\%$ | $A_1=\alpha_1$ |
| 2.36 mm | $m_2$ | $\alpha_2=(m_2/m)\times100\%$ | $A_2=\alpha_1+\alpha_2$ |
| 1.18 mm | $m_3$ | $\alpha_3=(m_3/m)\times100\%$ | $A_3=\alpha_1+\alpha_2+\alpha_3$ |
| 600 μm | $m_4$ | $\alpha_4=(m_4/m)\times100\%$ | $A_4=\alpha_1+\alpha_2+\alpha_3+\alpha_4$ |
| 300 μm | $m_5$ | $\alpha_5=(m_5/m)\times100\%$ | $A_5=\alpha_1+\alpha_2+\alpha_3+\alpha_4+\alpha_5$ |
| 150 μm | $m_6$ | $\alpha_6=(m_6/m)\times100\%$ | $A_6=\alpha_1+\alpha_2+\alpha_3+\alpha_4+\alpha_5+\alpha_6$ |
| 注：$m$ 为试样总量，即 500 g。 | | | |

根据下列公式计算砂的细度模数($M_x$)：

$$M_x=\frac{A_2+A_3+A_4+A_5+A_6-5A_1}{100-A_1}$$

细度模数 $M_x$ 越大，砂越粗。普通混凝土用砂的粗细程度按细度模数可分为粗砂、中砂、细砂三级。其中，$M_x$ 在 3.1～3.7 的为粗砂，$M_x$ 在 2.3～3.0 的为中砂，$M_x$ 在 1.6～2.2 的为细砂，混凝土用砂以中砂为宜。

砂的颗粒级配区判别：对于混凝土用砂，根据 600 μm 筛孔的累计筛余百分率($A_4$)，可将砂子划分为 3 个级配区，分别是Ⅰ区($A_4$＝71%～85%)、Ⅱ区($A_4$＝41%～70%)、Ⅲ区($A_4$＝16%～40%)，各区的标准见表 5-5。混凝土用砂的颗粒级配必须处于三个级配区中的任一级配区。级配良好的砂，各筛上的累计筛余百分率应处在同一级配区之内(除孔径 4.75 mm 和 600 $\mu$m 筛号外允许稍有超出范围，但其超出量不应大于 5%)。

**表 5-5 砂的颗粒级配规定**

| 累计筛余/% 级配区 公称粒径 | Ⅰ区 | Ⅱ区 | Ⅲ区 |
|---|---|---|---|
| 5.00mm | 10～0 | 10～0 | 10～0 |
| 2.50mm | 35～5 | 25～0 | 15～0 |
| 1.25mm | 65～35 | 50～10 | 25～0 |
| 630$\mu$m | 85～71 | 70～41 | 40～16 |
| 315$\mu$m | 95～80 | 92～70 | 85～55 |
| 160$\mu$m | 100～90 | 100～90 | 100～90 |

**【例 5-1】** 某干砂 500 g，筛分结果见表 5-6，试分析该砂的粗细程度和颗粒级配。

**表 5-6 砂样筛分结果**

| 筛孔尺寸/mm | 筛余量/g | 分计筛余百分率/% | 累计筛余百分率/% |
|---|---|---|---|
| 4.75 | 8 | 1.6 | 1.6 |
| 2.36 | 82 | 16.4 | 18 |
| 1.18 | 70 | 14 | 32 |
| 0.6 | 98 | 19.6 | 51.6 |
| 0.3 | 124 | 24.8 | 76.4 |
| 0.15 | 106 | 21.2 | 97.6 |

**【解】** 砂的细度模数：

$$M_x = \frac{(A_2+A_3+A_4+A_5+A_6)-5A_1}{100-A_1}$$

$$= \frac{(18+32+51.6+76.4+97.6)-5\times 1.6}{100-1.6} = 2.72$$

此砂属于中砂。将表 5-6 计算出的累计筛余百分率与表 5-5 做对照，得出此砂级配属于Ⅱ区砂，级配良好。

这里应当注意，砂的细度模数并不能反映其级配的优劣，细度模数相同的砂，级配可以相差很大。所以，配制混凝土时，必须同时考虑砂的颗粒级配和细度模数。

**4. 砂的物理性质**

(1)砂的表观密度、堆积密度及空隙率。混凝土用砂的表观密度应不小于 2 500 kg/m$^3$。砂的堆积密度与空隙率有关，一般干砂松散状态的堆积密度不小于 1 400 kg/m$^3$。砂的空隙率不大于 44%。

(2)砂的含水状态。施工中使用的砂受环境温度和湿度的影响，有四种含水状态，即完全干燥状态、气干状态、饱和面干状态和湿润状态，如图 5-3 所示。

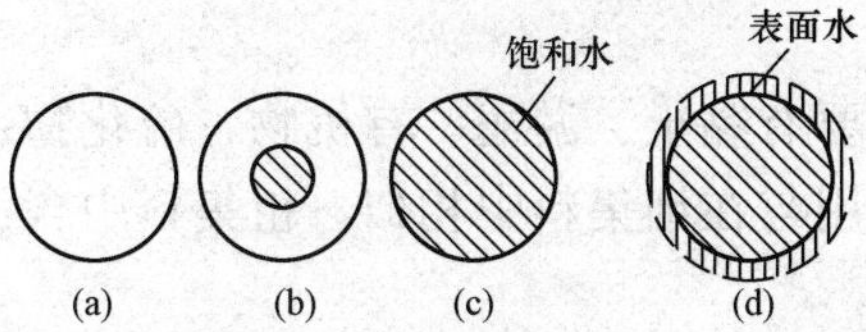


**图 5-3　砂的含水状态**

(a)完全干燥状态；(b)气干状态；(c)饱和面干状态；(d)湿润状态

完全干燥状态是砂在烘箱中烘干至恒重，达到内部、外部均不含水；气干状态即在砂的内部含有一定水分，而表层和表面是干燥、无水的；饱和面干状态即其内部孔隙含水达到饱和，但表面干燥；湿润状态下的砂不仅内部孔隙含水达到饱和，而且表面还附着自由水。

饱和面干砂既不从混凝土拌合物中吸取水分，也不往拌合物中带入水分。水工混凝土多按饱和面干砂、石设计配合比，工业与民用建筑则常以干燥状态的砂、石来设计配合比。

**5. 砂的坚固性**

砂的坚固性是指砂在气候、环境变化和其他外界物理化学因素作用下抵抗破裂的能力。混凝土用砂应满足一定的坚固性要求，以保证混凝土的耐久性。

砂的坚固性应采用硫酸钠溶液法进行检验，试样经 5 次浸渍与烘干的循环后，其质量损失应符合表 5-7 的规定。

**表 5-7　砂的坚固性**

| 混凝土所处的环境条件及其性能要求 | 5 次循环后的质量损失/% |
|---|---|
| 在严寒及寒冷地区室外使用并经常处于潮湿或干燥交替状态下的混凝土<br>对于有抗疲劳、耐磨、抗冲击要求的混凝土<br>有腐蚀介质作用或经常处于水位变化区的地下结构混凝土 | ≤8 |
| 其他条件下使用的混凝土 | ≤10 |

## 三、粗集料

集料粒径大于 4.75 mm 的岩石颗粒称为粗集料，常用的有碎石和卵石。碎石大多由天然岩石经破碎、筛分而成，也可将大卵石轧碎、筛分而得。碎石表面粗糙，多棱角，且较为洁净，与水泥浆粘结比较牢固。碎石是建筑工程中用量最大的粗集料。卵石又称砾石，是由天然岩石经自然条件长期作用而形成的粒径大于 5 mm 的颗粒。按其产源可分为河卵石、海卵石及山卵石等，其中以河卵石应用较多。卵石中有机杂质含量较多，但与碎石比较，卵石表面光滑，拌制混凝土时需用水泥浆较少，拌合物和易性较好。但卵石与水泥石的胶结力较差，在相同条件下，卵石混凝土的强度较碎石混凝土低。因此，在水胶比相同的条件下，用碎石拌制的混凝土流动性较小，但强度较高；而卵石正好相反，流动性较大，但强度较低。因此，在配制高强混凝土时宜采用碎石。

配制混凝土选用碎石，还是卵石要根据工程性质、当地材料的供应情况、成本等各方面综合考虑。

根据《建设用卵石、碎石》(GB/T 14685—2011)的规定，按技术要求将卵石、碎石分为三类。Ⅰ类适用于强度等级大于 C60 的混凝土；Ⅱ类适用于强度等级 C30～C60 及有抗冻、抗渗或其他要求的混凝土；Ⅲ类适用于强度等级小于 C30 的混凝土及建筑砂浆。

### 1. 有害杂质含量

粗集料中的有害杂质主要有黏土、淤泥、有机物、硫化物、硫酸盐及含有活性氧化硅的岩石颗粒，它们的危害作用与在细集料中相似。粗集料中含泥量、泥块含量及有害杂质的含量应符合表 5-8 的规定。

**表 5-8　粗集料中含泥量、泥块含量及有害杂质的含量**

| 类　别 | 指　标 | | |
|---|---|---|---|
| | Ⅰ类 | Ⅱ类 | Ⅲ类 |
| 含泥量(按质量计,%) | ≤0.5 | ≤1.0 | ≤1.5 |
| 泥块含量(按质量计,%) | 0 | ≤0.2 | ≤0.5 |
| 硫化物与硫酸盐含量(按 $SO_3$ 质量计,%) | ≤0.5 | ≤1.0 | ≤1.0 |
| 有机物含量 | 合　格 | | |

### 2. 最大粒径及颗粒级配

(1)最大粒径。粗集料公称粒径的上限称为该粒径的最大粒径。集料的粒径大，其表面积相应减小，因而包裹其表面所需的水泥浆量减少，可节约水泥。在一定和易性和水泥用量条件下，能减少用水量而提高强度。但对于用普通配合比配制结构混凝土，尤其是高强混凝土时，当粗集料的最大粒径超过 40 mm 后，由于减少用水量获得的强度提高被较少的粘结面积及大粒径集料造成的不均匀性的不利影响所抵消，并无好处。

根据《混凝土结构工程施工质量验收规范》(GB 50204—2015)规定，混凝土用粗集料的最大粒径不得大于结构截面最小尺寸的 1/4，同时不得大于钢筋最小净距的 3/4；对于混凝土实心板，可允许采用最大粒径达 1/2 板厚的集料，但最大粒径不得超过 50 mm；对泵送混凝土，当泵送高度<50 m 时，碎石最大粒径与输送管内径之比宜小于或等于 1∶3，卵石宜小于或等于 1∶2.5。

(2)颗粒级配。粗集料与细集料一样，也要求有良好的颗粒级配，以减少空隙率，增强密实性，以节约水泥，保证混凝土的和易性和强度。

粗集料的颗粒级配也是通过筛分试验来确定，其方孔标准筛孔径分别为 2.36 mm、4.75 mm、9.5 mm、16.0 mm、19.0 mm、26.5 mm、31.5 mm、37.5 mm、53.0 mm、63.0 mm、75.0 mm 及 90.0 mm。分计筛余百分率及累计筛余百分率的计算与砂相同。按各筛上的累计筛余百分率划分级配。各级配的累计筛余百分率必须满足表 5-9 的规定。

**表 5-9　碎石或卵石的颗粒级配范围**

| 公称粒级/mm | | 累计筛余/% | | | | | | | | | | | |
|---|---|---|---|---|---|---|---|---|---|---|---|---|---|
| | | 筛孔尺寸/mm | | | | | | | | | | | |
| | | 2.36 | 4.75 | 9.5 | 16.0 | 19.0 | 26.5 | 31.5 | 37.5 | 53.0 | 63.0 | 75.0 | 90.0 |
| 连续粒级 | 5～16 | 95～100 | 85～100 | 30～60 | 0～10 | 0 | | | | | | | |
| | 5～20 | 95～100 | 90～100 | 40～80 | — | 0～10 | 0 | | | | | | |
| | 5～25 | 95～100 | 90～100 | — | 30～70 | — | 0～5 | 0 | | | | | |
| | 5～31.5 | 95～100 | 90～100 | 70～90 | — | 15～45 | — | 0～5 | 0 | | | | |
| | 5～40 | — | 95～100 | 70～90 | — | 30～65 | — | — | 0～5 | 0 | | | |

续表

| 公称粒级/mm | | 累计筛余/% | | | | | | | | | | | |
|---|---|---|---|---|---|---|---|---|---|---|---|---|---|
| | | 筛孔尺寸/mm | | | | | | | | | | | |
| | | 2.36 | 4.75 | 9.5 | 16.0 | 19.0 | 26.5 | 31.5 | 37.5 | 53.0 | 63.0 | 75.0 | 90.0 |
| 单粒粒级 | 5～10 | 95～100 | 80～100 | 0～15 | 0 | | | | | | | | |
| | 10～16 | | 95～100 | 80～100 | 0～15 | | | | | | | | |
| | 10～20 | | 95～100 | 85～100 | | 0～15 | 0 | | | | | | |
| | 16～25 | | | 95～100 | 55～70 | 25～40 | 0～10 | | | | | | |
| | 16～31.5 | | 95～100 | | 85～100 | | | 0～10 | 0 | | | | |
| | 20～4 | | | 95～100 | | 80～100 | | | 0～10 | 0 | | | |
| | 40～80 | | | | | 95～100 | | | 70～100 | | 30～60 | 0～10 | 0 |

粗集料的颗粒级配有连续级配和单粒级配两种。连续级配是按颗粒尺寸由小到大连续分级，每级集料都占有一定比例。连续级配颗粒级差小，配制的混凝土拌合物和易性好，不易发生分层、离析现象，目前应用较广泛。单粒级配是人为剔除某些中间粒级颗粒，使粗集料的级配不连续，又称间断级配。单粒级配中，较大颗粒之间的空隙直接由比它小得多的颗粒去填充，空隙率的降低比连续级配快得多，可最大限度地发挥集料的骨架作用，减小水泥用量。但由于颗粒粒径相差较大，混凝土拌合物易产生离析现象，增加施工难度，工程应用较少。单粒级集料一般不单独使用，宜用于组合成具有所要求级配的连续粒级，也可与连续粒级配合使用，以改善集料级配或配成较大粒度的连续粒级，这种专门组配的集料级配易于保证混凝土质量，便于大型搅拌站使用。

**3. 物理力学性质**

为保证混凝土的强度，必须保证粗集料具有足够的强度。碎石的强度指标有两个：岩石抗压强度与压碎值指标；卵石的抗压强度可用压碎值指标来表示。

(1)岩石抗压强度。岩石抗压强度是将轧制碎石的母岩制成边长为 5 cm 的立方体试件或直径与高均为 5 cm 的圆柱体试件，在水中浸泡 48 h 以后，取出擦干表面水分，测定其在饱和水状态下的抗压强度值。《普通混凝土用砂、石质量及检验方法标准》(JGJ 52—2006)规定，岩石的抗压强度应比所配制的混凝土强度至少高 20%。当混凝土强度等级大于或等于 C60 时，应进行岩石抗压强度检验。

(2)压碎值指标。压碎值指标是将 3 000 g 气干状态下粒径 9.5～19.0 mm 的石子装入压碎值测定仪内，放置于压力机上，开动压力机，在 160～300 s 内均匀加荷至 200 kN 并稳荷 5 s。卸荷后，用孔径 2.36 m 的筛筛除被压碎的细粒，称出留在筛上的试样质量。按下式计算压碎值指标：

$$Q_e=\frac{m_0-m_1}{m_0}\times 100\%$$

式中 $Q_e$——压碎值指标(%)；

$m_0$——试样的质量(g)；

$m_1$——压碎试验后筛余的试样质量(g)。

压碎值指标是测定碎石或卵石抵抗压碎的能力，压碎指标值越小，表示粗集料抵抗受压破坏的能力越强，也可间接地推测其强度的高低，压碎值指标应满足表 5-10 的规定。

**表 5-10 普通混凝土用碎石和卵石的压碎值指标**

| 岩石品种 | | 混凝土强度等级 | 压碎指标值/% |
|---|---|---|---|
| 碎石 | 沉积岩 | C60～C40 | ≤10 |
| | | ≤C35 | ≤16 |
| | 变质岩或深层的岩浆岩 | C60～C40 | ≤12 |
| | | ≤C35 | ≤20 |
| | 喷出的岩浆岩 | C60～C40 | ≤13 |
| | | ≤C35 | ≤30 |
| 卵石 | | C60～C40 | ≤12 |
| | | ≤C35 | ≤16 |

对经常性的生产质量控制常用压碎值指标来检验石子的强度。当在选采石场或对粗集料强度有严格要求，以及对其质量有争议时，宜采用岩石抗压强度进行检验。

**4. 坚固性**

石子的坚固性是指石子在自然风化和其他外界物理化学因素作用下抵抗碎裂的能力。对粗集料坚固性要求及检验方法与细集料基本相同，采用硫酸钠溶液浸泡法进行试验，碎石和卵石经五次干湿循环后，其质量损失应满足表 5-11 的规定。

**表 5-11 混凝土用石子坚固性指标**

| 混凝土所处的环境条件及其性能要求 | 五次循环后的质量损失/% |
|---|---|
| 在严寒及寒冷地区室外使用并经常处于潮湿或干湿交替状态下的混凝土；有腐蚀介质作用或经常处于水位变化区的地下结构或有抗疲劳、耐磨、抗冲击等要求的混凝土 | ≤8 |
| 在其他条件下使用的混凝土 | ≤12 |

**5. 碱含量要求**

对于长期处于潮湿环境的重要结构混凝土，其所使用的碎石或卵石应进行集料的碱活性检验。经检验判断存在潜在危害时，应控制混凝土中碱含量不超过 3 kg/m$^3$，或采用能抑制碱-集料反应的有效措施。

## 四、混凝土拌合用水及养护用水

拌制混凝土应采用达到国家标准的生活饮用水。

凡是工业污水、沼泽水、pH 值小于 4 的酸性水、含硫酸盐(按 $SO_3$ 计)超过水重 1%的水，均不能用来拌制混凝土。海水中含有硫酸盐、镁盐和氯化物，对水泥有侵蚀作用，对钢筋有锈蚀作用，因此不得用海水拌制钢筋混凝土及预应力钢筋混凝土，但允许用海水拌制素混凝土。混凝土用水中各种物质含量限值要求见表 5-12。

**表 5-12 混凝土用水中各种物质含量限值要求**

| 项 目 | 预应力混凝土 | 钢筋混凝土 | 素混凝土 |
|---|---|---|---|
| pH 值 | ≥5.0 | ≥4.5 | ≥4.5 |

续表

| 项　目 | 预应力混凝土 | 钢筋混凝土 | 素混凝土 |
|---|---|---|---|
| 不溶物/(mg·$L^{-3}$) | ≤2 000 | ≤2 000 | ≤5 000 |
| 可溶物/(mg·$L^{-3}$) | ≤2 000 | ≤5 000 | ≤10 000 |
| 氯化物/(mg·$L^{-3}$) | ≤500 | ≤1 000 | ≤3 500 |
| 硫酸盐/(mg·$L^{-3}$) | ≤600 | ≤2 000 | ≤2 700 |
| 碱含量/(mg·$L^{-3}$) | ≤1 500 | ≤1 500 | ≤1 500 |

## 五、混凝土掺合料

为了节约水泥，改善混凝土性能，调节混凝土强度等级，在拌制混凝土时可掺入一些矿物粉末，称为掺合料。常用的掺合料有粉煤灰、硅粉、超细矿渣及各种天然的火山灰质材料等，在这些掺合料中以粉煤灰应用最为普遍。

**1. 粉煤灰**

粉煤灰是从燃烧煤粉的锅炉烟气中收集到的细粉末。其颗粒呈球形，表面光滑。化学成分主要有 $SiO_2$、$Al_2O_3$ 及 $Fe_2O_3$ 等，其中 $SiO_2$ 及 $Al_2O_3$ 之和常在60%以上，是决定粉煤灰活性的主要成分。另外，还含有 CaO、MgO 及 $SO_3$ 等。

粉煤灰在混凝土中具有火山灰活性作用，它吸收氢氧化钙后生成硅酸钙凝胶，成为胶凝材料的一部分。粉煤灰还可增大混凝土的流动性，减少泌水，改善混凝土的和易性。另外，粉煤灰的水化反应很慢，它在混凝土中相当长时间内以固体微粒形态存在，具有填充集料空隙的作用，可提高混凝土的密实性。

混凝土中掺入粉煤灰的效果与粉煤灰的掺入方法有关。常用的掺入方法有等量取代法、超量取代法及外加法。

(1)等量取代法。等量取代法是指以等质量粉煤灰取代混凝土中的水泥的方法。此种方法可节约水泥并减少混凝土发热量，改善混凝土的和易性，提高混凝土的抗渗性，适用于大体积混凝土。

(2)超量取代法。超量取代法即粉煤灰的掺入量大于所取代的水泥量。多出的粉煤可取代同体积砂，混凝土内石子用量及用水量基本不变，此法可保持混凝土 28 d 强度及和易性不变。

(3)外加法。外加法是指在保持混凝土中水泥用量不变的情况下，外掺一定数量的粉煤灰，其目的是改善混凝土拌合物的和易性。

**2. 硅粉**

硅粉也称硅灰，是从冶炼硅铁和其他硅金属工厂的废烟气中回收的副产品，其主要成分是 $SiO_2$，掺量一般为水泥用量的 5%～10%。硅粉呈灰白色，颗粒极细，是水泥粒径的1/100～1/50，比表面积为 18.5～20 $m^2/g$，密度为 2.1～2.2 $g/cm^3$。硅粉活性很高，在混凝土中掺入硅粉后，可取得如下效果。

(1)提高混凝土强度，配制高强、超高强混凝土。普通硅酸盐水泥水化后生成的氢氧化钙约占体积的 29%，硅粉能与氢氧化钙反应生成水化硅酸钙，均匀分布于水泥颗粒之间，形成密实的结构。掺入水泥质量 5%～10%的硅粉就可配制出抗压强度达 100 MPa 的超高强混凝土。

(2)改善孔隙结构，提高耐久性。掺入硅粉的混凝土，虽然总孔隙与不掺时基本相同，但其大孔减少，超微细孔隙增加，改善了混凝土的孔隙结构。因此，掺入硅粉的混凝土耐久性显著提高。

(3)抑制碱-集料反应及防止钢筋锈蚀。硅粉混凝土抗侵蚀性较好，能抑制碱-集料反应及防止钢筋锈蚀，适用于要求抗溶出性侵蚀及抗硫酸盐侵蚀的工程。

**3. 超细矿渣**

在高炉冶炼生铁时，将浮在铁水表面的熔融物，经急冷处理而成的粒径为0.5～5 mm的疏松颗粒材料，称为粒化高炉矿渣。超细粉磨的粒化高炉矿渣(简称超细矿渣)具有很高的活性，可用来配制高强、超高强混凝土。超细矿渣的比表面积一般大于450 $m^2/kg$，可等量取代15%～50%的水泥。其用作混凝土掺合料主要有以下几个方面的效果：

(1)提高混凝土强度，可配制出高强混凝土及C100以上的超高强混凝土。

(2)显著改善混凝土的耐久性，所配制的混凝土收缩性大大减小，抗冻性、抗渗性提高。

(3)改善混凝土拌合物的和易性，可配制出大流动性且不离析的泵送混凝土。

**4. 其他掺合料**

除上述几种掺合料外，可以用作混凝土掺合料的还有沸石粉、火山灰、凝灰岩、钢渣、磷矿渣等。掺合料应由生产单位专门加工，进行产品检验并出具产品合格证书。使用单位若对其质量有怀疑，应对其质量进行复查。

## 第三节　混凝土主要技术性质

### 一、混凝土拌合物的和易性

**1. 和易性概念**

和易性是指混凝土拌合物在一定的施工条件和环境下，是否易于各种施工工序的操作，以获得均匀、密实混凝土的性能。和易性在搅拌时体现为各种组成材料易于均匀混合，均匀卸出；在运输过程中体现为拌合物不离析，稀稠程度不变化；在浇筑过程中体现为易于浇筑、振实、流满模板；在硬化过程中体现为能保证水泥水化以及水泥石和集料的良好粘结。可见混凝土的和易性是一项综合性质。目前普遍认为，它应包括以下三个方面的技术要求：

(1)流动性。流动性是指混凝土拌合物在本身自重或机械振捣作用下能产生流动并均匀、密实地流满模板的性能。流动性的大小反映了拌合物的稀稠，故又称为稠度。稠度大小直接影响施工时浇筑捣实的难易以及混凝土的浇筑质量。

(2)黏聚性。黏聚性是指混凝土拌合物的各种组成材料在施工过程中具有一定的黏聚力，能保持成分的均匀性，在运输、浇筑、振捣、养护过程中不发生离析、分层现象。它反映了混凝土拌合物的均匀能力。

(3)保水性。保水性是指拌合物保持水分，不致产生泌水的性能。拌合物发生泌水现象会使混凝土内部形成贯通的孔隙，不但影响混凝土的密实性、降低强度，而且还会影响混凝土的抗渗、抗冻等耐久性能。它反映了混凝土拌合物的稳定性。

混凝土的和易性是一项由流动性、黏聚性、保水性构成的综合指标体系，各性能间有联系也有矛盾。在实际操作中，要根据具体工程的特点、材料情况、施工要求及环境条件，既有所侧重又要全面考虑。

**2. 和易性的测定**

由于和易性是一项综合技术性质，因此很难找到一种能全面反映拌合物工作性的测定方法。通常是以测定流动性（即稠度）为主，而对黏聚性和保水性主要通过观察进行评定。根据《普通混凝土拌合物性能试验方法标准》(GB/T 50080—2002)的规定，混凝土拌合物的稠度可采用坍落度试验法和维勃稠度法测定。

(1)坍落度试验法。坍落度试验法是将按规定配合比配制的混凝土拌合物按规定方法分层装填至坍落筒内，并分层用捣棒插捣密实，然后提起坍落度筒，测量筒高与坍落后混凝土试体最高点之间的高度差，即为坍落度值（以 mm 计），用 S 表示，如图 5-4 所示。

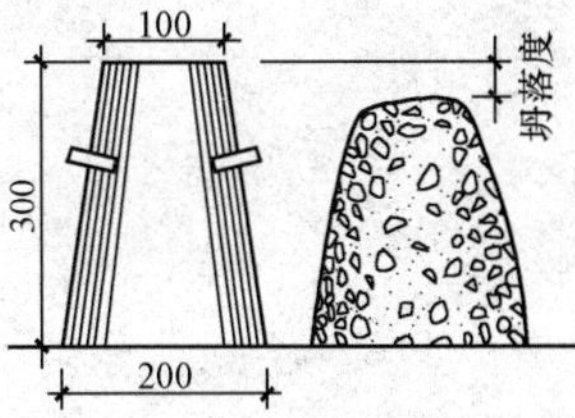

**图 5-4　坍落度测定示意图**

坍落度是流动性（亦称稠度）的指标，坍落度值越大，流动性越大。在测定坍落度的同时，观察确定黏聚性。用捣棒侧击混凝土拌合物的侧面，如其逐渐下沉，表示黏聚性良好；若混凝土拌合物发生坍塌、部分崩裂或出现离析，则表示黏聚性不好。保水性以在混凝土拌合物中稀浆析出的程度来评定。坍落度筒提起后，如有较多稀浆自底部析出，部分混凝土因失浆而集料外露，则表示保水性不好；若坍落度筒提起后，无稀浆或仅有少量稀浆自底部析出，则表示保水性好。

采用坍落度试验法测定混凝土拌合物的工作性，操作简便，应用广泛。但该方法的结果受操作技术的影响较大，因为黏聚性和保水性主要靠试验者的主观观测而定，人为因素较大。该法一般仅适用于集料最大粒径不大于 40 mm、坍落度值不小于 10 mm 的混凝土拌合物流动性的测定。

根据《混凝土质量控制标准》(GB 50164—2011)的规定，坍落度检验适用于坍落度不小于 10 mm 的混凝土拌合物，坍落度的等级划分见表 5-13。

**表 5-13　混凝土拌合物的坍落度等级划分**

| 等级 | 坍落度/mm |
|---|---|
| S1 | 10～40 |
| S2 | 50～90 |
| S3 | 100～150 |
| S4 | 160～210 |
| S5 | ≥220 |

(2)维勃稠度法。维勃稠度法适用于集料最大粒径不大于 40 mm，维勃稠度在 5～30 s 的混凝土拌合物稠度的测定。这种方法是先按规定方法在圆柱形容器内做坍落度试验，提起坍落度筒后在拌合物试体顶面上放一透明圆盘，开启振动台；同时，启动秒表并观察拌合物下落情况。当透明圆盘下面全部布满水泥浆时，关闭振动台、停秒表，此时拌合物已

被振实。秒表的读数“s”即为该拌合物的维勃稠度值，以“秒”为单位，用 $V$ 表示。维勃稠度仪如图 5-5 所示。

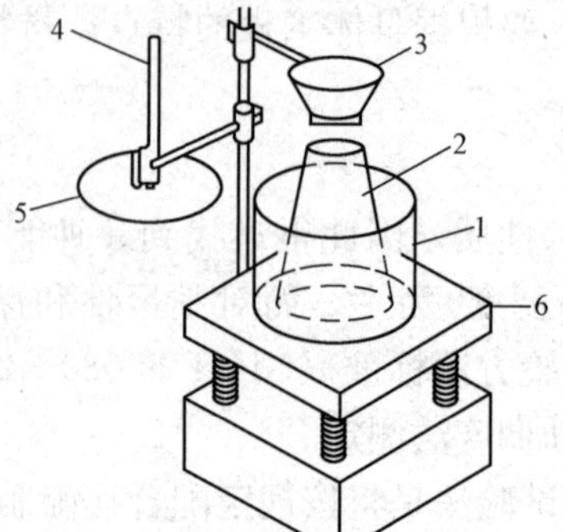


**图 5-5 维勃稠度仪**

1—圆柱形容器；2—坍落度筒；3—漏斗；
4—测杆；5—透明圆盘；6—振动台

根据《混凝土质量控制标准》(GB 50164—2011)的规定，混凝土拌合物按维勃稠度的分级见表 5-14。

**表 5-14 混凝土拌合物按维勃稠度的分级**

| 等级 | 维勃稠度/s |
|---|---|
| V0 | ≥31 |
| V1 | 30～21 |
| V2 | 20～11 |
| V3 | 10～6 |
| V4 | 5～3 |

**3. 流动性(坍落度)的选择**

混凝土拌合物的性能应满足设计和施工要求。混凝土拌合物应具有良好的和易性，并不得离析或泌水。

混凝土拌合物应在满足施工要求的前提下，尽可能采用较小的坍落度；泵送混凝土拌合物坍落度设计值不宜大于 180 mm。

泵送高强混凝土的扩展度不宜小于 500 mm；自密实混凝土的扩展度不宜小于 60 mm。混凝土拌合物的坍落度经时损失不应影响混凝土的正常施工。泵送混凝土拌合物的坍落度经时损失不宜大于 30 mm/h。

选择混凝土流动性时，应考虑的因素有：

(1)结构构件类型及截面尺寸大小。构件截面尺寸较大时，选用较小的坍落度。

(2)结构构件的配筋疏密。钢筋较疏时，选用较小的坍落度。

(3)输送方式及施工捣实方法。机械振捣时，选用较小的坍落度；人工振捣时，选用较大的坍落度。

**4. 影响新拌混凝土和易性的因素**

(1)水泥浆数量的影响。水泥浆除填充集料空隙外，还包裹集料形成润滑层，增加混凝土拌合物的流动性。混凝土拌合物保持水胶比(水胶比是指混凝土中用水量与胶凝材料用量的质量比)不变的情况下，水泥浆用量越多，流动性越大；反之越小。但水泥浆用量过多，黏聚性及保水性变差，对强度及耐久性产生不利影响。水泥浆用量过小，黏聚性差。因此，水泥浆不能用量太少，但也不能太多，应以满足拌合物流动性、黏聚性、保水性的要求为宜。

(2)水泥浆的稠度。当水泥浆用量一定时，水泥浆的稠度决定于水胶比的大小。水胶比过小时，水泥浆干稠，拌合物流动性过低，给施工造成困难。水胶比过大时，水泥浆较稀，将使拌合物的黏聚性和保水性变差，产生流浆及离析现象，并严重影响混凝土的强度。故水胶比大小应根据混凝土强度和耐久性要求合理选用。

(3)砂率的影响。砂率是指混凝土中砂的质量占砂、石总质量的百分率。试验证明，砂率对拌合物和易性有很大影响。当砂率过大时，集料的总表面积和空隙率均增大，在混凝土中水泥浆量一定的情况下，集料颗粒表面的浆层将相对减薄，拌合物就显得干稠，流动性就小，如要保持流动性不变，则需增加水泥浆，多耗用水泥；若砂率过小，则拌合物中显得石子过多而砂子过少，形成的砂浆数量不足以包裹石子表面，并不能填满石子间的空隙。在石子间没有足够的砂浆润滑层，这不但会降低混凝土拌合物的流动性，而且会严重影响其黏聚性和保水性，使混凝土产生粗集料离析、水泥浆流失，甚至出现溃散等现象。

由上可知，在配制混凝土时，砂率不能过大，也不能太小，应选用合理砂率。所谓合理砂率，是指在用水量及水泥用量一定的情况下，能使混凝土拌合物获得最大的流动性，且能保持黏聚性、保水性良好时的砂率值，如图 5-6 所示。或者，当采用合理砂率时，能在混凝土拌合物获得所要求的流动性及良好的黏聚性及保水性条件下，使水泥(胶凝材料)用量最少，如图 5-7 所示。

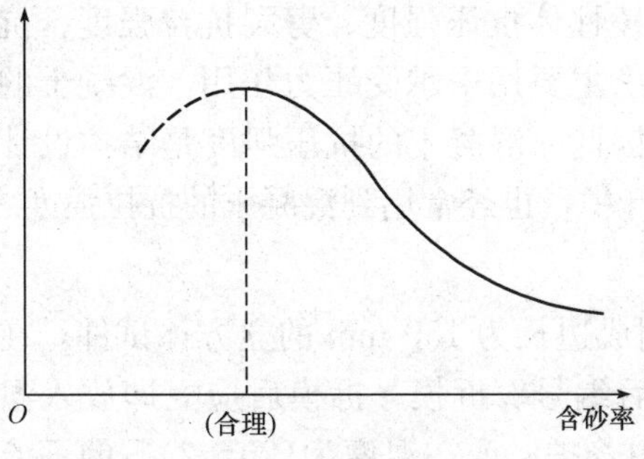


**图 5-6　砂率与坍落度的关系**
**(水与水泥用量一定)**

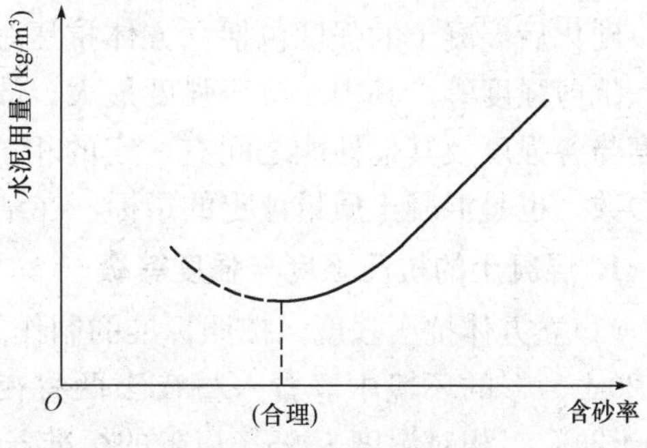


**图 5-7　砂率与水泥用量的关系**
**(达到相同的坍落度)**

(4)组成材料性质的影响。

1)水泥品种的影响。不同品种和质量的水泥，其矿物组成、细度、所掺混合材种类的不同都会影响到拌合用水量。即使拌合用水量相同，所得水泥浆的性质也会直接影响混凝土拌合物的工作性，如矿渣硅酸盐水泥拌合的混凝土流动性、黏聚性、保水性都好。水泥的细度越细，在相同用水量情况下其混凝土拌合物流动性越小，但黏聚性和保水性较好。

2)集料性质的影响。集料性质是指混凝土所用集料的品种、级配、颗粒粗细及表面性状等。在用水量和水胶比不变的情况下，加大集料粒径可提高流动性，采用细度模数较小的砂，黏聚性和保水性可明显改善。级配良好，颗粒表面光滑、圆整的集料(如卵石)所配制的混凝土流动性大。

(5)外加剂的影响。外加剂(如减水剂、引气剂等)对混凝土的和易性有很大的影响。少量的外加剂能使混凝土拌合物在不增加水泥(胶凝材料)用量的条件下，获得良好的和易性，而且还能有效地改善拌合物的黏聚性和保水性。

(6)拌合物存放时间及环境温度的影响。混凝土拌合物的工作性在不同的施工环境条件下往往会发生变化。尤其是当前，推广使用集中搅拌的商品混凝土与现场搅拌的混凝土最大的不同就是要经过长距离的运输，才能到达施工地。在这个过程中，若空气湿度较小，气温较高，风速较大，混凝土的工作性就会因失水而发生较大的变化。混凝土拌合物的流动性随温度的升高而降低。这是由于温度升高可加速水泥的水化，增加水分的蒸发。所以，夏季施工时，为了保持一定的流动性应当提高拌合物的用水量。

混凝土拌合物随时间的延长而变干稠，流动性降低，这是由于拌合物中一些水分被集料吸收，一些水分蒸发，一些水分与水泥进行水化反应，变成水化产物结合水。

**5. 改善新拌混凝土和易性的措施**

(1)通过试验，采用合理砂率，以提高混凝土的质量及节约水泥(胶凝材料)。

(2)改善砂、石的级配。

(3)在可能的条件下，尽量采用较粗的砂、石。

(4)当拌合物坍落度太小时，保持水胶比不变，增加适量的胶凝材料；当拌合物坍落度太大时，保持砂率不变，增加适量的砂、石。

(5)掺加外加剂(如减水剂、引气剂等)。

## 二、硬化后混凝土的强度

硬化后混凝土的强度包括立方体抗压强度、棱柱体抗压强度、劈裂抗拉强度、抗弯强度、抗剪强度等。其中，抗压强度最大，故混凝土主要用来承受压力作用。混凝土的抗压强度与各强度及其他性能之间有一定的相关性，因此，混凝土的抗压强度是结构设计的主要参数，也是混凝土质量评定的指标。在结构设计中，也经常用到混凝土的抗拉强度。

**1. 混凝土的抗压强度与强度等级**

(1)立方体抗压强度。按照标准的制作方法制成边长为150 mm的立方体试件，在温度为(20±5)℃的环境中静置一昼夜至两昼夜，然后编号、拆模。拆模后应立即放入温度为(20±2)℃、相对湿度为95%以上的标准养护室中养护，或在温度为(20±2)℃的不流动的$Ca(OH)_2$饱和溶液中养护至28 d龄期(从搅拌加水开始计时)，按照标准的测定方法测定其抗压强度值，称为“混凝土立方体试件抗压强度”($f_{cu}$)，以$N/mm^2$计。混凝土立方体试件抗压强度按下式计算：

$$f_{cu}=\frac{F}{A}$$

式中 $f_{cu}$——混凝土立方体抗压强度(MPa)，精确至0.1 MPa；

$F$——试件破坏荷载(N)；

$A$——试件承压面积($mm^2$)。

(2)立方体抗压强度标准值($f_{cu,k}$)。按照标准方法制作和养护的边长为150 mm的立方体试件，在28 d龄期，用标准试验方法测定的抗压强度总体分布中的一个值，强度低于该值的百分率不超过5%(具有95%保证率的抗压强度)，以$N/mm^2$计。

(3)强度等级。混凝土强度等级是根据立方体抗压强度标准值来确定的。它的表示方法是用“C”和“立方体抗压强度标准值”两项内容表示，强度标准值以 5 N/mm$^2$ 分段划分，并以其下限值作为示值。《混凝土质量控制标准》(GB 50164—2011)中规定，混凝土强度等级应按立方体抗压强度标准值(MPa)划分为 C10、C15、C20、C25、C30、C35、C40、C45、C50、C55、C60、C65、C70、C75、C80、C85、C90、C95 和 C100。

(4)混凝土强度等级的实用意义。《混凝土结构设计规范》(GB 50010—2010)中对混凝土强度等级的应用作了如下规定：

素混凝土结构的混凝土强度等级不应低于 C15；钢筋混凝土结构的混凝土强度等级不应低于 C20；当采用 400 MPa 级钢筋时混凝土强度等级不应低于 C25；采用 500 MPa 级钢筋时混凝土强度等级不应低于 C30。承受重复荷载的钢筋混凝土构件，混凝土强度等级不应低于 C25。预应力混凝土结构的混凝土强度等级不宜低于 C40，且不应低于 C30。当采用山砂混凝土及高炉矿渣混凝土时，尚应符合专门标准的规定。

(5)混凝土的轴心抗压强度($f_{cp}$)。轴心抗压强度采用 150 mm×150 mm×300 mm 的棱柱体作为标准试件的范围。在钢筋混凝土结构计算中，计算轴心受压构件(如柱、桁架的腹杆)时，都采用混凝土的轴心抗压强度 $f_{cp}$作为设计依据。混凝土的轴心抗压强度($f_{cp}$)比同截面的立方体抗压强度($f_{cu}$)小，且 $h/a$ 越大，混凝土的轴心抗压强度($f_{cp}$)越小。在立方体抗压强度为 10～50 MPa 范围内时，$f_{cp}\approx(0.70\sim0.80)f_{cu}$。混凝土的轴心抗压强度按下式计算：

$$f_{cp}=\frac{F}{A}$$

式中 $f_{cp}$——混凝土轴心抗压强度(MPa)，精确至 0.1 MPa；

$F$——试件破坏荷载(N)；

$A$——试件承压面积(mm$^2$)。

**2. 混凝土的抗拉强度($f_{ts}$)**

混凝土的抗拉强度只有抗压强度的 1/20～1/10，故在钢筋混凝土结构设计中，不考虑混凝土承受拉力，而是在混凝土中配以钢筋，由钢筋来承担结构中的拉力。但混凝土抗拉强度对混凝土抗裂性具有重要作用，它是结构设计中确定混凝土抗裂度的主要指标，有时也用它来间接衡量混凝土抗冲击强度、混凝土与钢筋的粘结强度等。

用轴向拉伸试件测定混凝土的抗拉强度，荷载不易对准轴线，夹具处常发生局部破坏，致使测值很不准，故国内外目前都采用劈裂法来测定混凝土的抗拉强度，简称劈拉强度。

混凝土劈拉强度计算公式为：

$$f_{ts}=\frac{2F}{\pi A}=0.637\frac{F}{A}$$

式中 $f_{ts}$——混凝土劈裂抗拉强度(MPa)，精确至 0.01 MPa；

$F$——试件破坏荷载(N)；

$A$——试件劈裂面积(mm$^2$)。

混凝土的劈裂抗拉强度与混凝土标准立方体抗压强度之间的关系，可用经验公式表达如下：

$$f_{ts}=0.35f_{cu}^{3/4}$$

**3. 影响混凝土强度的因素**

(1)水泥实际强度和水胶比。水泥 28 d 胶砂抗压强度和水胶比是影响混凝土抗压强度的最主要因素，也可以说是决定性因素。因为混凝土的强度主要取决于水泥与集料间的粘结力，而水泥石的强度及其与集料间的粘结力，又取决于水泥强度等级和水胶比的大小。由于拌制混凝土拌合物时，为了获得必要的流动，常需要加入较多的水，多余的水所占空间在混凝土硬化后成为毛细孔，使混凝土密实度降低，强度下降。

随着现代混凝土技术的发展，在配制混凝土时常掺入矿物掺合料以改善混凝土的性能。《普通混凝土配合比设计规程》(JGJ 55—2011)中将掺入混凝土中的活性矿物掺合料和水泥总称为混凝土中的胶凝材料。此时，混凝土强度经验公式如下：

$$f_{cu}=\alpha_a\times f_b\times\left(\frac{B}{W}-\alpha_b\right)$$

式中 $f_{cu}$——混凝土 28 d 龄期的立方体抗压强度(MPa)；

$f_b$——胶凝材料 28 d 胶砂抗压强度(MPa)；

$B/W$——胶水比；

$\alpha_a$、$\alpha_b$——与粗集料有关的回归系数。

(2)集料的影响。当集料级配良好、砂率适当时，由于组成了坚强密实的骨架，有利于混凝土强度的提高。如果混凝土集料中有害杂质较多，品质低，级配不好，会降低混凝土的强度。

(3)养护温度及湿度。养护温度高，水泥水化速度快，混凝土强度的发展也快；反之，在低温下混凝土强度发展迟缓。当温度降到冰点以下时，水泥将停止水化，强度停止发展，而且易使硬化的混凝土结构遭到破坏。因此，冬期施工时，混凝土应特别注意保温养护，防止早期受冻破坏。养护温度对混凝土强度的影响如图 5-8 所示。

水是水泥水化的必要条件。如果湿度不够，水泥水化反应不能正常进行，甚至停止水化，会严重降低混凝土强度。因此在混凝土浇筑完毕后，应在 12 h 内进行覆盖；在夏季施工的混凝土，要特别注意浇水保湿。湿度对强度发展的影响如图 5-9 所示。

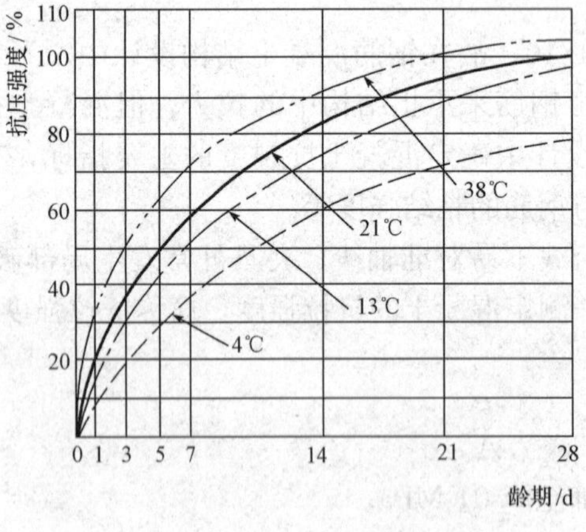


图 5-8　混凝土强度与保温养护时间的关系

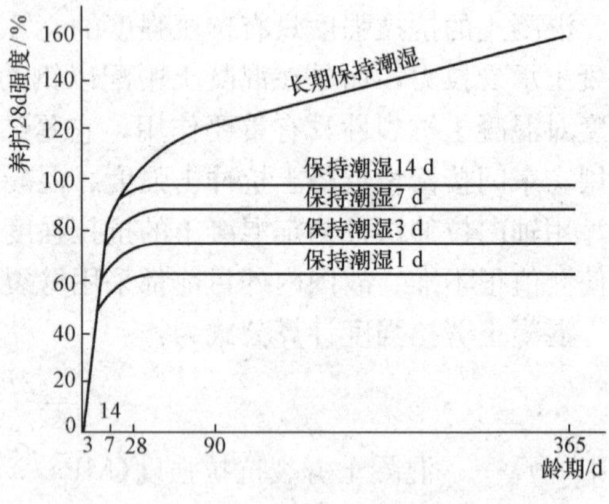


图 5-9　混凝土强度与保湿养护时间的关系

(4)龄期。龄期是指混凝土在正常养护条件下所经历的时间。混凝土的强度随龄期的增长而提高，一般早期(7～14 d)增长较快，以后逐渐变缓，28 d 后增长更加缓慢，但可延续几年，甚至几十年之久，如图 5-10(a)所示。

混凝土强度与龄期的关系，对于用早期强度推算长期强度和缩短混凝土强度判定的时间具有重要的实践意义。图 5-10(b)是阿布拉姆斯提出的在潮湿养护条件下，混凝土的强度与龄期(以对数表示)间的直线关系。其经验公式如下：

$$\frac{f_n}{f_{28}}=\frac{\lg n}{\lg 28}$$

式中　$f_n$——混凝土 $n$ d 龄期的抗压强度(MPa)；

$f_{28}$——混凝土 28 d 龄期的抗压强度(MPa)；

$n$——养护龄期(d)，$n \geqslant 3$。

该式适用于在标准条件下养护的不同水泥拌制的中等强度等级的混凝土。根据此式，可由所测混凝土早期强度，估算其 28 d 龄期的强度，或者可由混凝土的 28 d 强度推算 28 d 前混凝土达到某一强度需要养护的天数，如确定混凝土拆模、构件起吊、放松预应力钢筋、制品养护、出厂等日期。但由于影响强度的因素很多，故按此式计算的结果作为参考。

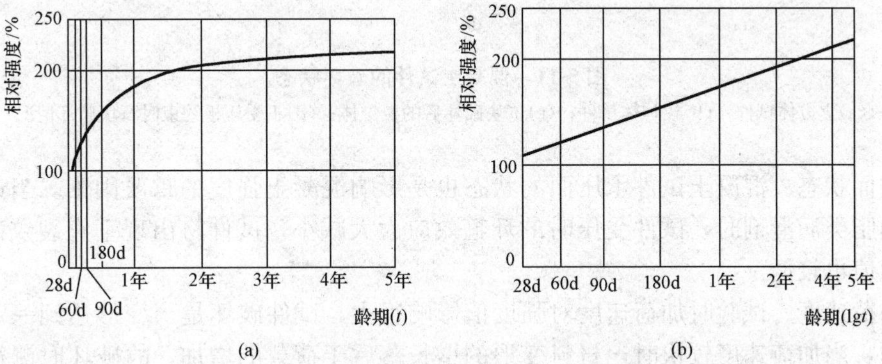


**图 5-10　普通混凝土强度与龄期的变化关系**

(5)试验条件。试验条件是指试件的尺寸、形状、表面状态及加荷速度等。试验条件不同，会影响混凝土强度的试验值。

1)试件的尺寸。在测定混凝土立方体抗压强度时，当混凝土强度等级＜C60 时，可根据粗集料最大粒径选用非标准试块，但应将其抗压强度值按表 5-15 所给出的系数换算成标准试块对应的抗压强度值；当混凝土强度等级≥C60 时，宜采用标准试件；使用非标准试件时，其强度的尺寸换算系数应由试验确定。

**表 5-15　混凝土立方体试件尺寸选用及换算系数**

| 粗集料最大粒径/mm | 试件尺寸/(mm×mm×mm) | 换算系数 |
|---|---|---|
| 31.5 | 100×100×100 | 0.95 |
| 40 | 150×150×150 | 1 |
| 63 | 200×200×200 | 1.05 |

相同配合比的混凝土，试件的尺寸越大，测得的强度越小。试件尺寸影响强度的主要原因是试件尺寸大，内部孔隙、缺陷等出现的概率也大，导致有效受力面积的减小及应力集中，从而引起强度的降低；反之，试件尺寸小，测得的强度就高。

2)试件的形状。当试件受压面积($a \times a$)相同，而高度($h$)不同时，高宽比越大，抗压强度越小。这是由于试件承压时，试件受压面与试件承压板之间的摩擦力对试件相对于承压板的横向膨胀起着约束作用，该约束有利于强度的提高，越接近试件的端面，这种约束作用越大。在距端面大约$\frac{\sqrt{3}}{2}a$ 的范围以外，约束作用才消失。试件破坏以后，其上下各呈现一个较完整的棱锥体，通常称这种约束作用为环箍效应，如图 5-11 所示。

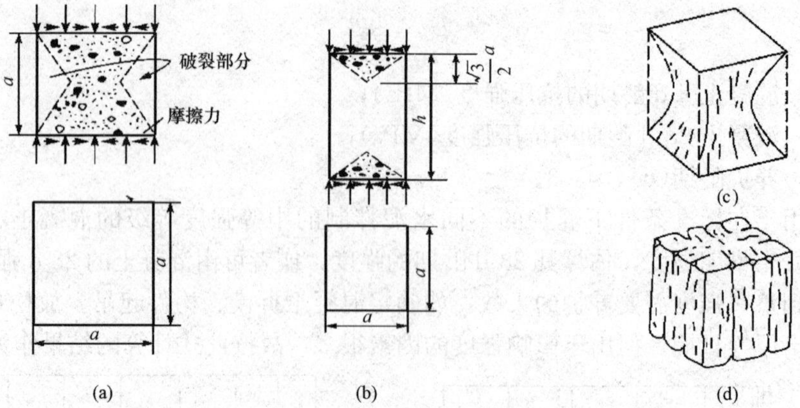


**图 5-11　混凝土试件的破坏状态**

(a)立方体试件；(b)棱柱体试件；(c)试块破坏后的棱锥体；(d)不受压板约束时石块破坏情况

3)表面状态。混凝土试件承压面的状态也是影响混凝土强度的重要因素。当试件受压面上有油脂类润滑剂时，试件受压时的环箍效应大大减小，试件将出现垂直裂纹破坏，测出的强度值也较低。

4)加荷速度。试验时加荷速度对强度值影响很大。试件破坏是当变形达到一定程度时才发生的，当加荷速度较快时，材料变形的增长落后于荷载的增加，故破坏时测得的混凝土强度值偏高。当加荷速度超过 1.0 MPa/s 时，这种趋势更加明显。因此，混凝土抗压强度的加荷速度为 0.3～0.8 MPa/s，且应连续、均匀地加载。

**4. 提高混凝土强度的主要措施**

(1)采用高强度等级水泥或早强型水泥。在混凝土配合比相同的情况下，水泥的强度等级越高，混凝土的强度越高。但单纯靠提高水泥强度来提高混凝土强度，往往不经济。采用早强型水泥可提高混凝土的早期强度，有利于加速施工进度。

(2)采用低水胶比的干硬性混凝土。低水胶比的干硬性混凝土拌合物游离水分少，硬化后留下的孔隙少，混凝土密实度高，强度可显著提高。因此，降低水胶比是提高混凝土强度最有效的途径。但水胶比过小，将影响拌合物的流动性，造成施工困难。一般应采取同时掺加减水剂的方法，使混凝土在低水胶比情况下，仍具有良好的和易性。

(3)采用湿热养护。湿热养护可分为蒸汽养护和蒸压养护两类。

1)蒸汽养护是将混凝土放在温度低于 100 ℃的常压蒸汽中进行养护。一般混凝土经过 16～20 h 的蒸汽养护，其强度可达正常条件下养护 28 d 强度的 70%～80%。蒸汽养护最适合于掺活性混合材料的矿渣水泥、火山灰质水泥及粉煤灰水泥混凝土。不仅可提高早期强度，而且后期强度也有所提高，其 28 d 强度可提高 100%～200%。而对普通硅酸盐水泥和硅酸盐水泥混凝土进行蒸汽养护，其早期强度也能得到提高，但因在水泥颗粒表面过早形成水化产物凝胶膜层，阻碍水分继续深入水泥颗粒内部，使后期强度增长速度反而减缓，其 28 d 强度比标准养护 28 d 的强度低 10%～15%。

2)蒸压养护是将混凝土试件置于 175 ℃、0.8 MPa 的蒸压釜中进行养护，这种养护方式能加速水泥的水化和硬化，有效提高混凝土的强度，特别适用于掺有活性混合材料的硅酸盐水泥。

(4)采用机械搅拌和振捣。混凝土采用机械搅拌比人工搅拌能使拌合物更均匀，特别是在拌和低流动性混凝土拌合物时效果更显著。采用机械振捣，可使混凝土拌合物的颗粒产生振动，暂时破坏水泥的凝聚结构，从而降低水泥浆的黏度和集料间的摩擦阻力，提高混凝土拌合物的流动性，使混凝土拌合物能很好地充满模型，内部孔隙大大减小，从而使混凝土的密实度和强度大大提高。

(5)掺入混凝土外加剂。在混凝土中掺入早强剂可提高混凝土早期强度；掺入减水剂可减少用水量，降低水胶比，提高混凝土强度。另外，在混凝土中掺入高效减水剂的同时，掺入磨细的矿物掺合料(如硅灰、优质粉煤灰和超细矿粉等)，可显著提高混凝土的强度，配制出超高强度混凝土。

## 三、混凝土的变形

混凝土在硬化期间和使用过程中，会受到各种因素作用而产生变形。混凝土的变形直接影响到混凝土的强度和耐久性，特别是对裂缝的产生有直接的影响。混凝土的变形包括非荷载作用下的变形和荷载作用下的变形。非荷载作用下的变形包括混凝土的化学收缩、干缩湿胀及温度变形；荷载作用下的变形可分为短期荷载作用下的变形及长期荷载作用下的变形——徐变。

### 1. 非荷载作用下的变形

(1)化学收缩。混凝土在硬化过程中，水泥水化产物的体积比水化反应前物质的总体积小，从而引起混凝土的收缩，即为化学收缩。化学收缩是不可恢复的，其收缩量随混凝土硬化龄期的延长而增加，一般在混凝土成型后 40 d 内增长较快，以后逐渐趋于稳定。化学收缩值很小，一般对混凝土结构没有破坏作用，但在混凝土内部可能产生微细裂缝。

(2)干缩湿胀。混凝土的干缩湿胀是指由于外界湿度变化，致使其中水分变化而引起的体积变化。当混凝土在水中硬化时，凝胶体中胶体粒子的吸附水膜增厚，胶体粒子间的距离增大，使混凝土产生轻微膨胀；当混凝土在干燥空气中硬化时，混凝土中水分逐渐蒸发，水泥凝胶体或水泥石毛细管失水，使混凝土收缩。混凝土的这种收缩在重新吸水以后一部分可以恢复，但仍有一部分(占 30%～50%)不可恢复。

混凝土的湿胀变形量很小，对结构一般无破坏作用。但干缩变形对混凝土危害较大，干缩能使混凝土表面出现拉应力而导致开裂，严重影响混凝土的耐久性。

为了防止发生干缩，可从以下几个方面采取措施：

1)水泥用量、细度及品种。水泥用量越多，干燥收缩越大。水泥颗粒越细，需水量越多，则其干燥收缩越大。使用火山灰质水泥干缩较大，而使用粉煤灰水泥干缩较小。

2)水胶比。水胶比越大，硬化后水泥的孔隙越多，其干缩越大；混凝土单位用水量越大，干缩率越大。

3)集料种类。弹性模量大的集料，干缩率小，吸水率大；含泥量大的集料干缩率大。集料级配良好，空隙率小，水泥浆量少，则干缩变形小。

4)养护条件。潮湿养护时间长可推迟混凝土干缩的产生与发展，但对混凝土干缩率并无影响，采用湿热养护可降低混凝土的干缩率。

5)加强振捣。混凝土振捣得越密实，内部空隙量越少，收缩量就越小。

(3)温度变形。混凝土的热胀冷缩变形称为温度变形。混凝土的温度线膨胀系数为(1～

1.5)×$10^{-5}$ mm/(m·℃)，即温度每升降 1 ℃，每米胀缩 0.01～0.015 mm。温度变形对大体积混凝土或大面积混凝土以及纵向很长的混凝土工程极为不利，易使这些混凝土产生温度裂缝。散热很慢，因此造成混凝土内外温差很大，有时可达 50 ℃～70 ℃，这将使混凝土产生内胀外缩，在混凝土外表面产生很大的拉应力，严重时使混凝土产生裂缝。在实际工程中，大体积混凝土施工时常采用低热水泥，减少水泥用量，掺加缓凝剂及采用人工降温等措施。一般纵向较长的钢筋混凝土结构物，应采取每隔一定长度设置伸缩缝等措施。

**2. 荷载作用下的变形**

(1)短期荷载作用下的变形。

1)混凝土的弹塑性变形。混凝土是由水泥石、砂、石等组成的不均匀的复合材料，是一种弹塑性体。混凝土受力后既产生可以恢复的弹性变形，又产生不可以恢复的塑性变形，其应力与应变的关系如图 5-12 所示。

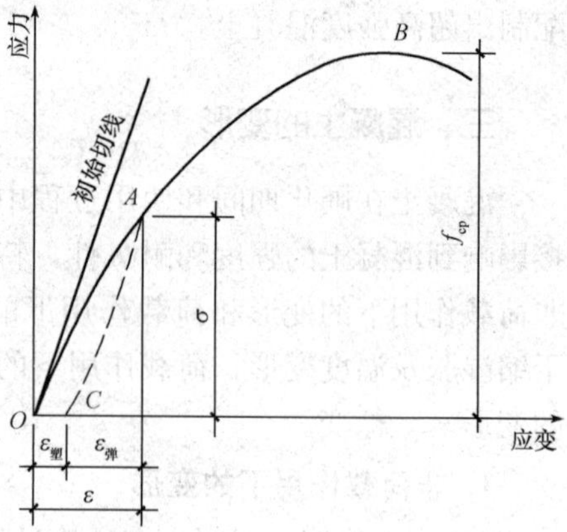

**图 5-12 混凝土在应力作用下的应力-应变曲线**

在应力-应变曲线上任一点的应力 $\sigma$ 与其应变 $\varepsilon$ 的比值，称作混凝土在该应力状态下的变形模量。它反映混凝土所受应力与所产生应变之间的关系。在计算钢筋混凝土结构的变形、裂缝开展及大体积混凝土的温度应力时，均需知道该混凝土的变形模量。

2)混凝土的弹性模量。根据《普通混凝土力学性能试验方法标准》(GB/T 50081—2002)中规定，采用 150 mm×150 mm×300 mm 的棱柱体作为标准试件，使混凝土的应力在 0.5 MPa 和 $1/3f_{cp}$之间经过至少两次反复预压，在最后一次预压完成后，应力与应变关系基本上呈直线关系，此时测得的变形模量值即为该混凝土弹性模量。

影响混凝土弹性模量的因素主要有混凝土的强度、集料的含量以及养护条件等。混凝土的强度越高，弹性模量越大，当混凝土的强度等级由 C10 增加到 C60 时，其弹性模量相应由 1.75×$10^4$ MPa 增加到 3.60×$10^4$ MPa；集料的含量越多，弹性模量越大，混凝土的弹性模量越高；混凝土的水胶比较小，养护条件较好及龄期较长时，混凝土的弹性模量就较大。

(2)长期荷载作用下的变形——徐变。混凝土在长期不变荷载作用下，除产生瞬间的弹性变形和塑性变形外，还会产生随时间而增长的非弹性变形，这种在长期荷载作用下随时间而增长的变形称为徐变，如图 5-13 所示。

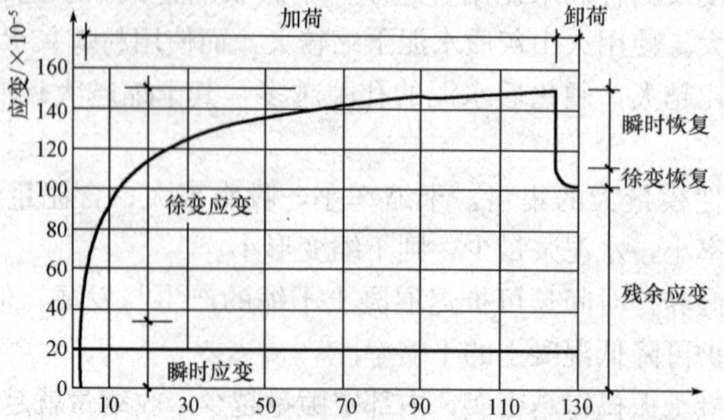

**图 5-13 混凝土的徐变与徐变的恢复**

在加荷的瞬间，混凝土产生瞬时变形，随着荷载持续时间的延长，逐渐产生徐变变形。混凝土徐变在加荷初期增长较快，以后逐渐减慢，一般要延续 2～3 年才稳定下来，最终徐变应变可达(3～15)×$10^{-4}$ mm/mm，即 0.3～1.5mm/m。当变形稳定后卸载，一部分变形瞬时恢复，其值小于在加荷瞬间产生的瞬时变形。在卸荷后的一段时间内，变形还会继续恢复，称为徐变恢复。最后残存的不能恢复的变形称为残余变形。

混凝土的徐变，一般认为是由于水泥石中凝胶体在长期荷载作用下的黏性流动，凝胶孔水向毛细孔内迁移的结果。在混凝土的较早龄期加荷，水泥尚未充分水化，所含凝胶体较多，且水泥石中毛细孔较多，凝胶体易流动，所以徐变发展较快；而在后期水泥继续硬化，凝胶体含量相对减少，毛细孔亦少，徐变发展渐慢。

影响混凝土徐变的因素主要有：

1)水泥用量与水胶比。水泥用量越多，水胶比越大，混凝土徐变越大。

2)集料的弹性模量与集料的规格与质量。集料的弹性模量越大，混凝土的徐变越小；集料级配越好，杂质含量越少，则混凝土的徐变越小。

3)养护龄期。混凝土加荷作用时间越早，徐变越大。

4)养护湿度。养护湿度越高，混凝土的徐变越小。

混凝土的徐变对结构物影响有利也有弊。有利的是徐变能消除钢筋混凝土内的应力集中，使应力较均匀地重新分布，从而使局部应力集中得到缓解；对大体积混凝土，则能消除一部分由于温度变形所产生的破坏应力。但在预应力钢筋混凝土结构中，徐变会使钢筋的预应力受到损失，从而降低结构的承载能力。

## 四、混凝土的耐久性

混凝土除应有足够的强度，以保证建筑物能安全地承受荷载外，还应根据其周围的自然环境以及使用条件，具有经久耐用的性能。例如，受水压作用的混凝土，要求具有抗渗性；与水接触并遭受冰冻作用的混凝土，要求具有抗冻性；处于侵蚀性环境中的混凝土，要求具有相应的抗侵蚀性等。因此，把混凝土抵抗环境介质作用并长期保持其良好的使用性能和外观完整性，从而维持混凝土结构的安全、正常使用的能力称为耐久性。

混凝土的耐久性是一项综合性质，主要包括抗渗性、抗冻性、抗侵蚀性、抗碳化、抗碱-集料反应等性能。

### 1. 混凝土的抗渗性

混凝土的抗渗性是指混凝土抵抗有压介质(水、油等)渗透作用的能力。抗渗性是混凝土耐久性的一项重要指标，它直接影响混凝土的抗冻性和抗腐蚀性。当混凝土的抗渗性差时，不仅周围液体物质易渗入内部，而且当遇有负温或环境水中含有侵蚀性介质时，混凝土就易受冰冻或侵蚀作用而破坏，对钢筋混凝土还将引起其内部钢筋锈蚀并导致表面混凝土保护层开裂与剥落。

混凝土的抗渗性用抗渗等级 P 表示。抗渗等级是以 28 d 龄期的标准试件，按标准试验方法，用每组 6 个试件中 4 个试件未出现渗水时的最大水压的 10 倍来表示。混凝土的抗渗等级有 P4、P6、P8、P10、P12 及以上等级，即相应表示混凝土能抵抗 0.4 MPa、0.6 MPa、0.8 MPa、1.0 MPa 及 1.2 MPa 的静水压强而不出现渗水现象。

混凝土渗水的主要原因是由于内部的孔隙形成连通的渗水通道。这些渗水通道主要来源于水泥浆中多余水分蒸发而留下的毛细孔、水泥浆泌水形成的泌水通道、各种收缩的微裂缝等。而这些渗水通道的多少，主要与水胶比的大小、集料品质等因素有关。为了提高混凝土的抗渗性采取可掺加引气剂、减小水胶比、选用良好的颗粒级配及合理砂率、加强振捣和养护等措施，尤其是掺加引气剂，在混凝土内部产生不连通的气泡，改变了混凝土的孔隙特征，截断了渗水通道，可以显著提高混凝土的抗渗性。

**2. 混凝土的抗冻性**

混凝土的抗冻性是指混凝土在吸水饱和状态下，能经受多次冻融循环作用而不破坏，同时也不严重降低强度的性能。

混凝土的抗冻性用抗冻等级F表示。抗冻等级是以龄期28 d的标准试件，在吸水饱和后，承受反复冻融循环，以抗压强度下降不超过25%，而且质量损失不超过5%时所能承受的最大冻融循环次数来确定。混凝土的抗冻等级分为F50、F100、F150、F200、F250、F300、F350、F400及其以上等级，例如，F50表示混凝土能承受最大冻融循环次数为50次。

混凝土产生冻融破坏有两个必要条件：一是混凝土必须接触水或混凝土中有一定的游离水；二是建筑物所处的自然条件存在反复交替的正负温度。当混凝土处于冰点以下时，首先是靠近表面的孔隙中游离水开始冻结，产生9%左右的体积膨胀，在混凝土内部产生冻胀应力，从而使未冻结的水分受压后向混凝土内部迁移。当迁移受约束时就产生了静水压力，使混凝土内部薄弱部分，特别是在受冻初期强度不高的部位产生微裂缝。当遭受反复冻融循环时，微裂缝会不断扩展，逐步造成混凝土剥蚀破坏。

混凝土的抗冻性主要取决于混凝土的构造特征和含水程度。具有较高密实度及含闭口孔多的混凝土具有较高的抗冻性，混凝土中饱和水程度越高，产生的冰冻破坏越严重。水胶比越小，混凝土的密实度越高，抗冻性也越好。提高混凝土抗冻性的有效途径是掺入引气剂，在混凝土内部产生互不连通的微细气泡，不仅截断了渗水通道，使水分不易渗入，而且气泡有一定的适应变形能力，对冰冻的破坏作用有一定的缓冲作用。

**3. 混凝土的抗侵蚀性**

混凝土的抗侵蚀性是指混凝土抵抗外界侵蚀性介质破坏作用的能力。通常有软水侵蚀、硫酸盐侵蚀、一般酸侵蚀与强碱侵蚀等。随着混凝土在地下工程、海洋工程等恶劣环境中的应用，对混凝土的抗侵蚀性提出了更高的要求。

混凝土的抗侵蚀性与所用水泥品种、混凝土的密实度和孔隙特征等有关。密实性好或具有封闭孔隙的混凝土，抗侵蚀性就好。提高混凝土抗侵蚀性的主要措施是合理选择水泥品种、降低水胶比、提高混凝土密实度和改善孔结构。

**4. 混凝土的抗碳化**

混凝土的碳化是指混凝土内水泥石中的$Ca(OH)_2$与空气中的$CO_2$在湿度适宜时发生化学反应，生成碳酸钙和水，使混凝土碱度降低的过程。混凝土的碳化是$CO_2$由表及里逐渐向混凝土内部扩散的过程。碳化引起水泥石化学组成及组织结构的变化，对混凝土的碱度、强度和收缩产生影响。

影响碳化速度的主要因素有混凝土的密实度、环境中$CO_2$的浓度、水泥品种、水胶比和环境湿度等。空气中$CO_2$浓度高，碳化速度快；水胶比越小，混凝土越密实，$CO_2$和水不易侵入，碳化速度就慢；掺混合材料的水泥碱度较低，碳化速度随混合材料掺量的增多而加快(在常用水泥中，火山灰质水泥碳化速率最快，普通硅酸盐水泥碳化速率最慢)；当环境中的相对湿度在50%～75%时，碳化速度最快，当相对湿度小于25%或大于100%时，碳化作用将停止。

碳化对混凝土的作用有利也有弊。混凝土中水泥水化生成大量的氢氧化钙，使钢筋处在碱性环境中而在表面生成一层钝化膜，保护钢筋不易腐蚀。碳化使混凝土碱度降低，减弱了对钢筋的保护作用。当碳化深度穿透混凝土保护层而达钢筋表面时，钢筋钝化膜被破坏而发生锈蚀，锈蚀的钢筋体积膨胀，致使混凝土保护层开裂，开裂后的混凝土更有利于$CO_2$、水等有害介质的侵入，加剧了碳化的进行和钢筋的锈蚀，最后导致混凝土产生顺钢筋开裂而破坏。另外，碳化作用会增加混凝土的收缩，引起混凝土表面产生拉应力而出现微细裂缝，从而降低混凝土的抗拉、抗折强度及抗渗能力。

碳化对混凝土也有一些有利影响，碳化时放出的水分有助于水泥的水化，碳化作用产生的碳酸钙填充了水泥石的孔隙，提高了混凝土的密实度，对提高抗压强度有利。但总的来说，碳化对混凝土是弊多利少，因此，应设法提高混凝土的抗碳化能力。

在实际工程中，为减少碳化作用对钢筋混凝土结构的不利影响，应采取以下措施：

(1)根据工程所处环境及使用条件，合理选择水泥品种。

(2)使用减水剂，改善混凝土的和易性，提高混凝土的密实度。

(3)采用水胶比小，单位水泥用量较大的混凝土配合比。

(4)在钢筋混凝土结构中采用适当的保护层，使碳化深度在建筑物设计年限内达不到钢筋表面。

(5)加强施工质量控制，加强养护，保证振捣质量，减少或避免混凝土出现蜂窝等质量事故。

(6)在混凝土表面涂刷保护层，防止二氧化碳侵入。

**5. 混凝土的抗碱-集料反应**

混凝土的碱-集料反应是指水泥中的碱($Na_2O$、$K_2O$)与集料中的活性二氧化硅发生化学反应，在集料表面生成复杂的碱-硅酸凝胶，凝胶吸水后体积膨胀(体积可增加3倍以上)，从而导致混凝土膨胀开裂而破坏。混凝土发生碱-集料反应必须具备以下三个条件：

(1)水泥中碱含量高。水泥中的总碱量(按$Na_2O_2+0.658K_2O$计)$>0.6\%$。

(2)砂、石集料中含有活性二氧化硅成分。含活性二氧化硅的矿物有蛋白石、玉髓和鳞石英等。

(3)有水存在。在干燥状态下，混凝土不会发生碱-集料反应。

在实际工程中，为抑制碱-集料反应，可采取以下措施：控制水泥总含碱量不超过0.6%；选用非活性集料；降低混凝土的单位水泥用量，以降低单位混凝土的碱含量；混凝土中掺入火山灰质混合材料，以减少膨胀值，防止水分侵入，设法使混凝土处于干燥状态。

**6. 提高混凝土耐久性的措施**

混凝土所处的环境和使用条件不同，对其耐久性的要求也不相同，应根据其具体的条件采取相应措施以提高混凝土的耐久性。混凝土的密实程度是影响耐久性的主要因素，其次是混凝土的组成材料的性质、施工质量等。提高混凝土耐久性的主要措施有：

(1)合理选择水泥品种，根据混凝土工程的特点和所处的环境条件选用水泥。

(2)控制水胶比及保证足够的胶凝材料用量是保证混凝土密实度并满足混凝土耐久性的关键。《普通混凝土配合比设计规程》(JGJ 55—2011)规定，除配制C15及其以下强度等级的混凝土外，混凝土的最小胶凝材料用量应符合表5-16的规定。

(3)选用质量良好、级配良好的砂、石集料，并尽量采用合理砂率。

(4)掺入减水剂或引气剂，可减少水胶比，改善混凝土的孔结构，对提高混凝土的抗渗性和抗冻性有良好作用。

(5)在混凝土施工中，应搅拌均匀、振捣密实、加强养护，增加混凝土密实度，提高混凝土质量。

**表 5-16　混凝土的最大水胶比和最小水泥用量**

| 设计抗冻等级 | 最大水胶比 | | 最小胶凝材料用量 /($kg \cdot m^{-3}$) |
|---|---|---|---|
| | 无引气剂时 | 掺引气剂时 | |
| F50 | 0.55 | 0.60 | 300 |
| F100 | 0.50 | 0.55 | 320 |
| 不低于 F150 | — | 0.50 | 350 |

# 第四节　混凝土外加剂

混凝土外加剂是指在混凝土拌和过程中掺入的用以改善混凝土性能的物质，其掺量一般不超过水泥质量的5%。混凝土外加剂的使用是混凝土技术的重大突破。随着混凝土材料的广泛应用，对混凝土性能提出了许多新的要求：泵送混凝土要求高流动性；冬期施工要求高的早期强度；高层大跨度建筑要求高强、高耐久性；夏季大体积混凝土要求缓凝等。这些性能的实现，只有使用高性能外加剂才使其成为可能。在混凝土中使用外加剂已被公认为是提高混凝土强度、改善混凝土性能、降低生产能耗、环保等方面最有效的措施。因此，外加剂已逐渐成为混凝土中必不可少的第五种组成材料。

## 一、混凝土外加剂的分类

混凝土外加剂种类繁多，分类方法也有多种。根据《混凝土外加剂定义、分类、命名与术语》(GB/T 8075—2005)规定，混凝土外加剂按其主要功能可分为以下四类：

(1)改善混凝土拌合物流变性能的外加剂，包括各种减水剂和泵送剂等。

(2)调节混凝土凝结时间、硬化性能的外加剂，包括缓凝剂、促凝剂和速凝剂等。

(3)改善混凝土耐久性的外加剂，包括引气剂、防水剂和阻锈剂等。

(4)改善混凝土其他性能的外加剂，包括膨胀剂、防冻剂和着色剂等。

## 二、常用的混凝土外加剂

目前，在工程中常用的外加剂主要有减水剂、早强剂、引气剂、缓凝剂、速凝剂、防冻剂、膨胀剂、泵送剂、防水剂等。

**1. 减水剂**

减水剂是指在混凝土坍落度基本相同的条件下，能显著减少混凝土拌合水量的外加剂。根据减水剂的作用效果及功能情况，可分为普通减水剂、高效减水剂、早强减水剂、缓凝减水剂和引气减水剂等。

(1)减水剂的作用原理及使用效果。水泥加水拌和后，由于水泥颗粒及水化产物的吸附作用，会形成絮凝结构，流动性很低。当掺入减水剂后，减水剂的憎水基团定向吸附在水泥颗粒表面，而亲水基团指向水中。这样，吸附了减水剂分子的水泥颗粒表面均带上同性电荷，在颗粒间产生静电斥力，致使水泥颗粒相互分离，导致絮凝结构解体，将其中的游离水释放出来，从而大大增加了拌合物的流动性，其作用原理如图 5-14 所示。

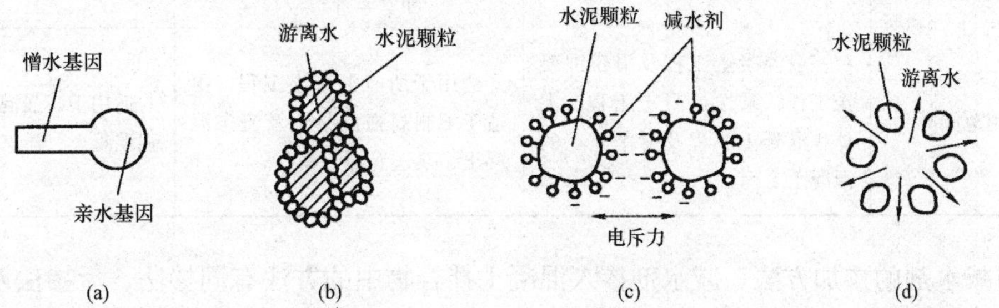


**图 5-14　减水剂作用原理**

(a)减水剂分子模型；(b)水泥浆的絮凝状结构；(c)减水剂分子的作用；(d)水泥浆絮凝状结构的解体

(2)减水剂的技术经济效果。在混凝土中掺入减水剂，一般可取得以下效果：

1)增大流动性：在水泥量和用水量不变时，坍落度可增大，且不影响混凝土强度。因此，减水剂适用于大流动性混凝土。

2)提高强度：在保持流动性和水泥用量不变时，可减少拌合水量，从而降低水胶比，使混凝土强度提高，早期强度提高更为显著。因此，减水剂适用于高强混凝土。

3)改善耐久性：由于水泥颗粒被充分分散，与水的接触面增大，水化较完全，混凝土的密实性增强；从而可提高抗渗、抗冻性能。

4)节约水泥：当保持流动性和强度不变时，可在减水的同时节约水泥。

(3)常用减水剂种类。减水剂是使用最广泛和效果最显著的一种外加剂，减水剂多为亲水性表面活性剂。其种类繁多，按减水能力及其兼有的功能可分为普通减水剂、高效减水剂、早强减水剂及引气减水剂等。按其化学成分分为木质素系、萘磺酸盐系(简称萘系)、树脂系、糖蜜系及腐殖酸系等，部分减水剂的性能参考表 5-17。

**表 5-17　常用减水剂的性能**

| 种类 | 木质素系 | 萘系 | 树脂系 |
|---|---|---|---|
| 类别 | 普通减水剂 | 高效减水剂 | 高效减水剂 |
| 主要品种 | 木质素磺酸钙<br>(木钙粉、M 剂、木钠、木镁) | NNO、NF、UNF、<br>FDN、JN、MF 等 | SM、CRS 等 |
| 主要成分 | 木质素磺酸钙<br>木质素磺酸钠<br>木质素磺酸镁 | 芳香族磺酸盐、<br>甲醛缩合物 | 三聚氰胺树脂磺酸钠<br>(SM)、古玛隆—茚树脂<br>磺酸钠(CRS) |
| 适宜掺量<br>(占水泥质量,%) | 0.2～0.3 | 0.2～1.0 | 0.5～2.0 |
| 减水率/% | 10～11 | 15～25 | 20～30 |
| 早强效果 | — | 显著 | 显著 |

续表

| 种类 | 木质素系 | 萘系 | 树脂系 |
| --- | --- | --- | --- |
| 缓凝效果 | 1～3 h | — | — |
| 引气效果 | 1%～2% | 一般为非引气型，部分品种<2% | — |
| 适用范围 | 一般混凝土工程及滑模混凝土工程、泵送混凝土工程、大体积混凝土工程及夏季施工的混凝土工程 | 适用于所有混凝土工程，更适于配制高强混凝土及流态混凝土、泵送混凝土等 | 适用于高强混凝土、早强混凝土、流态混凝土等 |

(4)减水剂的掺加方法。减水剂掺入混凝土拌合物中的方法有同掺法、后掺法及滞水掺入法等。减水剂掺入混凝土拌合物中的方法不同，其效果也不同。同掺法是将减水剂溶解于拌合用水，并与拌合用水一起加入到混凝土拌合物中。其优点是易搅拌均匀，使用方便，搅拌机生产效率高。后掺法是将混凝土拌合物运到浇筑地点后，再掺入减水剂并再次搅拌后进行浇筑。其优点是可减少混凝土在长距离运输过程中的分层、离析和坍落度损失，充分发挥减水剂的作用，但增加了搅拌次数，延长了搅拌时间。滞水掺入法是在混凝土拌合物已经加入搅拌 1～3 min 后，再加入减水剂，并继续搅拌到规定的拌和时间。其优点是能减少减水剂的掺量，但该法需要延长搅拌时间，生产效率低。减水剂比较适用于强度要求较高、水胶比较小的混凝土。

**2. 早强剂**

早强剂是指能提高混凝土的早期强度并对后期强度无明显影响的外加剂。

早强剂或对水泥中的 $C_3S$ 和 $C_2S$ 等矿物成分的水化有催化作用，或与水泥成分发生反应生成固相产物，可有效提高水泥的早期强度。常用的早强剂有以下几类：

(1)氯盐类早强剂。氯盐类早强剂主要有氯化钙、氯化钠、氯化钾及三氯化铁等，其中以氯化钙应用最广。氯化钙的早强作用主要是它能与 $C_3A$ 和 $Ca(OH)_2$ 发生反应，生成不溶性复盐水化氯铝酸钙和氧氯酸钙，增加了水泥浆中固相的含量，形成坚固的骨架，促进混凝土强度增长；同时，由于上述反应降低了液相中 $Ca(OH)_2$ 的浓度，使 $C_3S$ 的水化反应加快，也可提高混凝土的早期强度。氯化钙的适宜掺量为 1%～2%。其早强效果显著，能使混凝土 3 d 强度提高 50%～100%，7 d 强度提高 20%～40%。由于氯离子能促使钢筋锈蚀，故掺用量必须严格控制。《混凝土外加剂定义、分类、命名与术语》(GB/T 8075—2005)中规定：在钢筋混凝土中氯化钙的掺量不得超过水泥质量的 1%，在无筋混凝土中氯化钙的掺量不得超过水泥质量的 3%。

(2)硫酸盐类早强剂。硫酸盐类早强剂主要有硫酸钠、硫酸钙及硫代硫酸钠等，应用最广的是硫酸钠。硫酸盐的早强作用主要是与水泥的水化产物 $Ca(OH)_2$ 反应，生成的二水石膏具有高度的分散性。其反应式为：

$$Na_2SO_4+Ca(OH)_2+2H_2O = CaSO_4 \cdot 2H_2O+2NaOH$$

它与 $C_3A$ 的化学反应比外掺石膏的作用快得多，能迅速生成水化硫铝酸钙，提高水泥浆中固相的比例，提高早期结构的密实度，同时也会加快水泥的水化速度，从而起到早强作用。硫酸钠的适宜掺量为 0.5%～2.0%，3 d 强度可提高 20%～40%。硫酸钠与氢氧化钙作用会生成 NaOH。为防止碱-集料反应，所用集料不得含有蛋白质等矿物。

(3)三乙醇胺早强剂。三乙醇胺是呈淡黄色的油状液体，属非离子型表面活性剂。它不改变水化产物，但能在水泥的水化过程中起催化作用，比其他早强剂复合效果更好。早强剂多用于冬期施工或紧急抢修工程以及要求加快混凝土强度发展的情况。

**3. 引气剂**

引气剂是在搅拌混凝土过程中能引入大量均匀分布、稳定而封闭的微小气泡的外加剂。按其化学成分可分为松香树脂类、烷基苯磺酸类及脂肪醇磺酸类三大类。其中，以松香树脂类应用最广，主要有松香热聚物和松香皂两种。

引气剂的主要作用是使混凝土中产生大量直径为 0.05～1.25 mm 的微小气泡，在未硬化的混凝土中，大量微小气泡的存在可以起到“滚珠”的作用，使混凝土拌合物流动性大大提高。由于气泡能隔断混凝土毛细管通道，以及气泡能缓冲因水结冰而产生的膨胀压力，故能显著提高混凝土的抗渗性及抗冻性。因此，引气剂能改善混凝土拌合物的和易性，提高混凝土的耐久性。大量气泡的存在使混凝土孔隙率增大和有效受力面积减小，使强度及耐磨性有所降低，含气量越大，强度降低越大。因此，应严格控制引气剂的掺量，其适宜掺量为水泥质量的 0.005%～0.01%。

引气剂比较适用于强度要求不太高、水胶比较大的混凝土，如水厂大体积混凝土。

**4. 缓凝剂**

能延缓混凝土凝结时间，并对混凝土的后期强度发展无不利影响的外加剂，称为缓凝剂。

缓凝剂常用的品种有多羟基碳水化合物、木质素磺酸盐类、羟基羧酸及盐类、无机盐四类。其中，我国常用的为木钙(木质素磺酸盐类)和糖蜜(多羟基碳水化合物类)。

缓凝剂因其在水泥及其水化物表面的吸附或与水泥矿物反应生成不溶层而延缓水泥的水化达到缓凝的效果。糖蜜的掺量为 0.1%～0.3%，可缓凝 2～4 h。木钙既是减水剂又是缓凝剂，其掺量为 0.1%～0.3%；当掺量为 0.25%时，可缓凝 2～4 h。羟基羧酸及其盐类，如柠檬酸或酒石酸钾钠等，当掺量为 0.03%～0.1%时，凝结时间可达 8～19 h。

缓凝剂有延缓混凝土的凝结、保持工作性、延长放热时间、消除或减少裂缝等多种功能，对钢筋也无锈蚀作用，适于高温季节施工和泵送混凝土、滑模混凝土以及大体积混凝土的施工或远距离运输的商品混凝土。但缓凝剂不宜用于日最低气温在 5 ℃以下施工的混凝土，也不宜单独用于有早强要求的混凝土或蒸养混凝土。

**5. 速凝剂**

速凝剂是能使混凝土迅速凝结硬化的外加剂。速凝剂的主要种类有无机盐类和有机物类。我国常用的速凝剂是无机盐类。无机盐类速凝剂按其主要成分大致可分为三类：以铝酸钠为主要成分的速凝剂；以铝酸钙、氟铝酸钙等为主要成分的速凝剂；以硅酸盐($NaSiO_2$)为主要成分的速凝剂。主要型号有红星 1 型、711 型、782 型、8604 型、WJ-1、J85 型等。

速凝剂掺入混凝土后，能使混凝土在 5 min 内初凝，10 min 内终凝，1 h 就可产生强度，1 d 强度提高 2～3 倍，但后期强度会下降，28 d 强度为不掺时的 80%～90%。温度升高，提高速凝效果。混凝土水胶比增大则降低速凝效果，故掺用速凝剂的混凝土水胶比一般为 0.4 左右。掺加速凝剂后，混凝土的干缩率有增加趋势，弹性模量、抗剪强度、粘结力等有所降低。

速凝剂主要用于矿山井巷、铁路隧道、引水涵洞、地下工程以及喷锚支护时的喷射混凝土或喷射砂浆工程中。

**6. 防冻剂**

防冻剂是指在规定温度下，能显著降低混凝土的冰点，使混凝土液相不冻结或仅部分冻结，以保证水泥的水化作用，并在一定的时间内获得预期强度的外加剂。常用的防冻剂有氯盐类(氯化钙、氯化钠)、氯盐阻锈类(以氯盐与亚硝酸钠阻锈剂复合而成)、无氯盐类(以硝酸盐、亚硝酸盐、碳酸盐、乙酸钠或尿素复合而成)。

防冻剂可用于采取负温养护法的冬期施工的各种混凝土。氯盐类防冻剂适用于无筋混凝土，氯盐阻锈类防冻剂可用于钢筋混凝土。硝酸盐、亚硝酸盐、碳酸盐易引起钢筋的应力腐蚀，故严禁用于预应力混凝土以及与镀锌钢材或与铝铁相接触部位的钢筋混凝土结构。另外，亚硝酸盐等有毒成分的防冻剂，严禁用于饮水工程及与食品接触的工程。含有硝铵、尿素等产生刺激性气味的防冻剂，严禁用于办公、居住等建筑工程。有机化合物与无机盐复合防冻剂及复合型防冻剂可用于素混凝土、钢筋混凝土及预应力混凝土工程。

掺防冻剂混凝土所用原材料，宜优先选用硅酸盐水泥、普通硅酸盐水泥。使用防冻剂需要注意的是：水泥存放期超过 3 个月时，使用前必须进行强度检验，合格后方可使用；拌制混凝土所用集料应清洁，不得含有冰、雪、冻块及其他易冻裂物质；当防冻剂中含有较多的 $Na^+$ 、$K^+$时，不得使用活性集料；负温下混凝土表面不得浇水；混凝土浇筑后，应立即用塑料薄膜及保温材料覆盖，严寒地区应加强保温措施；在日最低气温为－5 ℃时，可不用防冻剂，采用早强剂或早强减水剂即可。

**7. 膨胀剂**

膨胀剂是能使混凝土(砂浆)在水化过程中产生一定的体积膨胀，并在有约束的条件下产生适宜自应力的外加剂。它可补偿混凝土的收缩，使抗裂性、抗渗性提高，掺量较大时可在钢筋混凝土中产生自应力。膨胀剂常用的品种有硫铝酸钙类(如明矾石膨胀剂)、氧化镁类(如氧化镁膨胀剂)、复合类(如氧化钙－硫铝酸钙膨胀剂)等。

膨胀剂主要应用于屋面刚性防水、地下防水、基础后浇缝、堵漏、底座灌浆、梁柱接头及自应力混凝土。

**8. 泵送剂**

随着商品混凝土的推广，采用泵送混凝土施工越来越普遍。泵送混凝土必须具有良好的可泵性。泵送剂即是改善混凝土拌合物泵送性能的外加剂。

混凝土泵送剂应具备以下特点：

(1)减水率高。多采用高效减水剂，在降低水胶比的同时，增加混凝土的流动性，减少泵送压力。

(2)坍落度损失小。坍落度是反映混凝土拌合物流动性的物理量。坍落度值大，说明混凝土拌合物流动性好。混凝土拌合物从搅拌机出来到施工现场浇筑，这一时间段的坍落度的差值，叫作坍落度损失。混凝土拌合物的坍落度损失应满足输送、泵送、浇筑要求，防止堵塞管道。

(3)具有一定引气性。在保证强度不受影响条件下，适当的引气性可减少拌合物与管壁的摩擦阻力，增加拌合物的黏聚性。

(4)与水泥有良好的相容性。混凝土泵送剂一般不是单一组分，而是由功能各异的多种组分(或外加剂)组成。可采用由减水组分、缓凝组分、引气组分和保水组分等复合而成的泵送剂。

泵送剂适用于工业与民用建筑及其他构筑物的泵送施工的混凝土，特别适用于大体积混凝土、高层建筑和超高层建筑，适用于滑模施工等，也适用于水下灌注桩混凝土。

**9. 防水剂**

防水剂是在混凝土拌合物中能改善砂浆和混凝土的耐久性，降低其在静水压力下透水性的外加剂。防水剂品种众多，防水的作用机理也不一样，所以应根据工程要求选择防水剂的品种。

工程上常用的防水剂有以下四类：

(1)无机化合物类。氯化铁、硅灰粉末、锆化合物等。

(2)有机化合物类。脂肪酸及其盐类、有机硅表面活性剂(甲基硅醇钠、乙基硅醇钠、聚乙基羟基硅氧烷)、石蜡、地沥青、橡胶及水溶性树脂乳液等。

(3)混合物类。无机类混合物、有机类混合物、无机类与有机类混合物。

(4)复合类。上述各类与引气剂、减水剂、缓凝剂等外加剂复合的复合型防水剂。

无机化合物类中的氯盐类能促进水泥的水化硬化，在早期具有较好的防水效果，适合于要求早期必须具有防水性的情况。但因为氯盐类会使钢筋锈蚀，收缩率大，后期防水效果不大。

有机化合物类的防水剂主要是一些憎水性表面活性剂、聚合物乳液或水溶性树脂等，其防水性能较好，但使用时应注意对强度的影响。

在防水剂与引气剂组成的复合防水剂中，由于引气剂能引入大量的微细气泡，隔断毛细管通道，减少泌水，减少混凝土的渗水通路，从而提高了混凝土的防水性。在防水剂与减水剂组成的复合防水剂中，由于减水剂的减水作用与对和易性的改善，使混凝土更致密，从而能达到更好的防水效果。

防水剂可用于工业与民用建筑的屋面、地下室、隧道、巷道、给排水池等有防水抗渗要求的混凝土工程。含氯盐的防水剂可用于素混凝土、钢筋混凝土工程，严禁用于预应力混凝土。

## 三、外加剂的选择与使用

**1. 外加剂品种的选择**

外加剂品种繁多，性能各异，尤其是对不同的水泥其效果不同。选择外加剂应依据现场材料条件、工程特点和环境情况，根据产品说明及有关规定进行品种的选择。有条件的应在正式使用前进行试验检验。

**2. 外加剂掺量的确定**

不同外加剂，掺量也不同。掺量过小，往往达不到预期效果；掺量过大，会影响混凝土质量，甚至造成严重事故。因此，使用外加剂必须严格控制掺量，并准确计量。在没有可靠的资料为依据时，应通过试验来确定最佳掺量。

**3. 外加剂的掺加方法**

外加剂不论是粉状还是液态状，为保持作用的均匀性，一般不能直接加入混凝土搅拌机内。对于可溶解的粉状外加剂或液态外加剂，应先配成一定浓度的溶液，使用时连同拌合用水一起加入搅拌机内。对于不溶于水的外加剂，应与适量水泥或砂混合均匀后，再加入搅拌机内。

常用的外加剂掺加方法主要有以下几种：

(1)先掺法。先掺法是将粉状外加剂先与水泥混合后，再加入集料与水搅拌。这种方法有利于外加剂的分散，能减少集料对外加剂的吸附量，但实际工程中使用不便，常在试验室或混凝土量较小的现场施工时采用。

(2)同掺法。同掺法是将粉状或液体外加剂与混凝土组成材料一起投入搅拌机拌和，或将液体外加剂先与水混合，然后与其他材料一起拌和。这种方法简单易行，在实际工程中应用较多，但随着时间的延续，混凝土拌合物的坍落度损失较大。

(3)后掺法。后掺法是在混凝土加水搅拌了一段时间后(有时在浇筑前)，再加入外加剂进一步搅拌，即水泥水化反应进行了一段时间后，再加入外加剂。这种方法可避免拌合物坍落度损失过快而产生混凝土拌合物浇筑困难的现象。

(4)分次加入法。分次加入法是在混凝土搅拌或运输过程中分几次将外加剂加入混凝土拌合物中，使混凝土拌合物中的外加剂浓度始终保持在一定的水平。

在相同条件下，后掺法、分次加入法对减小拌合物的坍落度损失控制效果很好，并可减小外加剂掺量。但同样因使用不便，在实际工程中用得不多。

## 第五节　普通混凝土的配合比设计

混凝土配合比设计是混凝土工艺中最重要的项目之一。其目的是在满足工程对混凝土的基本要求的情况下，找出混凝土组成材料间最合理的比例，以便生产出优质而经济的混凝土。混凝土的配合比设计包括配合比的计算、试配和调整。

### 一、普通混凝土配合比设计的基本要求

混凝土配合比设计的任务是根据原材料的技术性能及施工条件，确定能满足工程要求的技术经济指标的各项组成材料的用量。其基本要求如下：

(1)达到混凝土结构设计的强度等级。

(2)满足混凝土施工所要求的和易性。

(3)满足工程所处环境对混凝土耐久性的要求。

(4)在满足上述三项要求的前提下，尽可能节约水泥，降低成本。

### 二、普通混凝土配合比设计的基本参数

水胶比、单位用水量和砂率是混凝土配合比设计的三个基本参数，它们与混凝土各项性能之间有着非常密切的关系。因此，混凝土配合比设计主要是正确地确定出这三个参数，以保证配制出满足工程要求的混凝土。

混凝土配合比设计中确定三个参数的原则是：在满足混凝土的强度和耐久性基础上，确定混凝土的水胶比；在满足混凝土施工要求的和易性基础上，根据粗集料种类和规格确定混凝土的单位用水量；砂在集料中的数量应以填充石子空隙后略有富余的原则来确定。

## 三、普通混凝土配合比设计的资料准备

在设计混凝土配合比前，必须通过调查研究，预先掌握下列基本资料：

(1)了解工程设计要求的混凝土强度等级，以便确定混凝土配制强度。

(2)了解工程所处环境对混凝土耐久性的要求，确定配制混凝土的最大水胶比和最小胶凝材料用量。

(3)了解结构构件断面尺寸及钢筋配置情况，以便确定粗集料的最大粒径。

(4)了解混凝土施工方法及管理水平，以便选择混凝土拌合物坍落度及强度标准差。

(5)掌握各原材料的性能指标，包括：水泥的品种、强度等级、密度；矿物掺合料的品种、密度、掺量；砂、石集料的种类、规格、表观密度、堆积密度、级配、石子最大粒径；混凝土拌合用水的水质情况；混凝土外加剂的品种、性能、适宜掺量等。

## 四、普通混凝土的配合比设计步骤

混凝土的配合比设计，首先根据选定的原材料及配合比设计的基本要求，通过经验公式、经验表格进行初步设计，得出初步配合比；在初步配合比的基础上，经试验室试拌、调整到和易性满足要求时，得出基准配合比；在试验室进行混凝土强度检验(如有抗渗、抗冻等其他性能要求，应当进行相应的检验)，确定出满足设计和施工要求并比较经济的设计配合比(试验室配合比)；最后，根据现场砂、石的实际含水率对试验室配合比进行调整，得出施工配合比。

### (一)初步配合比的确定

#### 1. 确定配置强度($f_{cu,0}$)

根据《普通混凝土配合比设计规程》(JGJ 55—2011)规定，当混凝土的设计强度等级小于C60时，配制强度应按下式确定：

$$f_{cu,0} \geqslant f_{cu,k} + 1.645\sigma$$

式中 $f_{cu,0}$——混凝土配制强度(MPa)；

$f_{cu,k}$——混凝土立方体抗压强度标准值，这里取混凝土的设计强度等级值(MPa)；

$\sigma$——混凝土强度标准差(MPa)。

当设计强度等级不小于C60时，配制强度应按下式确定：

$$f_{cu,0} \geqslant 1.15 f_{cu,k}$$

当具有1～3个月的同一品种、同一强度等级混凝土的强度资料，且试件组数不小于30时，其混凝土强度标准差可由计算得出。

当没有近期的同一品种、同一强度等级混凝土的强度资料时，其强度标准差$\sigma$可按表5-18取值。

**表5-18 标准差$\sigma$值** MPa

| 混凝土强度标准值 | ≤C20 | C25～C45 | C50～C55 |
|---|---|---|---|
| $\sigma$ | 4.0 | 5.0 | 6.0 |

#### 2. 确定水胶比

当混凝土的强度等级小于C60时，混凝土的水胶比宜按下式计算：

$$W/B=\frac{\alpha_a f_b}{f_{cu,0}+\alpha_a\alpha_b f_b}$$

式中 $W/B$——混凝土水胶比；

$\alpha_a$、$\alpha_b$——回归系数，有条件时可以通过试验测定，无试验条件时，按表 5-19 取值；

$f_b$——胶凝材料 28 d 胶砂抗压强度(MPa)，可实测，且试验方法应按现行国家标准《水泥胶砂强度检验方法(ISO 法)》(GB/T 17671—1999)执行；当无实测资料时，可按 $f_b=\gamma_f\gamma_s f_{ce}$ 计算，其中，$\gamma_f$、$\gamma_s$ 为粉煤灰影响系数和粒化高炉矿渣粉影响系数，可按表 5-20 选用。$f_{ce}$ 为水泥 28 d 胶砂抗压强度(MPa)，可实测，当无实测资料时，可按 $f_{ce}=\gamma_c f_{ce,g}$ 计算，其中，$f_{ce,g}$ 为水泥的强度等级值(MPa)，$\gamma_c$ 为水泥强度等级值的富余系数，可按实际统计资料确定；当缺乏实际统计资料时，也可按表 5-21 选用。

**表 5-19 回归系数 $\alpha_a$、$\alpha_b$ 取值表**

| 回归系数＼粗集料品种 | 碎 石 | 卵 石 |
|---|---|---|
| $\alpha_a$ | 0.53 | 0.49 |
| $\alpha_b$ | 0.20 | 0.13 |

**表 5-20 粉煤灰影响系数($\gamma_f$)和粒化高炉矿渣粉影响系数($\gamma_s$)**

| 掺量/%＼种类 | 粉煤灰影响系数 $\gamma_f$ | 粒化高炉矿渣粉影响系数 $\gamma_s$ |
|---|---|---|
| 0 | 1.00 | 1.00 |
| 10 | 0.85～0.95 | 1.00 |
| 20 | 0.75～0.85 | 0.95～1.00 |
| 30 | 0.65～0.75 | 0.90～1.00 |
| 40 | 0.55～0.65 | 0.80～0.90 |
| 50 | — | 0.70～0.85 |

注：1. 采用Ⅰ级、Ⅱ级粉煤灰宜取上限值。

2. 采用 S75 级粒化高炉矿渣粉宜取下限值，采用 S95 级粒化高炉矿渣粉宜取上限值，采用 S105 级粒化高炉矿渣粉可取上限值加 0.05。

3. 当超出表中的掺量时，粉煤灰和粒化高炉矿渣粉影响系数应经试验确定。

**表 5-21 水泥强度等级值的富余系数 $\gamma_c$**

| 水泥强度等级值 | 32.5 | 42.5 | 52.5 |
|---|---|---|---|
| 富余系数 | 1.12 | 1.16 | 1.10 |

### 3. 确定用水量($m_{w0}$)和外加剂用量($m_{a0}$)

(1)干硬性和塑性混凝土用水量的确定。混凝土水胶比为 0.40～0.80 时，可按表 5-22 和表 5-23 选取；混凝土水胶比小于 0.40 时，可通过试验确定。

**表 5-22 干硬性混凝土的用水量** kg/m³

| 拌合物稠度 | | 卵石最大公称粒径/mm | | | 碎石最大公称粒径/mm | | |
|---|---|---|---|---|---|---|---|
| 项　目 | 指　标 | 10.0 | 20.0 | 40.0 | 16.0 | 20.0 | 40.0 |
| 维勃稠度/s | 16～20 | 175 | 160 | 145 | 180 | 170 | 155 |
| | 11～15 | 180 | 165 | 150 | 185 | 175 | 160 |
| | 5～10 | 185 | 170 | 155 | 190 | 180 | 165 |

**表 5-23 塑性混凝土的用水量** kg/m³

| 拌合物稠度 | | 卵石最大粒径/mm | | | | 碎石最大粒径/mm | | | |
|---|---|---|---|---|---|---|---|---|---|
| 项目 | 指标 | 10.0 | 20.0 | 31.5 | 40.0 | 16.0 | 20.0 | 31.5 | 40.0 |
| 坍落度/mm | 10～30 | 190 | 170 | 160 | 150 | 200 | 185 | 175 | 165 |
| | 35～50 | 200 | 180 | 170 | 160 | 210 | 195 | 185 | 175 |
| | 55～70 | 210 | 190 | 180 | 170 | 220 | 205 | 195 | 185 |
| | 75～90 | 215 | 195 | 185 | 175 | 230 | 215 | 205 | 195 |

注：1. 本表用水量是采用中砂时的取值。采用细砂时，每立方米混凝土用水量可增加 5～10 kg；采用粗砂时，可减少 5～10 kg。
2. 掺用矿物掺合料和外加剂时，用水量应相应调整。

(2)流动性和大流动性混凝土用水量的确定。掺外加剂时，每立方米流动性或大流动性混凝土的用水量($m_{w0}$)可以按照下式计算：

$$m_{w0}=m'_{w0}(1-\beta)$$

式中 $m_{w0}$——计算配合比每立方米混凝土的用水量(kg/m³)；

$m'_{w0}$——未掺外加剂时推定的满足实际坍落度要求的每立方米混凝土的用水量(kg/m³)，以表 5-23 中 90 mm 坍落度的用水量为基础，按每增大 20 mm 坍落度相应增加 5 kg/m³ 用水量来计算；当坍落度增大到 180 mm 以上时，随坍落度相应增加的用水量可减少；

$\beta$——外加剂的减水率(%)，应经混凝土试验确定。

(3)每立方米混凝土中外加剂用量($m_{a0}$)应按下式计算：

$$m_{a0}=m_{b0}\beta_a$$

式中 $m_{a0}$——计算配合比每立方米混凝土中外加剂用量(kg/m³)；

$m_{b0}$——计算配合比每立方米混凝土中胶凝材料用量(kg/m³)；

$\beta_a$——外加剂掺量(%)，应经混凝土试验确定。

**4. 计算胶凝材料用量($m_{b0}$)、矿物掺合料用量($m_{f0}$)和水泥用量($m_{c0}$)**

(1)每立方米混凝土的胶凝材料用量($m_{b0}$)按下式计算，并应进行试拌调整，在拌合物性能满足的情况下，取经济、合理的胶凝材料用量。

$$m_{b0}=\frac{m_{w0}}{W/B}$$

式中 $m_{b0}$——计算配合比每立方米混凝土中胶凝材料用量(kg/m³)；

$m_{w0}$——计算配合比每立方米混凝土的用水量(kg/m³)；

$W/B$——混凝土水胶比。

(2)每立方米混凝土的矿物掺合料用量($m_{f0}$)按下式计算：

$$m_{f0}=m_{b0}\beta_f$$

式中　$m_{f0}$——计算配合比每立方米混凝土中矿物掺合料用量(kg/m³)；

$\beta_f$——矿物掺合料掺量(%)。

(3)每立方米混凝土的水泥用量($m_{c0}$)按下式计算：

$$m_{c0}=m_{b0}-m_{f0}$$

式中　$m_{c0}$——计算配合比每立方米混凝土中水泥用量(kg/m³)。

**5. 选取合理砂率值 $\beta_s$**

砂率 $\beta_s$ 应根据集料的技术指标，混凝土拌合物性能和施工要求，参考既有历史资料确定。当缺乏砂率的历史资料时，混凝土砂率的确定应符合下列规定：

(1)坍落度小于 10 mm 的混凝土，其砂率应经试验确定。

(2)坍落度为 10～60 mm 的混凝土，其砂率可根据粗集料品种、最大公称粒径及水胶比按表 5-24 选取。

(3)坍落度大于 60 mm 的混凝土，其砂率可经试验确定，也可在表 5-24 的基础上，按坍落度每增大 20 mm、砂率增大 1%的幅度予以调整。

**表 5-24　混凝土的砂率**　　%

| 水胶比 W/B | 卵石最大公称粒径/mm | | | 碎石最大公称粒径/mm | | |
|---|---|---|---|---|---|---|
| | 10 | 20 | 40 | 16 | 20 | 40 |
| 0.40 | 26～32 | 25～31 | 24～30 | 30～35 | 29～34 | 27～32 |
| 0.50 | 30～35 | 29～34 | 28～33 | 33～38 | 32～37 | 30～35 |
| 0.60 | 33～38 | 32～37 | 31～36 | 36～41 | 35～40 | 33～38 |
| 0.70 | 36～41 | 35～40 | 34～39 | 39～44 | 38～43 | 36～41 |

注：1. 本表数值系中砂的选用砂率，对细砂或粗砂，可相应地减少或增大砂率。
2. 采用人工配制混凝土时，砂率应适当增大，对薄壁构件，砂率取偏大值。
3. 只用一个单粒级粗集料配制混凝土时，砂率应适当增大。

**6. 计算粗、细集料用量($m_{g0}$、$m_{s0}$)**

在已知砂率的情况下，粗、细集料的用量可用质量法或体积法求得。

(1)质量法。假定各组成材料的质量之和(即拌合物的体积密度)接近一个固定值。当采用质量法计算混凝土配合比时，粗、细集料用量应按下式计算：

$$m_{f0}+m_{c0}+m_{g0}+m_{s0}+m_{w0}=m_{cp}$$

砂率应按下式计算：

$$\beta_s=\frac{m_{s0}}{m_{g0}+m_{s0}}\times100\%$$

式中　$m_{g0}$——计算配合比每立方米混凝土的粗集料用量(kg/m³)；

$m_{s0}$——计算配合比每立方米混凝土的细集料用量(kg/m³)；

$\beta_s$——砂率(%)；

$m_{cp}$——每立方米混凝土拌合物的假定质量(kg/m³)，可取 2 350～2 450kg/m³。

(2)体积法。假定混凝土拌合物的体积等于各组成材料的体积与拌合物中所含空气的体积之和。当采用体积法计算混凝土配合比时，砂率计算方法和质量法相同，粗、细集料用量应按下式计算：

$$\frac{m_{c0}}{\rho_c}+\frac{m_{f0}}{\rho_f}+\frac{m_{g0}}{\rho_g}+\frac{m_{s0}}{\rho_s}+\frac{m_{w0}}{\rho_w}+0.01\alpha=1$$

式中 $\rho_c$——水泥密度(kg/m³)，可按现行国家标准《水泥密度测定方法》(GB/T 208—2014)测定，也可取2 900～3 100 kg/m³；

$\rho_f$——矿物掺合料密度(kg/m³)，可按现行国家标准《水泥密度测定方法》(GB/T 208—2014)测定；

$\rho_g$——粗集料的表观密度(kg/m³)，应按现行行业标准《普通混凝土用砂、石质量及检验方法标准》(JGJ 52—2006)测定；

$\rho_s$——细集料的表观密度(kg/m³)，应按现行行业标准《普通混凝土用砂、石质量及检验方法标准》(JGJ 52—2006)测定；

$\rho_w$——水的密度(kg/m³)，可取1 000 kg/m³；

$\alpha$——混凝土的含气量百分数，在不使用引气剂或引气型外加剂时，$\alpha$可取1。

经过上述计算，即可求出计算配合比。

**(二)检测和易性，确定试拌配合比**

按计算的配合比进行混凝土试拌配合比的试配和调整。试配时，每盘混凝土试配的最小搅拌量应符合规定，并不应小于搅拌机公称容量的1/4且不应大于搅拌机公称容量。

试拌后立即测定混凝土的工作性。当试拌得出的拌合物坍落度比要求值小时，应在水胶比不变的前提下，增加用水量(同时增加水泥用量)；当比要求值大时，应在砂率不变的前提下，增加砂、石用量；当黏聚性、保水性差时，可适当加大砂率。调整时，应及时记录调整后的各材料用量($m_{cb}$，$m_{wb}$，$m_{sb}$，$m_{gb}$)，并实测调整后混凝土拌合物的体积密度$\rho_{0h}$(kg/m³)。令工作性调整后的混凝土试样总质量$m_{Qb}$为：

$$m_{Qb}=m_{cb}+m_{wb}+m_{sb}+m_{gb}\ (\text{体积}\geqslant 1\ \text{m}^3)$$

由此得出基准配合比(调整后的1 m³混凝土中各材料用量)：

$$m_{cj}=\frac{m_{cb}}{m_{Qb}}\rho_{0h}\quad (\text{kg/m}^3)$$

$$m_{wj}=\frac{m_{wb}}{m_{Qb}}\rho_{0h}\quad (\text{kg/m}^3)$$

$$m_{sj}=\frac{m_{sb}}{m_{Qb}}\rho_{0h}\quad (\text{kg/m}^3)$$

$$m_{gj}=\frac{m_{gb}}{m_{Qb}}\rho_{0h}\quad (\text{kg/m}^3)$$

**(三)检验强度，确定设计配合比**

经过和易性调整得出的试拌配合比，不一定满足强度要求，应进行强度检验。既满足设计强度又比较经济、合理的配合比，就称为设计配合比(试验室配合比)。在试拌配合比的基础上做强度试验时，应采用三个不同的配合比，其中一个为试拌配合比中的水胶比，另外两个较试拌配合比的水胶比分别增加和减少0.05。其用水量应与试拌配合比的用水量相同，砂率可分别增加和减少1%。当不同水胶比的混凝土拌合物坍落度与要求值的差超过允许偏差时，可通过增、减用水量进行调整。

制作混凝土强度试验试件时，应检验混凝土拌合物的和易性及表观密度，并以此结果作为代表相应配合比的混凝土拌合物性能。每种配合比至少应制作一组（三块）试件，标准养护到 28 d 时试压。

根据试验得出的混凝土强度与其相对应的胶水比（$B/W$）关系，用作图法或计算法求出与混凝土配制强度（$f_{cu,0}$）相对应的胶水比，并应按下列原则确定每立方米混凝土的材料用量：

(1)用水量（$m_w$）应在基准配合比用水量的基础上，根据制作强度试件时测得的坍落度或维勃稠度进行调整确定。

(2)水泥用量（$m_c$）应以用水量乘以选定出来的胶水比计算确定。

(3)粗集料和细集料用量（$m_g$ 和 $m_s$）应在基准配合比的粗集料和细集料用量的基础上，按选定的胶水比进行调整后确定。

经试配确定配合比后，还应按下列步骤进行校正：

根据前述已确定的材料用量，按下式计算混凝土的表观密度计算值 $\rho_{c,c}$：

$$\rho_{c,c}=m_c+m_f+m_g+m_s+m_w$$

式中 $\rho_{c,c}$——混凝土拌合物的表观密度计算值（$kg/m^3$）；

$m_c$——每立方米混凝土的水泥用量（$kg/m^3$）；

$m_f$——每立方米混凝土的精确掺合料用量（$kg/m^3$）；

$m_g$——每立方米混凝土的粗集料用量（$kg/m^3$）；

$m_s$——每立方米混凝土的细集料用量（$kg/m^3$）；

$m_w$——每立方米混凝土的用水量（$kg/m^3$）。

按下式计算混凝土配合比校正系数 $\delta$：

$$\delta=\frac{\rho_{c,t}}{\rho_{c,c}}$$

式中 $\rho_{c,t}$——混凝土表观密度实测值（$kg/m^3$）；

$\rho_{c,c}$——混凝土表观密度计算值（$kg/m^3$）。

当混凝土表观密度实测值 $\rho_{c,t}$ 与计算值 $\rho_{c,c}$ 之差的绝对值不超过计算值的 2％时，上述配合比可维持不变；当两者之差超过 2％时，应将配合比中每项材料用量均乘以校正系数 $\delta$，即为确定的设计配合比。

根据本单位常用的材料，可设计出常用的混凝土配合比备用。在使用过程中，应根据原材料情况及混凝土质量检验的结果予以调整。但遇有下列情况之一时，应重新进行配合比设计：

(1)对混凝土性能指标有特殊要求时。

(2)水泥、外加剂或矿物掺合料等原材料品种、质量有显著变化时。

**(四)根据含水率，换算施工配合比**

试验室得出的设计配合比值中，集料是以干燥状态为准的，而施工现场集料含有一定的水分，因此，应根据集料的含水率对配合比设计值进行修正，修正后的配合比为施工配合比。

经测定施工现场砂的含水率为 $w_s$，石子的含水率为 $w_g$，则施工配合比为：

水泥用量 $m_c'$：$$m_c'=m_c$$

砂用量 $m'_s$： $m'_s=m_s(1+w_s)$

石子用量 $m'_g$： $m'_g=m_g(1+w_g)$

用水量 $m'_w$： $m'_w=m_w-m_s\cdot w_s-m_g\cdot w_g$

式中 $m_c$、$m_w$、$m_s$、$m_g$——调整后的试验室配合比中每立方米混凝土中的水泥、水、砂和石子的用量(kg)。

## 五、普通混凝土配合比设计实例

**【例 5-2】** 某教学楼工程现浇室内钢筋混凝土柱，混凝土设计强度等级为C20，施工要求坍落度为35～50 mm，采用机械搅拌与振捣。施工单位无近期的混凝土强度资料。采用的原材料如下：

胶凝材料：新出厂的矿渣水泥，32.5级，密度为3 100 kg/m³。

粗集料：卵石，最大粒径为20 mm，表观密度为2 730 kg/m³，堆积密度为1 500 kg/m³。

细集料：中砂，表观密度为2 650 kg/m³，堆积密度为1 450 kg/m³。

水：自来水。

试设计混凝土的配合比。若施工现场中砂含水率为3%，卵石含水率为1%，试计算施工配合比。

**【解】** (1)通过计算，确定计算配合比。

1)确定配制强度($f_{cu,0}$)。施工单位无近期的混凝土强度资料，查表5-18取$\sigma=4.0$ MPa，配置强度为：

$$f_{cu,0}=f_{cu,k}+1.645\sigma=20+1.645\times4.0=26.58(\text{MPa})$$

2)确定水胶比($W/B$)。由于胶凝材料为32.5级的水泥，无矿物掺合料，取$\gamma_f=1.0$，$\gamma_s=1.0$，$\gamma_c=1.12$，$f_b=\gamma_f\gamma_s f_{ce}=\gamma_f\gamma_s\gamma_c f_{ce,g}=1.0\times1.0\times1.12\times32.5=36.4(\text{MPa})$；卵石的回归系数取$\alpha_a=0.49$，$\alpha_b=0.13$。利用强度经验公式计算水胶比为：

$$\frac{W}{B}=\frac{\alpha_a f_b}{f_{cu,0}+\alpha_a\alpha_b f_b}=\frac{0.49\times36.4}{26.58+0.49\times0.13\times36.4}=0.617$$

该结构物处于室内干燥环境，要求$W/B\leqslant0.60$，所以$W/B$取0.60才能满足耐久性要求。

3)确定用水量($m_{w0}$)。根据施工要求的坍落度35～50 mm，卵石$D_{max}=20$ mm，查表5-22、表5-23，取$m_{w0}=180$ kg。

4)确定胶凝材料($m_{b0}$)和水泥用量($m_{c0}$)。胶凝材料($m_{b0}$)用量为$m_{b0}=\dfrac{m_{w0}}{W/B}=\dfrac{180}{0.60}=300$ kg；因为没有掺加矿物掺合料，即$m_{f0}=0$ kg，则水泥的用量为$m_{c0}=m_{b0}-m_{f0}=300-0=300$(kg)。

该结构物处于室内干燥环境，最小胶凝材料用量为280 kg，所以$m_{c0}$取300 kg能满足耐久性要求。

5)确定合理砂率值($\beta_s$)。查表5-24，$W/B=0.60$，卵石$D_{max}=20$ mm，可取砂率$\beta_s=34\%$。

6)确定粗、细集料用量($m_{g0}$、$m_{s0}$)。采用体积法计算，取$\alpha=1$，解下列方程组：

$$\begin{cases}\dfrac{300}{3\,100}+\dfrac{m_{g0}}{2\,730}+\dfrac{m_{s0}}{2\,650}+\dfrac{180}{1\,000}+0.01\times1=1\\[2ex]\dfrac{m_{s0}}{m_{g0}+m_{s0}}=34\%\end{cases}$$

得 $m_{g0}=1\ 273\ \text{kg}$；$m_{s0}=656\ \text{kg}$。

计算配合比为：

$$m_{c0}:m_{s0}:m_{g0}:m_{w0}=300:656:1\ 273:180=1:2.19:4.24:0.60$$

(2)调整和易性，确定试拌配合比。

卵石 $D_{max}=20$ mm，按计算配合比试拌 20 L 混凝土，其材料用量如下：

$$\text{胶凝材料(水泥)}=300\times20/1\ 000=6.00(\text{kg})$$

$$\text{砂子}=656\times20/1\ 000=13.12(\text{kg})$$

$$\text{石子}=1\ 273\times20/1\ 000=25.46(\text{kg})$$

$$\text{水}=180\times20/1\ 000=3.60(\text{kg})$$

将称好的材料均匀拌和后，进行坍落度试验。假设测得坍落度为 25 mm，小于施工要求的 35～50 mm，须调整其和易性。在保持原水胶比不变的原则下，若增加 5% 灰浆，再拌合，测其坍落度为 45 mm，黏聚性、保水性均良好，达到施工要求的 35～50 mm。调整后，拌合物中各项材料实际用量如下：

$$\text{胶凝材料(水泥)}m_{bt}=6.00+6.00\times5\%=6.30(\text{kg})$$

$$\text{砂 } m_{st}=13.12(\text{kg})$$

$$\text{石子 } m_{gt}=25.46(\text{kg})$$

$$\text{水 } m_{wt}=3.60+3.60\times5\%=3.78(\text{kg})$$

混凝土拌合物的实测体积密度 $\rho_{0h}=2\ 380\ \text{kg/m}^3$，则每立方米混凝土中，各项材料的试拌用量如下：

$$\text{胶凝材料 } m_{bb}=\frac{m_{bt}}{m_{bt}+m_{gt}+m_{st}+m_{wt}}\times\rho_{0h}\times1$$

$$=\frac{6.30}{6.30+25.46+13.12+3.78}\times2\ 380\times1=308(\text{kg})$$

$$\text{砂 } m_{sb}=\frac{m_{st}}{m_{bt}+m_{gt}+m_{st}+m_{wt}}\times\rho_{0h}\times1$$

$$=\frac{13.12}{6.30+25.46+13.12+3.78}\times2\ 380\times1=642(\text{kg})$$

$$\text{石子 } m_{gb}=\frac{m_{gt}}{m_{bt}+m_{gt}+m_{st}+m_{wt}}\times\rho_{0h}\times1$$

$$=\frac{25.46}{6.30+25.46+13.12+3.78}\times2\ 380\times1=1\ 245(\text{kg})$$

$$\text{水 } m_{wb}=\frac{m_{wt}}{m_{bt}+m_{gt}+m_{st}+m_{wt}}\times\rho_{0h}\times1$$

$$=\frac{3.78}{6.30+25.46+13.12+3.78}\times2\ 380\times1=185(\text{kg})$$

试拌配合比为：

$$m_{bb}:m_{sb}:m_{gb}:m_{wb}=308:642:1\ 245:185=1:2.08:4.04:0.60$$

(3)检验强度，确定设计配合比。在试拌配合比基础上，拌制三种不同水胶比的混凝土：一种为试拌配合比 $W/B=0.60$，另外两种配合比的水胶比分别为 $W/B=0.65$ 和 $W/B=0.55$。经试拌调整已满足和易性的要求。测其体积密度，$W/B=0.65$ 时，$\rho_{0h}=2\ 370\ \text{kg/m}^3$；$W/B=0.55$ 时，$\rho_{0h}=2\ 390\ \text{kg/m}^3$。

每种配合比制作一组(三块)试件，标准养护 28 d，测得抗压强度如下：

| 水胶比($W/B$) | 抗压强度($f_{cu}$，MPa) |
|---|---|
| 0.55 | 29.2 |
| 0.60 | 26.8 |
| 0.65 | 23.7 |

做出 $f_{cu}$与 $B/W$ 的关系图，如图 5-15 所示。

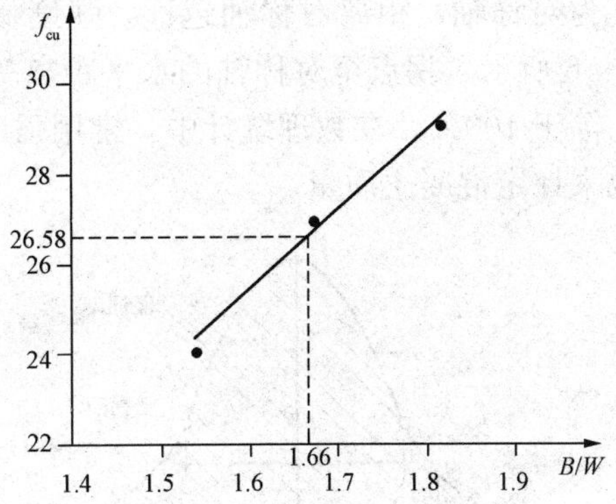


图 5-15　实测强度与胶水比关系图

由抗压强度试验结果可知，水胶比 $W/B$=0.60 的试拌配合比的混凝土强度能满足配制强度 $f_{cu,0}$的要求，并且混凝土体积密度实测值($\rho_{c,t}$)与计算值($\rho_{c,c}$)相吻合，各项材料的用量不需要校正。故设计配合比为：

$$m_c : m_s : m_g : m_w = 308 : 642 : 1\ 245 : 185 = 1 : 2.08 : 4.04 : 0.60$$

(4)根据含水率换算施工配合比。

$$胶凝材料(水泥) m_b' = m_b = 308(kg)$$

$$砂子\ m_s' = m_s(1 + a\%) = 642 \times (1 + 3\%) = 661(kg)$$

$$石子\ m_g' = m_g(1 + b\%) = 1\ 245 \times (1 + 1\%) = 1\ 257(kg)$$

$$水\ m_w' = m_w - m_s a\% - m_g b\% = 185 - 642 \times 3\% - 1\ 245 \times 1\% = 153(kg)$$

施工配合比为：

$$m_b' : m_s' : m_g' : m_w' = 308 : 661 : 1\ 257 : 153 = 1 : 2.15 : 4.08 : 0.50$$

## 第六节　混凝土的质量控制与强度评定

混凝土的质量如何，要看其性能检验的结果，质量合格的混凝土，既要保证混凝土所要求的技术性质，又要保证其质量的均匀性。但在实际施工中，由于原材料、施工条件及试验条件等诸多复杂因素的影响，混凝土的质量总是不均匀的、波动的。

混凝土质量控制的目的就是分析掌握质量波动规律，控制正常波动因素，发现并排除异常波动因素，使混凝土质量波动控制在规定范围内，以达到既保证混凝土质量，又能节约原材料用量的效果。

### 一、混凝土强度的质量控制

由于混凝土质量的波动将直接反映到最终的强度上，而混凝土的抗压强度又与其他性能有相关性，因此在混凝土生产质量管理中，常以混凝土的抗压强度作为评定和控制其质量的主要指标。

**1. 混凝土强度的波动规律**

实践结果证明，同一强度等级的混凝土，在施工条件基本一致的情况下，其强度波动服从正态分布规律。

正态分布是以平均强度为对称轴，距离对称轴越远，强度概率值越小。对称轴两侧曲线上各有一个拐点，如图 5-16 所示。拐点至对称轴的水平距离等于标准差。曲线与横坐标之间的面积为概率的总和，等于 100%。在数理统计中，常用强度平均值、标准差、变异系数和强度保证率等统计参数来评定混凝土质量。

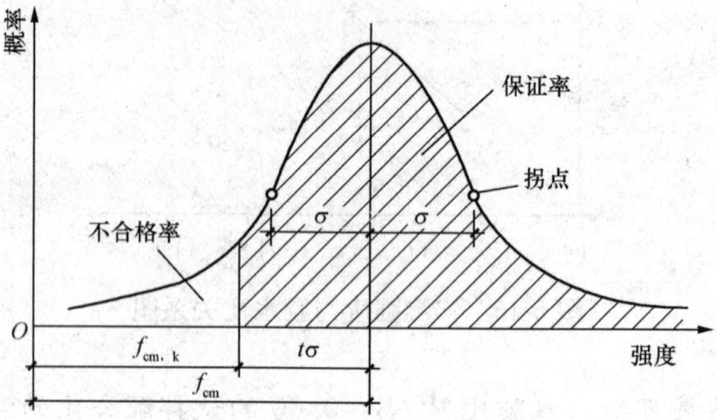


**图 5-16　混凝土强度正态分布曲线及保证率**

**2. 强度平均值、标准差、变异系数**

(1)强度平均值($m_{f_{cu}}$)。$m_{f_{cu}}$ 代表混凝土强度总体的平均水平。其值按下式计算：

$$m_{f_{cu}} = \frac{1}{n}\sum_{i=1}^{n} f_{cu,i}$$

式中　$m_{f_{cu}}$——$n$ 组试件抗压强度的平均值(MPa)；

$n$——混凝土试件的组数；

$f_{cu,i}$——第 $i$ 组试件的抗压强度(MPa)。

平均强度反映了混凝土总体强度的平均值，但并不反映混凝土强度的波动情况。

(2)标准差($\sigma$)。标准差又称均方差，反映混凝土强度的离散程度，即波动程度，用 $\sigma$ 表示。其值可按下式计算：

$$\sigma = \sqrt{\frac{\sum_{i=1}^{n} f_{cu,i}^2 - n m_{f_{cu}}^2}{n-1}}$$

式中　$\sigma$——混凝土强度标准差；

$f_{cu,i}$——第 $i$ 组试件的强度(MPa)；

$m_{f_{cu}}$——$n$ 组试件强度的平均值(MPa)；

$n$——试件组数。

$\sigma$ 是评定混凝土质量均匀性的重要指标。$\sigma$ 值越大，强度分布曲线就越宽而矮，离散程度越大，则混凝土质量越不稳定。

(3)变异系数($C_V$)。混凝土的标准差与平均强度之比，称为变异系数，又称离差系数，即：

$$C_V=\frac{\sigma}{m_{f_{cu}}}$$

$C_V$ 也是说明混凝土质量均匀性的指标。在相同生产管理水平下，混凝土强度标准差会随强度平均值的提高或降低而增大或减小，它反映绝对波动量的大小，有量纲；而变异系数 $C_V$ 反映的是平均强度水平不同的混凝土之间质量相对波动的大小，无量纲，其值越小，说明混凝土质量越稳定，混凝土生产的质量水平越高。

## 二、混凝土强度评定

根据《混凝土强度检验评定标准》(GB/T 50107—2010)规定，混凝土强度评定分为统计方法评定和非统计方法评定。

**1. 统计方法评定**

根据混凝土强度质量控制的稳定性，将评定混凝土强度的统计方法分为标准差已知方案和标准差未知方案两种。

(1)标准差已知方案。标准差已知方案适用于连续生产的混凝土，生产条件在较长时间内保持一致，且同一品种、同一强度等级混凝土的强度变异性保持稳定的情况，每批的强度标准差可根据前一时期生产累计的强度数据确定。一般来说，预制构件生产可以采用标准差已知方案。

采用该统计法评定混凝土的强度，应由连续的 3 组试件组成一个验收批，其强度应同时满足下列规定：

$$m_{f_{cu}}\geqslant f_{cu,k}+0.7\sigma_0$$

$$f_{cu,min}\geqslant f_{cu,k}-0.7\sigma_0$$

检验批混凝土立方体抗压强度的标准差应按下式计算：

$$\sigma_0=\sqrt{\frac{\sum_{i=1}^{n}f_{cu,i}^2-nm_{f_{cu}}^2}{n-1}}$$

当混凝土强度等级不高于 C20 时，其强度的最小值尚应满足下式要求：

$$f_{cu,min}\geqslant 0.85f_{cu,k}$$

当混凝土强度等级高于 C20 时，其强度的最小值尚应满足下式要求：

$$f_{cu,min}\geqslant 0.9f_{cu,k}$$

式中 $m_{f_{cu}}$——同一检验批混凝土立方体抗压强度的平均值(N/mm²)；

$f_{cu,k}$——混凝土立方体抗压强度标准值(N/mm²)；

$\sigma_0$——检验批混凝土立方体抗压强度的标准差(N/mm²)；当检验批混凝土强度标准差 $\sigma_0$ 计算值小于 2.5 N/mm² 时，应取 2.5 N/mm²；

$f_{cu,i}$——前一个检验期内同一品种、同一强度等级的第 $i$ 组混凝土试件的立方体抗压强度代表值(N/mm²)；该检验期不应少于 60 d，也不得大于 90 d；

$f_{cu,min}$——同一检验批混凝土立方体抗压强度的最小值(N/mm²)；

$n$——前一检验期内的样本容量，在该期间内样本容量不应少于 45。

(2)标准差未知方案。标准差未知方案是指生产连续性较差，即在生产中无法维持基本相同的生产条件，或生产周期较短，无法积累数据以计算可靠的标准差参数，此时检验评定只能直接根据每一检验批抽样的强度数据确定。为了提高检验的可靠性，要求每批样本组数不少于 10 组。其强度应同时满足以下要求：

$$m_{f_{cu}} \geqslant f_{cu,k} + \lambda_1 \cdot S_{f_{cu}}$$

$$f_{cu,min} \geqslant \lambda_2 \cdot f_{cu,k}$$

同一检验批混凝土立方体抗压强度的标准差应按下式计算：

$$S_{f_{cu}} = \sqrt{\frac{\sum_{i=1}^{n} f_{cu,i}^2 - n m_{f_{cu}}^2}{n-1}}$$

式中　$S_{f_{cu}}$——同一检验批混凝土立方体抗压强度的标准差（$N/mm^2$）；当检验批混凝土强度标准差 $S_{fcu}$ 计算值小于 2.5 $N/mm^2$ 时，应取 2.5 $N/mm^2$；

$\lambda_1$、$\lambda_2$——合格评定系数，按表 5-25 取用；

$n$——本检验期内的样本容量。

**表 5-25　混凝土强度的合格评定系数**

| 试件组数 | 10～14 | 15～19 | ≥20 |
|---|---|---|---|
| $\lambda_1$ | 1.15 | 1.05 | 0.95 |
| $\lambda_2$ | 0.90 | 0.85 | |

**2. 非统计方法评定**

当用于评定的样本容量小于 10 组时，应采用非统计方法评定混凝土强度。

按非统计方法评定混凝土强度时，其强度应同时符合下式规定：

$$m_{f_{cu}} \geqslant \lambda_3 \cdot f_{cu,k}$$

$$f_{cu,min} \geqslant \lambda_4 \cdot f_{cu,k}$$

式中　$\lambda_3$、$\lambda_4$——合格评定系数，按表 5-26 取用。

**表 5-26　混凝土强度的非统计法合格评定系数**

| 混凝土强度等级 | <C60 | ≥C60 |
|---|---|---|
| $\lambda_3$ | 1.15 | 1.10 |
| $\lambda_4$ | 0.95 | |

**3. 混凝土强度的合格性判定**

混凝土强度应分批进行检验评定，当检验结果能满足以上评定公式的规定时，则该混凝土强度应评定为合格，否则为不合格。对评定为不合格批的混凝土，可按现行国家的有关标准进行处理。

# 第七节　其他种类混凝土

## 一、高强混凝土

高强混凝土是指强度等级为 C60 及其以上的混凝土。

由于高强混凝土强度高、变形小、耐久性好，因此高强混凝土在高层、超高层建筑、大跨度桥梁、高级公路等工程中得到了推广应用。采用高强混凝土，可减轻结构自重，提高构件的承载力，节省投资，从而获得明显的技术、经济效益。随着水泥强度等级的提高，高效减水剂与超细掺合料的使用以及混凝土技术的发展，配制高强混凝土的途径越来越多，通常同时采用几种技术措施进行复合，使混凝土达到设计强度要求。

用于高强混凝土的粗集料的性能，对混凝土的抗压强度和弹性模量起着主要制约作用。当混凝土的强度等级在C50～C60时，对粗集料并无过多的要求。但对于强度等级在C70～C80及以上的高强混凝土，则应仔细检验粗集料的性能。对于＞C60的高强混凝土，宜选用坚硬密实的石灰岩或辉绿岩、花岗石、正长岩、辉长岩等深成岩碎石或卵石集料。配制高强混凝土，应符合《普通混凝土配合比设计规程》(JGJ 55—2011)中提出的有关原则和规定。

(1)水泥应选用硅酸盐水泥或普通硅酸盐水泥。

(2)粗集料宜采用连续级配，其最大公称粒径不宜大于25 mm，针片状颗粒含量不应大于5.0％，含泥量和泥块含量分别不应大于0.5％和0.2％。

(3)细集料的细度模数宜为2.6～3.0，含泥量和泥块含量分别不应大于2.0％和0.5％。

(4)配制高强混凝土应采用减水率不小于25％的高效减水剂。

(5)配制高强混凝土应复合掺用粒化高炉矿渣粉、粉煤灰和硅灰等矿物掺合料，粉煤灰等级不应低于Ⅱ级，对于强度等级不低于C80的高强混凝土宜掺用硅灰。

(6)高强混凝土的水胶比、胶凝材料用量和砂率可按表5-27选取，并应经试配确定。

**表5-27　水胶比、胶凝材料用量和砂率**

| 强度等级 | 水胶比 | 胶凝材料用量/(kg·m$^{-3}$) | 砂率/％ |
|---|---|---|---|
| ＞C60，＜C80 | 0.28～0.33 | 480～560 | 35～42 |
| ≥C80，＜C100 | 0.26～0.28 | 520～580 | |
| C100 | 0.24～0.26 | 550～600 | |

(7)高强混凝土的外加剂和矿物掺合料的品种、掺量，也应通过试验确定；矿物掺合料掺量应为25％～40％；硅灰掺量不应大于10％；水泥用量不应大于500 kg/m$^3$。

(8)高强混凝土配合比的试配和确定步骤与普通混凝土相同。当采用三个不同的配合比进行强度试验时，其中一个为基准配合比，另外两个配合比的水胶比宜比基准配合比的水胶比增加或减少0.02。

(9)高强混凝土设计配合比确定后，应用该配合比进行不少于三盘混凝土的重复试验，每盘混凝土应至少成型一组试件，每组混凝土的抗压强度不应低于配制强度。

(10)高强混凝土抗压强度测定应采用标准尺寸试件，使用非标准尺寸试件时，尺寸折算系数应经试验确定。

## 二、轻混凝土

轻混凝土是指表观密度小于1 950 kg/m$^3$的混凝土。轻混凝土具有轻质、高强、多功能等特性，在工程中使用可减轻结构自重、增大构件尺寸、改善建筑物的保温和防震性能、降低工程造价等，有较好的技术、经济效果。

轻混凝土可分为轻集料混凝土、多孔混凝土和大孔混凝土三类。

## (一)轻集料混凝土

《轻集料混凝土技术规程》(JGJ 51—2002)规定：用轻粗集料、轻砂(或普通砂)、水泥和水配制而成的干表观密度不大于1 950 $kg/m^3$的混凝土，称为轻集料混凝土。

轻集料混凝土按细集料不同，可分为全轻混凝土(粗、细集料均为轻集料)和砂轻混凝土(细集料全部或部分为普通砂)。

### 1. 轻集料的种类

堆积密度不大于1 100 $kg/m^3$的轻粗集料和堆积密度不大于1 200 $kg/m^3$的轻细集料，总称为轻集料。

轻粗集料按其性能分为三类：堆积密度不大于500 $kg/m^3$的保温用或结构保温用超轻集料；堆积密度大于510 $kg/m^3$的轻集料；强度等级不小于25 MPa的结构用高强轻集料。

轻集料按来源不同可分为以下三类：

(1)天然轻集料。天然形成的(如火山爆发)多孔岩石，经破碎、筛分而成的轻集料，如浮石、火山渣等。

(2)人造轻集料。以天然矿物为主要原料经加工制粒、烧胀而成的轻集料，如黏土陶粒、页岩陶粒等。

(3)工业废料轻集料。以粉煤灰、煤渣、煤矸石、高炉熔融矿渣等工业废料为原料，经专门加工工艺而制成的轻集料，如粉煤灰陶粒、煤渣、自然煤矸石、膨胀矿渣珠等。按颗粒形状不同，轻集料可分为圆球形(粉煤灰陶粒、黏土陶粒)、普通型(页岩陶粒和膨胀珍珠岩等)及碎石型(浮石、火山渣、煤渣等)。

轻集料的生产方法有烧结法和烧胀法。烧结法是将原料加工成球，经高强烧结而获得多孔集料，如粉煤灰陶粒；烧胀法是将原料加工制粒，经高温熔烧使原料膨胀形成多孔结构，如黏土陶粒和页岩陶粒等。

### 2. 轻集料的技术要求

轻集料的技术要求主要有堆积密度、颗粒级配(细度模数)、粒型系数、筒压强度(高强轻粗集料尚应检测强度等级)和吸水率等。另外，软化系数、烧失量、有毒物质含量等也应符合有关规定。

(1)轻集料的堆积密度。轻集料堆积密度的大小，将影响轻集料混凝土的表观密度和性能。轻粗集料的堆积密度分为200、300、400、500、600、700、800、900、1 000、1 100、1 200($kg/m^3$)十一个等级；轻细集料分为500、600、700、800、900、1 000、1 100、1 200($kg/m^3$)八个等级。

(2)粗细程度与颗粒级配。保温及结构保温轻集料混凝土用的轻粗集料，其最大粒径不宜大于40 mm。结构轻集料混凝土用的轻粗集料，其最大粒径不宜大于20 mm。

轻集料的颗粒级配应符合表5-28的要求。

**表5-28　轻集料的颗粒级配**

| 轻集料 | 级配类别 | 公称粒级/mm | 各号筛的累计筛余(按质量计)/% | | | | | | | | | | | |
|---|---|---|---|---|---|---|---|---|---|---|---|---|---|---|
| | | | 方孔筛孔径 | | | | | | | | | | | |
| | | | 37.5 mm | 31.5 mm | 26.5 mm | 19.0 mm | 16.0 mm | 9.50 mm | 4.75 mm | 2.36 mm | 1.18 mm | 600 μm | 300 μm | 150 μm |
| 粗集料 | — | 0～5 | — | — | — | — | — | 0 | 0～10 | 0～35 | 20～60 | 20～80 | 65～90 | 75～100 |

续表

| 轻集料 | 级配类别 | 公称粒级/mm | 各号筛的累计筛余(按质量计)/% 方孔筛孔径 | | | | | | | | | | | |
|---|---|---|---|---|---|---|---|---|---|---|---|---|---|---|
| | | | 37.5 mm | 31.5 mm | 26.5 mm | 19.0 mm | 16.0 mm | 9.50 mm | 4.75 mm | 2.36 mm | 1.18 mm | 600 μm | 300 μm | 150 μm |
| 粗集料 | 连续粒级 | 5～40 | 0～10 | — | — | 40～60 | — | 50～85 | 90～100 | 95～100 | — | — | — | — |
| | | 5～31.5 | 0～5 | 0～10 | — | — | 40～75 | — | 90～100 | 95～100 | — | — | — | — |
| | | 5～25 | 0 | 0～5 | 0～10 | — | 30～70 | — | 90～100 | 95～100 | — | — | — | — |
| | | 5～20 | 0 | 0～5 | — | 0～10 | — | 40～80 | 90～100 | 95～100 | — | — | — | — |
| | | 5～16 | — | — | 0 | 0～5 | 0～10 | 20～60 | 85～100 | 95～100 | — | — | — | — |
| | | 5～10 | — | — | — | — | 0 | 0～15 | 80～100 | 95～100 | — | — | — | — |
| | 单粒级 | 10～15 | — | — | — | 0 | 0～15 | 85～100 | 90～100 | — | — | — | — | |

轻细集料的细度模数宜为 2.3～4.0。

(3)强度。轻粗集料的强度可由筒压强度和强度等级两种指标表示。筒压强度是间接评定集料颗粒本身强度的指标。它是将轻粗集料按标准方法置于承压筒($\phi$115 mm×100 mm)内，在压力机上将置于承压筒上的冲压模以 300～500 N/s 的速度匀速加荷压入。当压入深度为 20 mm 时，测其压力值(MPa)，该值即为该轻粗集料的筒压强度。不同品种、密度级别和质量等级的轻粗集料筒压强度要求见表 5-29。

**表 5-29　轻粗集料筒压强度**

| 轻粗集料种类 | 密度等级 | 筒压强度/MPa |
|---|---|---|
| 人造轻集料 | 200 | 0.2 |
| | 300 | 0.5 |
| | 400 | 1.0 |
| | 500 | 1.5 |
| | 600 | 2.0 |
| | 700 | 3.0 |
| | 800 | 4.0 |
| | 900 | 5.0 |
| 天然轻集料<br>工业废渣轻集料 | 600 | 0.8 |
| | 700 | 1.0 |
| | 800 | 1.2 |
| | 900 | 1.5 |
| | 1 000 | 1.5 |
| 工业废渣轻集料中的自然煤矸石 | 900 | 3.0 |
| | 1 000 | 35 |
| | 1 100～1 200 | 4.0 |

筒压强度只能间接表示轻集料的强度，因轻集料颗粒在承压筒内为点接触，受应用力集中的影响，其强度远小于它在混凝土中的真实强度。根据《轻集料混凝土技术规程》(JGJ

51—2002)规定，高强轻粗集料还应检验强度等级指标。

强度等级是指不同轻粗集料所配制的混凝土的合理强度值，它由不同轻集料按标准试验方法配制而成的混凝土强度试验而得。通过强度等级，就可根据欲配制的高强轻集料混凝土强度来选择合适的轻粗集料，有很强的实用意义。不同密度级别的高强轻粗集料的筒压强度及强度等级，应不低于表 5-30 的规定。

**表 5-30　高强轻粗集料的筒压强度及强度等级**

| 轻粗集料种类 | 密度等级 | 筒压强度/MPa | 强度标号 |
|---|---|---|---|
| 人造轻集料 | 600 | 4.0 | 25 |
| | 700 | 5.0 | 30 |
| | 800 | 6.0 | 35 |
| | 900 | 6.5 | 40 |

(4)粒型系数。颗粒形状对轻粗集料在混凝土中的强度起着重要作用，轻粗集料理想的外形应是球状。颗粒的形状越细长，其在混凝土中的强度越低，故要控制轻粗集料的颗粒外形的偏差。粒型系数是用以反映轻粗集料中的软弱颗粒情况的一个指标，它是随机选用 50 粒轻粗集料颗粒，用游标卡尺测量每个颗粒的长向最大值 $D_{max}$ 和中间截面处的最小尺寸 $D_{min}$，然后计算每颗的粒型系数 $K'_e$，再根据下式计算该种轻粗集料的平均粒型系数 $K_e$，以两次试验的平均值作为测定值。

$$K'_e = \frac{D_{max}}{D_{min}} \qquad K_e = \frac{\sum_{i=1}^{n} K'_e}{n}$$

不同粒型轻粗集料的粒型系数，应符合表 5-31 的规定。

**表 5-31　轻粗集料粒型系数**

| 轻粗集料种类 | 平均粒型系数 |
|---|---|
| 人造轻集料 | ≤2.0 |
| 天然轻集料<br>工业废渣轻集料 | 不作规定 |

(5)吸水率。轻集料的吸水率很大，因此会显著影响拌合物的和易性及强度。在设计轻集料混凝土配合比时，必须考虑轻集料的吸水问题，并根据 1 h 的吸水率计算附加用水量。国家标准《轻集料混凝土技术规程》(JGJ 51—2002)中对轻粗集料的吸水率作了规定，见表 5-32。对轻细集料的吸水率未做规定。

**表 5-32　轻粗集料的吸水率**

| 轻粗集料种类 | 密度等级 | 1 h 吸水率/% |
|---|---|---|
| 人造轻集料<br>工业废渣轻集料 | 200 | 30 |
| | 300 | 25 |
| | 400 | 20 |
| | 500 | 15 |
| | 600～1 200 | 10 |

续表

| 轻粗集料种类 | 密度等级 | 1 h 吸水率/% |
|---|---|---|
| 人造轻集料中的粉煤灰陶粒① | 600～900 | 20 |
| 天然轻集料 | 600～1 200 | — |
| ① 指采用烧结工艺生产的粉煤灰陶粒。 | | |

**3. 轻集料混凝土的施工要点及应用**

轻集料颗粒轻、表面粗糙、吸水率大，因此施工时应注意以下几点。

(1)采用干燥集料拌制混凝土时，应考虑附加用水量。集料露天堆放，含水率受气候的影响较大，施工时要及时测含水率和调整加水量。

(2)搅拌时应采用强制式搅拌机，并适当延长搅拌时间，防止轻集料上浮或不均匀。

(3)浇筑成型时，采用加压振捣。振捣时间应适宜，防止轻集料上浮，造成分层现象。

(4)轻集料混凝土的表观密度比普通混凝土小，对和易性相同的拌合物，轻集料混凝土外观上显得干稠，施工时应防止外观判断上的错觉而随意增加用水量。

(5)轻集料混凝土容易产生干缩裂缝，早期应加强养护。当采用蒸汽养护时，静停时间不宜少于 1.5～2.0 h。

轻集料混凝土的表观密度小、保温隔热性能好，适用于高层和多层建筑、软土地基、大跨度结构、抗震结构、旧建筑的加层及有节能要求的建筑等。

**(二)多孔混凝土**

多孔混凝土是一种不含集料且内部均匀分布着大量细小的气孔的轻质混凝土。多孔混凝土孔隙率可达85%，表观密度为300～1 200 kg/m$^3$，导热系数为0.081～0.29 W/(m·K)，兼有承重及保温隔热功能。易于切割，便于施工，可制成砌块、墙板、屋面板及保温制品，广泛用于工业与民用建筑及保温工程中。

根据气孔形成方式不同，多孔混凝土可分为加气混凝土和泡沫混凝土两种。

(1)加气混凝土。加气混凝土是由磨细的硅质材料(石英砂、粉煤灰、矿渣等)、钙质材料(水泥、石灰等)、发气剂(铝粉)和水等经搅拌、浇筑、发泡、静停、切割和蒸压养护而得的多孔混凝土。

加气混凝土是因为发气剂(铝粉)在料浆中与氢氧化钙反应产生氢气而形成气泡，使料浆膨胀，硬化后形成多孔结构。加气混凝土的表观密度为300～1 200 kg/m$^3$，导热系数为0.12 W/(m·K)，抗压强度为2.5～3.5 MPa。加气混凝土具有质轻、耐久、保温隔热、抗震性好等优良性能，可以广泛用于各类建筑中。

在我国，加气混凝土可以用来做成砌块、条板和屋面板，可与普通混凝土制成复合外墙板，还可在高层框架轻板结构中做外墙板，做成各种保温制品。主要用于框架建筑、高层建筑、地震设防建筑、保温隔热要求高的建筑、软土地基地区的建筑。但不宜用于温度高于 80 ℃的环境、长期潮湿的环境、有酸碱侵蚀的环境和特别寒冷的环境。

(2)泡沫混凝土。泡沫混凝土是用机械的方法将泡沫剂水溶液制备成泡沫，并将泡沫加入由含硅质材料、钙质材料和水组成的料浆中，经混合搅拌、浇筑成型、蒸汽养护而成的多孔轻质材料，表观密度为300～500 kg/m$^3$，抗压强度为0.5～0.7 MPa，常用于制作各种保温材料。

### (三)大孔混凝土

大孔混凝土是以粗集料、水泥和水配制而成的一种轻质混凝土，又称为无砂混凝土。在这种混凝土中，水泥浆包裹粗集料颗粒的表面，将粗集料粘结在一起，但水泥浆并不能填满粗集料间空隙，因而形成大孔混凝土结构。

大孔混凝土按其所用粗集料的品种，可分为普通大孔混凝土和轻集料大孔混凝土两类。普通大孔混凝土是用碎石、卵石等配制，表观密度为 1 500～1 900 $kg/m^3$，抗压强度为 3.5～10 MPa，主要用于承重及保温外墙体。轻集料大孔混凝土是用陶粒、浮石、碎砖等配制而成，其表观密度为500～1 500 $kg/m^3$，抗压强度为 1.5～7.5 MPa，主要用于自承重的保温外墙体。

大孔混凝土的导热系数小，保温性能好，吸湿性小，收缩一般较普通混凝土小 30%～50%，抗冻性可达 15～20 次冻融循环。其适用于制作墙体、砌筑用的小型空心砌块和各种板材，也可用于现浇墙体。普通大孔混凝土还可制成滤水管、滤水板及排水管等，广泛用于市政工程。

## 三、大体积混凝土

大体积混凝土是指混凝土结构物中实体的最小尺寸大于或等于 1 m 或预计会因水泥水化热引起混凝土的内外温差过大而导致裂缝的混凝土。

大体积混凝土具有如下特点：

(1)混凝土结构物体积较大，在一个块体中需要浇筑大量的混凝土。

(2)大体积混凝土常处于潮湿或与水接触的环境条件下。因此要求除具有一定的强度外，还应具有良好的耐久性，有的要求具有抗冲击或震动作用等性能。

(3)大体积混凝土水泥水化热不容易很快散失，内部温升较高，与外部环境温差较大时易产生温度裂缝。对混凝土进行温度控制是大体积混凝土最突出的特点。

为了减少由于水化热引起的温度应力，大体积混凝土配合比设计时，宜采用中、低热硅酸盐水泥或低热矿渣硅酸盐水泥；粗集料宜采用连续级配，最大粒径不宜小于 31.5 mm，含泥量不应大于1.0%；细集料宜采用中砂，含泥量不应大于 3.0%；宜掺用矿物掺合料和缓凝型减水剂。水胶比不宜大于 0.55，用水量不宜大于175 $kg/m^3$；砂率宜为38%～42%；在保证混凝土强度及坍落度要求的前提下，宜提高粗集料和矿物掺合料的用量，尽可能降低水泥用量。施工时，应对混凝土结构进行合理分缝分块；控制混凝土温度和浇筑温度；预埋水管、通水冷却，降低混凝土的内部温升；采取表面保护、保温隔热措施，降低内外温差等措施来降低或推迟热峰从而控制混凝土的温升。

大型水坝、高层建筑的基础、桥墩以及海洋平台等体积较大的混凝土，应按大体积混凝土设计和施工。

## 四、泵送混凝土

泵送混凝土是指混凝土拌合物的坍落度不低于 100 mm 并用泵送施工的混凝土。由于泵送混凝土这种特殊的施工方法要求，混凝土除满足一般的强度、耐久性等要求外，还必须要求混凝土有较好的可泵性。所谓可泵性是指混凝土拌合物应具有顺利通过管道、与管道内壁的摩擦阻力小，混凝土不离析、不泌水、不堵塞管道的性能。为达到这一要求，泵送混凝土应掺加泵送剂。

根据以上的特点，在配制泵送混凝土时应注意以下几点：

(1)泵送混凝土宜采用硅酸盐水泥、普通硅酸盐水泥、矿渣硅酸盐水泥和粉煤灰硅酸盐水泥，其胶凝材料用量不宜低于 300 $kg/m^3$。

(2)细集料应采用中砂，砂率宜为 35%～45%，通过直径 0.315 mm 筛孔的颗粒含量不宜小于 15%。

(3)石子宜采用连续级配，其针、片状颗粒含量不宜大于 10%；粗集料最大粒径应满足表 5-33 的要求。

**表 5-33　粗集料的最大粒径与输送管径之比**

| 石子品种 | 泵送高度/m | 粗集料最大粒径与输送管径比 |
|---|---|---|
| 碎石 | ＜50 | ≤1∶3.0 |
| | 50～100 | ≤1∶4.0 |
| | ＞100 | ≤1∶5.0 |
| 卵石 | ＜50 | ≤1∶2.5 |
| | 50～100 | ≤1∶3.0 |
| | ＞100 | ≤1∶4.0 |

(4)适当掺加活性掺合料，如粉煤灰、矿渣微粉等，可改善级配、防止泌水，还可以替代部分水泥以降低水化热，推迟热峰时间。

总之，泵送混凝土是大流动度混凝土，容易浇筑和振捣，对配筋很密的工程填充性好，而且浇筑中的混凝土仍然处于流动及半流动状态。因此对模板的侧压力比普通混凝土大，支模时要加强支护，同时模板拼接要严密，防止漏浆。

## 五、抗渗混凝土

抗渗混凝土是指抗渗等级等于或大于 P6 级的混凝土。其主要用于水工、地下基础、屋面防水等工程。

抗渗混凝土一般是通过改善混凝土组成材料的质量，合理选择混凝土配合比和集料级配，以及掺加适量外加剂，达到混凝土内部密实或是堵塞混凝土内部毛细管通路，使混凝土具有较高的抗渗性。

抗渗混凝土是以调整配合比的方法，提高混凝土自身密实性，以满足抗渗要求的混凝土。其原理是在保证和易性前提下减小水胶比，同时适当提高水泥用量和砂率，在粗集料周围形成质量良好和数量足够的砂浆包裹层，使粗集料彼此隔离，以阻隔沿粗集料相互连通的渗水孔网。

根据《普通混凝土配合比设计规程》(JGJ 55—2011)的规定，普通抗渗混凝土的配合比设计应符合以下技术要求：

(1)水泥宜采用普通硅酸盐水泥，每立方米混凝土中的胶凝材料用量不宜小于 320 kg。

(2)粗集料宜采用连续级配，粗集料最大粒径不宜大于 40 mm，其含泥量不得大于 1.0%，泥块含量不得大于 0.5%；细集料宜采用中砂，含泥量不得大于 3.0%，泥块含量不得大于 1.0%。

(3)砂率宜为 35%～45%。

(4)抗渗混凝土宜掺用外加剂和矿物掺合料。

(5)水胶比对混凝土的抗渗性有很大影响，应符合表 5-34 的规定。

**表 5-34　抗渗混凝土最大水胶比**

| 设计抗渗等级 | 最大水胶比 | |
|---|---|---|
| | C20～C30 | C30 以上 |
| P6 | 0.60 | 0.55 |
| P8～P12 | 0.55 | 0.50 |
| P12 以上 | 0.50 | 0.45 |

(6)配置抗渗混凝土要求的抗渗水压值应比设计值提高 0.2 MPa。抗渗试验结果应满足下式要求：

$$P_t \geqslant \frac{P}{10} + 0.2$$

式中　$P_t$——6 个试件中不少于 4 个未出现渗水时的最大水压值(MPa)；

$P$——设计要求的抗渗等级值。

(7)掺用引气剂或引气型外加剂的抗渗混凝土，应进行含气量试验，含气量宜控制在 3.0%～5.0%。

## 六、高性能混凝土

高性能混凝土(HPC)的出现是在 20 世纪 80 年代末 90 年代初，一些发达国家基于混凝土结构耐久性设计提出的一种全新概念的混凝土。高性能混凝土是在大幅度提高普通混凝土性能的基础上采用现代混凝土技术制作的新型高技术混凝土，是以耐久性作为设计的主要指标，针对不同用途的要求，对其耐久性、工作性、适用性、强度、体积稳定性和经济性有重点地加以保证。为此，高性能混凝土在配置上的特点是采用低水胶比，选用优质原材料，且必须掺加足够数量的矿物细掺料和高效外加剂。

**1. 高性能混凝土的组成材料及技术要求**

(1)水泥。水泥应选用硅酸盐水泥或普通硅酸盐水泥。水泥中 $C_3A$ 含量应不大于 8%，细度控制在 10%，碱含量小于 0.8%，氯离子含量小于 0.1%。水泥中的 $C_3A$ 含量高、细度高，比表面积就会增大，混凝土的用水就会增加，从而造成混凝土坍落度损失过快，有时甚至会出现急凝和假凝现象，这不仅会影响混凝土的外观质量，同时也将直接影响其耐久性。

(2)粗集料。粗集料宜选用二级配、三级配碎石，保持良好的级配能增加混凝土强度。在选择粗集料时，一定要控制大集料的含量，大集料的含量超标，将直接影响保护层外侧混凝土的质量，会导致混凝土的表面干裂纹，影响表观质量。碎石粒径宜为 5～20 mm，最大粒径不应超过 25 mm，级配良好，压碎指标不大于 8%，针、片状含量不大于 10%，含泥量低于 1.0%，集料水溶性氯化物折合氯离子含量不超过集料质量的 0.02%。

(3)细集料。含泥量、泥块含量也是影响高性能混凝土各项技术指标的重要原因之一。含泥量、泥块含量过高，不仅会降低混凝土强度，同时，易造成内部结构的毛细通道不能有效地阻止有害物质的侵蚀。对于高速铁路工程来说，细集料应选用处于级配区的中粗河砂，砂的细度模数要求为2.6～3.0。

(4)高效减水剂。混凝土要实现高性能(即高耐久性、高流动性及较高强度)，必须提高混凝土的密实度和提高拌合物的流动性，而高效减水剂具有降低水胶比和提高流动性的作用，因此，高效减水剂是高性能混凝土不可缺少的组成材料之一。

(5)超细粉矿物掺合料。超细粉矿物掺合料主要包括硅粉、超细粉煤灰、超细矿渣、超细沸石粉等。

超细粉矿物掺合料在混凝土中的主要作用有：滚珠润滑作用、微集料填充作用、火山化作用，是高性能混凝土中不可缺少的组分，既可改善和易性，又可提高强度和耐久性；同时，还可降低水化热，对制备大体积混凝土构件十分有利。复合使用矿物掺合料效果更佳。

**2. 高性能混凝土的特点**

(1)高施工性。HPC在拌和、运输、浇筑时具有良好的流变性，不泌水，不离析，施工时能达到自流平，坍落度损失小，具有良好的可泵性。

(2)高强度。HPC应具有很高的早期强度及后期强度，能达到高强度是HPC的重要特点。目前，28 d混凝土平均强度介于100～120 MPa的高性能混凝土，已在工程中应用。高性能混凝土的抗拉强度与抗压强度值比较高强混凝土有明显增加，高性能混凝土的早期强度发展加快，而后期强度的增长率却低于普通强度混凝土。

(3)高耐久性。高性能混凝土除通常的抗冻性、抗渗性明显高于普通混凝土外，高性能混凝土的$Cl^-$渗透率，明显低于普通混凝土。高性能混凝土由于具有较高的密实性和抗渗性，因此，其抗化学腐蚀性能显著优于普通混凝土。

(4)体积稳定性。高性能混凝土的体积稳定性较高，表现为具有高弹性模量、低收缩与徐变、低温度变形。普通混凝土的弹性模量为20～25 GPa，采用适宜的材料与配合比的高性能混凝土，其弹性模量可达40～45 GPa。采用高弹性模量、高强度的粗集料并降低混凝土中水泥浆体的含量，选用合理的配合比配制的高性能混凝土，90 d龄期的干缩值低于0.04%。

**3. 高性能混凝土的适用范围**

高性能混凝土主要适用于高层建筑、桥梁、大型工业与公共建筑的基础、楼板、墙板，地下和水下工程。

## 七、纤维混凝土

纤维混凝土又称纤维增强混凝土，是以水泥净浆、砂浆或混凝土作为基材，以非连续的短纤维或连续的长纤维作为增强材料，均匀地掺和在混凝土中而形成的一种新型增强建筑材料。纤维材料有钢纤维、碳纤维、玻璃纤维等。纤维混凝土中，纤维的含量、纤维的几何形状及其在混凝土中的分布状况，对纤维混凝土的性能有重要影响。纤维在混凝土中起增强作用，可提高混凝土的抗压、抗拉、抗弯、冲击韧性，也能有效地改善混凝土的脆性。混凝土掺入钢纤维后，抗压强度提高不大，但从受压破坏形式来看，破坏时无碎块、不崩裂，基本保持原来的外形，有较大的吸收变形的能力，也改善了韧性，是一种良好的抗冲击材料。目前，纤维混凝土主要用于飞机跑道、高速公路、桥面、水坝覆面、桩头和军事工程等要求高耐磨性、高抗冲击性和抗裂的部位及构件。

## 本章小结

本章是本课程的核心章节，以介绍普通混凝土为主要内容，主要涉及普通混凝土的组成材料、性质、配合比设计、质量检验和应用。

普通混凝土是将水泥、粗细集料、水、外加剂和掺和剂按一定的比例配制而成的。普通混凝土的主要技术性质包括混凝土拌合物的和易性，硬化混凝土的强度、变形性能和耐久性。混凝土的配合比设计的目的是在满足工程对混凝土的基本要求的情况下，找出混凝土组成材料间最合理的比例，以便生产出优质而经济的混凝土。混凝土配合比设计包括配合比的计算、试配和调整。

为保证结构安全、可靠的使用，必须对混凝土的生产和合格性进行控制。生产控制是对混凝土生产过程的各个环节进行有效质量控制，以保证产品质量的可靠。合格性控制是对混凝土质量进行准确判断，目前采用的方法是用数理统计的方法，通过混凝土强度的检验评定来完成。

## 思考与练习

**一、填空题**

1. 普通混凝土的基本组成材料是______、______、______和______。

2. 混凝土的耐久性包括______、______、______、______及______等性能。

3. 混凝土配合比设计过程主要包括______、______、______、______。

4. 普通混凝土常用的粗集料(石子)分为______和______两种。

5. 混凝土拌合物的和易性包括______、______和______三个方面的含义。

**二、选择题(单选或多选)**

1. 影响混凝土强度的主要因素有(　　)。

A. 水泥强度等级　　B. 水胶比
C. 龄期　　D. 粗集料最大粒径

2. 混凝土在非荷载作用下的变形，包括(　　)。

A. 化学收缩　　B. 干湿变形　　C. 碳化收缩　　D. 温度变形

3. 混凝土配合比设计的基本要求有(　　)。

A. 满足和易性要求　　B. 满足强度要求
C. 满足耐久性要求　　D. 满足经济性要求

4. 下列不属于混凝土和易性指标的是(　　)。

A. 流动性　　B. 黏聚性　　C. 保水性　　D. 稳定性

5. 在混凝土中掺入引气剂后，可得到的效果有(　　)。

A. 改善和易性　　B. 提高耐久性
C. 节省水泥　　D. 强度受损、变形加大

6. 用数理统计法评定混凝土质量时，常用(　　)等统计参数进行综合评定。

A. 强度平均值　　B. 标准差　　C. 变异系数　　D. 强度保证率

7. 高强混凝土是指强度等级为(　　)及其以上的混凝土。

A. C30　　B. C40　　C. C50　　D. C60

8.《混凝土质量控制标准》(GB 50164—2011)规定，坍落度检验适用于坍落度不小于(　　)mm 的混凝土拌合物。

A. 10　　B. 20　　C. 30　　D. 40

### 三、简答题

1. 普通混凝土的组成材料有哪些？它们在混凝土中各起什么作用？
2. 什么是砂的颗粒级配？如何判定砂的级配是否合格？
3. 影响混凝土拌合物和易性的因素有哪些？如何调整拌合物的和易性？
4. 影响混凝土强度的因素有哪些？如何提高混凝土的强度？
5. 提高混凝土耐久性的措施有哪些？
6. 混凝土配合比设计有哪些基本要求？
7. 混凝土配合比设计的步骤是什么？

# 第六章　建筑砂浆

知识目标

掌握建筑砂浆的分类、组成材料、性质；初步掌握建筑砂浆的配合比设计；理解建筑砂浆组成材料的技术要求以及砂浆与混凝土和易性的差别；理解不吸水基层砂浆与吸水基层砂浆强度影响因素的差别；了解抹面砂浆主要品种的性能要求及其配制方法与其他种类的建筑砂浆。

技能目标

通过本章的学习，能够对砂浆的主要技术性质进行检测，根据各种抹面砂浆的特性对其进行应用，并根据不同的施工条件选用合适的砂浆。

建筑砂浆由无机胶凝材料、细集料、掺合料和水等材料按适当的比例配制而成。它是建筑工程中一项用量大、用途广的建筑材料。建筑砂浆与混凝土的主要区别是组成材料中没有粗集料。

建筑砂浆种类很多，按其所用的胶凝材料不同，可分为水泥砂浆、石灰砂浆及混合砂浆等。混合砂浆可分为水泥石灰砂浆、水泥黏土砂浆及水泥粉煤灰砂浆等。根据砂浆用途的不同，可分为砌筑砂浆、抹灰砂浆、装饰砂浆及特种砂浆。

建筑砂浆主要用于砖、石、砌块等砌体工程、结构墙体的抹灰工程。

## 第一节　建筑砂浆的组成材料

建筑砂浆的主要组成材料有水泥、掺合料、细集料、水、外加剂等。其不应对人体、生物与环境造成有害的影响，并应符合《建筑材料放射性核素限量》(GB 6566—2010)的规定。

### 一、胶凝材料

建筑砂浆常用的胶凝材料有水泥、石灰、石膏等。在选用时，应根据使用环境、用途等合理选择。在干燥条件下使用的砂浆既可选用气硬性胶凝材料，又可选用水硬性胶凝材料；若为在潮湿环境或水中使用的砂浆，则必须选用水泥作为胶凝材料。

用于砂浆的水泥，其强度等级应根据砂浆强度等级进行选择，并应尽量选用中、低强度等级的水泥。水泥强度以砂浆强度的4～5倍为宜，水泥强度等级过高，将使砂浆中水泥用量不足而导致保水性不良。

## 二、细集料

细集料在砂浆中起着骨架作用，对砂浆的工作性能、强度、收缩变形性能等有较大的影响，质量好的细集料对提高砂浆的质量作用较大。由于砂的粒径大小对砂浆的技术性能影响较大，再加上实际工程中采用的砂浆层通常很薄，因此对于砂子的最大粒径应有所限制。对于毛石砌体宜选用粗砂，最大粒径不超过砂浆层厚度的 1/4～1/5；对于砖砌体宜选用中砂，最大粒径不大于 2.5 mm；用于抹面和勾缝用的砂浆宜选用细砂，最大粒径不应超过 1.25 mm。

砂中含泥量对砂浆的流动性、保水性、强度、变形及耐久性等有不同程度的影响。砂浆强度等级＞M2.5 时，砂中含泥量≤5％；砂浆强度等级≤M2.5 时，砂中含泥量≤10％。当采用人工砂、山砂、炉渣等作为细集料，经试配能满足其技术指标时，含泥量可适当放宽。

## 三、水

拌和砂浆用水与混凝土拌和用水的要求基本相同，应选用无有害杂质的洁净水拌制砂浆，未经试验鉴定的污水不能使用。

## 四、外加剂

(1)微沫剂。砂浆用的微沫剂，主要是由松香和纯碱熬制而成的一种憎水性表面活性剂。它吸附在颗粒表面，形成皂膜增加水泥分散性，可降低水的表面张力，使砂浆产生大量微小气泡，颗粒之间摩擦阻力减小，使砂浆流动性、和易性得到改善，且可减少 50％的石灰膏掺量。微沫剂掺量应经试验确定，一般为水泥用量的万分之 0.5～1.0。

(2)保水剂。保水剂能减少砂浆泌水，防止离析，改善砂浆和易性。保水剂常用的有甲基纤维素、硅藻土等。

# 第二节 建筑砂浆的技术性质

砂浆的技术性质主要是指新拌砂浆的和易性和硬化后砂浆的强度，另外，还有砂浆的粘结力、变形、耐久性等性能。

## 一、新拌砂浆的和易性

同混凝土一样，新拌砂浆应具有良好的和易性。砂浆的和易性是指新拌制的砂浆是否便于施工操作，并能保证质量的综合性质。和易性好的砂浆可以比较容易地在砖石表面上铺成均匀连续的薄层，且能与底面紧密地粘结，并保证工程质量。因此，新拌砂浆的和易性应包括流动性和保水性两方面的含义。

### 1. 流动性

砂浆的流动性也叫作稠度，是指在自重或外力作用下流动的性能，用“沉入度”表示。

沉入度数值大表示砂浆流动性大，但是砂浆流动性过大，会导致硬化后砂浆的强度降低；流动性过小则不便于施工操作。影响砂浆流动性的因素很多，通常包括胶凝材料的种类及用量、用水量、细集料的粗细和级配、砂浆的搅拌时间、放置时间、环境温度、湿度等。无论是采用手工施工，还是采用机械施工，砂浆都要有一定的流动性。

砂浆稠度值的选择要考虑砌体材料的吸水性能、砌体受力特点、施工时的气象情况和施工方法等因素。通常情况下，基底为多孔吸水材料或者在干热条件下施工时，配制砂浆的稠度值要相应选择大一些；基底为密实不吸水的砌体材料或冷湿环境下施工时，配置砂浆的稠度值要选择小一点。根据《砌筑砂浆配合比设计规程》(JGJ/T 98—2010)的规定，砌筑砂浆的施工稠度可按表 6-1 选取。

**表 6-1　砌筑砂浆的稠度**

| 砌体种类 | 施工稠度/mm |
|---|---|
| 烧结普通砖砌体、粉煤灰砖砌体 | 70～90 |
| 混凝土砖砌体、普通混凝土小型空心砌块砌体、灰砂砖砌体 | 50～70 |
| 烧结多孔砖砌体、烧结空心砖砌体、轻集料混凝土小型空心砌块砌体、蒸压加气混凝土砌块砌体 | 60～80 |
| 石砌体 | 30～50 |

**2. 保水性**

保水性是指新拌砂浆保持内部水分的能力。保水性好的砂浆，在存放、运输和使用过程中，能很好地保持其中的水分使其不致很快流失，在砌筑时容易铺成均匀、密实的砂浆薄层，保证砌体的质量。

砂浆的保水性用砂浆分层度测定仪测定，以分层度(mm)表示。先将搅拌均匀的砂浆拌合物一次装入分层度筒，测定沉入度，然后静置 30 min 后，去掉上节 200 mm 砂浆，剩余的 100 mm 砂浆倒出放在搅拌锅内搅拌 2 min，再测其沉入度，两次测得的沉入度之差即为该砂浆的分层度值。砂浆的分层度以在 10～20 mm 为宜。分层度过大，砂浆易产生离析，不便于施工和水泥硬化。因此水泥砂浆分层度不应大于 30 mm，水泥混合砂浆分层度一般不会超过 20 mm。分层度接近于零的砂浆，容易发生干缩裂缝。

## 二、硬化后砂浆的强度和强度等级

砂浆在砌体中主要起传递荷载的作用，并经受周围环境介质的作用，因此砂浆应具有一定的粘结强度、抗压强度和耐久性。试验证明：砂浆的粘结强度、耐久性均随抗压强度的增大而提高，即它们之间有一定的相关性，而且抗压强度的试验方法较为成熟，测试较为简单、准确，所以工程上常以抗压强度作为砂浆的强度指标。

砂浆的强度等级是以边长为 70.7 mm 的立方体试块，在标准养护条件[水泥混合砂浆为温度(20±2)℃，相对湿度为 60%～80%；水泥砂浆温度为(20±2)℃，相对湿度 90%以上]下用标准试验方法测得 28 d 龄期的抗压强度来确定的。砌筑砂浆的强度等级有 M30、M25、M20、M15、M10、M7.5、M5。

影响砂浆强度的因素较多。试验证明：当原材料质量一定时，砂浆的强度主要取决于水泥强度等级与水泥用量。用水量对砂浆强度及其他性能的影响不大。砂浆的强度可用下式表示：

$$f_m=\frac{\alpha f_{ce}Q_c}{1\,000}+\beta=\frac{\alpha K_c f_{ce,k}Q_c}{1\,000}+\beta$$

式中　$f_m$——砂浆的抗压强度(MPa)；

$f_{ce}$——水泥的实际强度(MPa)；

$Q_c$——$1m^3$ 砂浆中的水泥用量(kg)；

$K_c$——水泥强度等级的富余系数，按统计资料确定；

$f_{ce,k}$——水泥强度等级的标准值(MPa)；

$\alpha$、$\beta$——砂浆的特征系数，$\alpha=3.03$，$\beta=-15.09$。

### 三、砂浆的粘结力

砂浆能把许多块状的砖石材料粘结成为一个整体。因此，砌体的强度、耐久性及抗震性取决于砂浆粘结力的大小。砂浆的粘结力随其抗压强度的增大而提高。此外，砂浆的粘结力与砖石的表面状态、清洁程度、湿润状况及施工养护条件等因素有关。粗糙的、洁净的、湿润的砖石表面粘结力较好。

### 四、砂浆的变形

砂浆在承受荷载或温、湿度条件变化时，均会产生变形。如果变形过大或者不均匀，会降低砌体质量，引起沉陷或裂缝。砂浆变形的影响因素很多，如胶凝材料的种类和用量、用水量、细集料的种类和级配、细集料的质量以及外部环境条件等。

砂浆中混合料掺量过多或使用轻集料，会产生较大的收缩变形。为了减少收缩，可在砂浆中加入适量的膨胀剂。

### 五、砂浆的耐久性

砂浆的耐久性是指砂浆在使用条件下经久耐用的性质。在受冻融影响较多的建筑部位，要求砂浆具有一定的抗冻性。对有冻融次数要求的砌筑砂浆，经冻融试验后，质量损失率不得大于5%，抗压强度损失率不得大于25%。

## 第三节　砌筑砂浆的配合比设计

砌筑砂浆是指将砖、石、砌块等粘结成为砌体的砂浆。常用的砌筑砂浆有水泥砂浆、水泥混合砂浆和石灰砂浆等。工程中应根据工程类别、砌体性质以及所处环境条件等进行选用。石灰砂浆通常用于地面以上强度要求不高的平房或临时性建筑；水泥混合砂浆是指由水泥、细集料、掺合料和水配制而成的砂浆，一般适用于地面以上干燥环境中的承重和非承重的砖石砌体；水泥砂浆是指由水泥、细集料和水配制成的砂浆，通常用于片石基础、砖基础、一般地下构筑物、砖平拱、钢筋砖过梁等环境潮湿或强度要求较高的砌体。

砂浆配合比设计可通过查阅有关资料或手册来选取或通过计算来进行，然后再进行试拌调整。《砌筑砂浆配合比设计规程》(JGJ/T 98—2010)规定，砂浆的配合比以质量比表示。

### 一、砌筑砂浆配合比设计的基本要求

(1)砂浆拌合物的和易性应满足施工要求，且拌合物的体积密度：水泥砂浆≥1 900 kg/$m^3$；

水泥混合砂浆、预拌砌筑砂浆≥1 800 kg/m³。

(2)砌筑砂浆的强度、耐久性应满足设计要求。

(3)经济上应合理，水泥及掺合料的用量应较少。

## 二、砌筑砂浆配合比设计的计算

### 1. 水泥混合砂浆配合比计算

(1)计算砂浆的试配强度 $f_{m,0}$。砂浆的试配强度 $f_{m,0}$ 应按下式计算：

$$f_{m,0}=kf_2$$

式中 $f_{m,0}$——砂浆的试配强度(MPa)，精确至 0.1 MPa；

$f_2$——砂浆强度等级值(MPa)，精确至 0.1 MPa；

$k$——系数，按表 6-2 取值。

砂浆强度标准差 $\sigma$ 的确定应符合下列规定：

1)当有统计资料时，应按下式计算：

$$\sigma=\sqrt{\frac{\sum_{i=1}^{n}f_{m,i}^2-n\mu_{f_m}^2}{n-1}}$$

式中 $f_{m,i}$——统计周期内同一品种砂浆第 $i$ 组试件的强度(MPa)；

$\mu_{f_m}$——统计周期内同一品种砂浆 $n$ 组试件强度的平均值(MPa)；

$n$——统计周期内同一品种砂浆试件的总组数，$n\geqslant 25$。

2)当不具有近期统计资料时，砂浆强度标准差 $\sigma$ 可按表 6-2 选用。

**表 6-2 砂浆强度标准差 $\sigma$ 及 $k$ 值**

| 强度等级<br>施工水平 | 强度标准差 $\sigma$/MPa | | | | | | | $k$ |
|---|---|---|---|---|---|---|---|---|
| | M5 | M7.5 | M10 | M15 | M20 | M25 | M30 | |
| 优良 | 1.00 | 1.50 | 2.00 | 3.00 | 4.00 | 5.00 | 6.00 | 1.15 |
| 一般 | 1.25 | 1.88 | 2.50 | 3.75 | 5.00 | 6.25 | 7.50 | 1.20 |
| 较差 | 1.50 | 2.25 | 3.00 | 4.50 | 6.00 | 7.50 | 9.00 | 1.25 |

(2)计算水泥用量 $Q_c$。水泥用量 $Q_c$ 按下式计算：

$$Q_c=\frac{1\ 000(f_{m,0}-\beta)}{\alpha\cdot f_{ce}}$$

式中 $Q_c$——1 m³ 砂浆的水泥用量(kg)，精确至 1 kg；

$f_{ce}$——水泥的实测强度(MPa)，精确至 0.1 MPa；

$\alpha$、$\beta$——砂浆的特征系数，其中 $\alpha=3.03$，$\beta=-15.09$。

当计算出水泥砂浆中的水泥用量不足 200 kg/m³ 时，应按 200 kg/m³ 选用。

(3)计算石灰膏用量 $Q_D$。石灰膏用量应按下式计算：

$$Q_D=Q_A-Q_c$$

式中 $Q_D$——1 m³ 砂浆的石灰膏用量(kg)，精确 1 kg；石灰膏使用时的稠度宜为 120 mm±5 mm；

$Q_A$——1 m³ 砂浆中水泥和石灰膏的总量，精确 1 kg，可在 300～350 kg。

当石灰膏稠度不满足时，其换算系数可按表 6-3 进行换算。

**表 6-3 石灰膏不同稠度时的换算系数**

| 石灰膏稠度/mm | 120 | 110 | 100 | 90 | 80 | 70 | 60 | 50 | 40 | 30 |
|---|---|---|---|---|---|---|---|---|---|---|
| 换算系数 | 1.00 | 0.99 | 0.97 | 0.95 | 0.93 | 0.92 | 0.90 | 0.88 | 0.87 | 0.86 |

(4)确定砂子用量 $Q_S$。每立方米砂浆中的砂用量，应以干燥状态(含水率<0.5%)的堆积密度值作为计算值。当含水率大于 0.5%时，应考虑砂的含水率。

(5)确定用水量 $Q_w$。每立方米砂浆中的用水量，根据砂浆稠度等要求可选用 210～310 kg。同时，应注意以下几点：

1)混合砂浆中的用水量，不包括石灰膏中的水。

2)当采用细砂或粗砂时，用水量分别取上限或下限。

3)稠度小于 70 mm 时，用水量可小于下限。

4)施工现场气候炎热或干燥季节，可酌量增加用水量。

**2. 水泥砂浆材料用量**

水泥砂浆材料用量可按表 6-4 选用。

**表 6-4 每立方米水泥砂浆材料用量**

| 强度等级 | 水泥 | 砂 | 用水量 |
|---|---|---|---|
| M5 | 200～230 | 砂的堆积密度值 | 270～330 |
| M7.5 | 230～260 | | |
| M10 | 260～290 | | |
| M15 | 290～330 | | |
| M20 | 340～400 | | |
| M25 | 360～410 | | |
| M30 | 430～480 | | |

注：1. M15 及 M15 以下强度等级水泥砂浆，水泥强度等级为 32.5 级；M15 以上强度等级水泥砂浆，水泥强度等级为 42.5 级。
2. 当采用细砂或粗砂时，用水量分别取上限或下限。
3. 稠度小于 70 mm 时，用水量可小于下限。
4. 施工现场气候炎热或干燥季节，可酌量增加用水量。

**3. 配合比的试验、调整与确定**

按计算或查表所得的配合比，采用工程中实际使用的材料进行试拌，测定其拌合物的稠度和分层度。当不能满足要求时，应调整材料用量，直到符合要求为止，确定试配时砂浆基准配合比。

试配时至少应采用三个不同的配合比，其中一个为基准配合比，其他配合比的水泥用量应按基准配合比分别增加及减少 10%，在保证稠度、分层度合格的条件下，可将用水量或掺合料用量作相应调整。三组配合比分别成型、养护、测定 28 d 砂浆强度，由此确定符合试配强度要求且水泥用量最低的配合比作为砂浆配合比。

砂浆配合比确定后，当原材料有变更时，其配合比必须重新通过试验确定。

**4. 砌筑砂浆配合比实例**

**【例 6-1】** 配制用于砌筑空心黏土砖的水泥砂浆，设计强度等级为 M10，稠度为 70～90 mm。采用 32.5 级普通硅酸盐水泥(实测 28 d 抗压强度为 35 MPa)；测得现场中砂的含水率为 3.5%，其干燥松散堆积表观密度为 1 450 $kg/m^3$；该单位施工质量一般，试计算其配合比。

**【解】** (1)根据表 6-4 选用水泥用量 $Q_c=260(kg/m^3)$。

(2)砂子用量 $Q_S=1\,450\times(1+3.5\%)=1\,501(kg/m^3)$。

(3)用水量 $Q_W=290(kg/m^3)$。

砂浆试配时各材料的质量比例：水泥：砂=260：1 501=1：5.77

按前述方法进行配合比试配、调整与确定，即得到适宜的配合比。

**【例 6-2】** 欲设计砌筑砖墙的 M7.5 的水泥石灰混合砂浆配合比。其稠度为 70～90 mm；采用 32.5 级普通硅酸盐水泥；砂子为中砂，干松散堆积表观密度为 1 450 $kg/m^3$，含水率为 2%；石灰膏稠度为 120 mm；施工水平一般。

**【解】** (1)计算砂浆试配强度 $f_{m,0}$。

$$f_{m,0}=k\cdot f_2$$

式中，$f_2=7.5$ MPa；施工单位施工水平一般 $k=1.2$

$f_{m,0}=1.2\times7.5=9.0(MPa)$

(2)计算水泥用量。

$$Q_c=1\,000\left(\frac{f_{m,0}-\beta}{\alpha\cdot f_{ce}}\right)$$

式中，$\alpha=3.03$；$\beta=-15.09$；$f_{ce}=\gamma_c\cdot f_{ce,k}=1.0\times32.5=32.5(MPa)$

代入上式得 $Q_c=245(kg/m^3)$

(3)计算石灰膏用量 $Q_D$。

$$Q_D=Q_A-Q_c$$

选取 $Q_A=350\ kg/m^3$，则 $Q_D=350-245=105(kg/m^3)$

(4)计算砂子用量。

含水率为 2%的砂子用量 $Q_S=1\,450\times(1+0.02)=1\,479(kg/m^3)$

(5)选择用水量。

根据砂浆稠度等要求可选用水量 210～310 $kg/m^3$，现选 $Q_w=250\ kg/m^3$

(6)砂浆试配时各材料的用量比。

水泥：石灰膏：砂：水=245：105：1 479：250=1：0.43：6.04：1.02

(7)根据计算出的砌筑砂浆配合比，进行配合比试配、调整与确定，即得适宜的配合比。

## 第四节　抹灰砂浆

抹灰砂浆是涂抹在建筑物或建筑构件表面的砂浆的统称，又称一般抹灰砂浆，是建筑工程中用量最大的砂浆。抹灰砂浆起保护结构主体免遭风雨及有害介质的侵蚀，提高结构的耐久性的作用，并能改善建筑物外观装饰效果。

## 一、抹灰砂浆对组成材料的要求

抹灰砂浆的主要组成材料包括水泥、粉煤灰、石灰、石膏以及天然砂等，对这些原材料的质量要求[详见《抹灰砂浆技术规程》(JGJ/T 220—2010)]与砌筑砂浆基本相同，且不应对人体、生物与环境造成有害的影响，并应符合《建筑材料放射性核素限量》(GB 6566—2010)的规定。

与砌筑砂浆比，抹灰砂浆与底面及空气的接触面更大，所以更易失去水分，这对水泥硬化不利，但对石灰硬化有利。其主要技术要求包括：

(1)具有良好的和易性，容易抹成均匀平整的薄层，便于施工。

(2)具有较高的粘结力，使砂浆层能与基层表面牢固地粘结。为了提高抹灰砂浆的粘结力，配制砂浆时所用的胶凝材料要比砌筑砂浆多一些，通常还要加入适量的有机聚合物(如108胶水)来增加粘结力。

## 二、抹灰砂浆的种类及选用

抹灰砂浆按所用材料不同可分为水泥抹灰砂浆、水泥石灰抹灰砂浆、水泥粉煤灰抹灰砂浆、掺塑化剂水泥抹灰砂浆、聚合物水泥抹灰砂浆、石膏抹灰砂浆等；按功能不同可分为底面抹面砂浆、中层抹面砂浆和面层抹面砂浆。抹面砂浆应与基面牢固地黏合，因此，要求砂浆应有良好的和易性及较高的粘结力。抹面砂浆常分两层或三层进行施工。底层砂浆的作用是使砂浆与基层能牢固地粘结，应有良好的保水性；中层主要是为了找平，有时可省去不做；面层主要为了获得平整、光洁的表面效果。

各层抹面的作用和要求不同，每层所选用的砂浆也不一样。同时，基底材料的特性和工程部位不同，对砂浆技术性能要求不同，这也是选择砂浆种类的主要依据。

# 第五节　其他种类砂浆

## 一、装饰砂浆

装饰砂浆是涂抹在建筑物内外墙表面，美化建筑物饰面的砂浆。它是在抹灰的同时，经各种加工处理而获得特殊的饰面形式，以满足审美需要的一种表面装饰。装饰砂浆的底层和中层抹灰及所用胶凝材料与一般抹灰砂浆基本相同，只是面层采用白水泥和彩色水泥等，使其表面呈现各种不同的色彩、线条和花纹。

装饰砂浆主要是由水泥、砂、石灰、石膏、钙粉、黏土等无机天然材料构成，添加一定量的矿物颜料，涂抹在建筑表面起装饰作用。装饰砂浆常用的工艺做法如下：

**1. 水刷石**

将水泥和石渣(5 mm 左右)按比例配合后加水配制成水泥石渣浆，涂抹在建筑物的表面，抹平压实并达到一定的强度后，冲刷掉石渣表面的水泥浆，使石渣半裸露而不脱落。水刷石多用于建筑外墙，可以产生一定的装饰效果，经久耐用。

**2. 干粘石**

干粘石是在水泥石灰砂浆或掺入107胶的水泥砂浆粘结层上，将白色或彩色石渣、小石子、彩色玻璃、陶瓷碎粒等粘在其上，再拍平压实而成。拍平压实石子时，不得将灰浆拍出，在达到一定的强度后洒水养护。干粘石的装饰效果与水刷石相近，且避免了湿作业，施工效率高，石子表面更洁净艳丽，常用于外墙饰面。

**3. 水磨石**

水磨石是用胶凝材料拌和各种色彩的大理石石渣作为面层，硬化后用机械磨平抛光表面的一种装饰表现。胶凝材料常用普通水泥、白色水泥或彩色水泥。水磨石多用于地面装饰。施工前应预先按设计要求的图案画线并固定好分隔条(铜条、玻璃条)，关键工序是打磨，一般需用磨石机浇水打磨三遍。水磨石也可用于室内楼梯踏步、窗台板、柱石、踢脚线等处。

**4. 斩假石**

斩假石又称剁假石。利用水泥石渣浆做成 10 mm 厚的抹灰面层，抹完后要注意防止日晒和冰冻，并养护 2～3 d，待其硬化达到一定的强度时，用钝斧或凿子等工具将面层剁毛，斧剁的方向要一致，在面层上剁斩出深浅均匀的纹理，可获得类似用天然石材经雕琢后砌筑的装饰效果。主要用于室外柱面、外墙勒脚、栏杆、踏步等处的装饰。

## 二、防水砂浆

防水砂浆是指用于制作防水层的砂浆，砂浆防水层又称刚性防水层。其适用于不受振动和具有一定刚度的混凝土或砖、石砌体工程，用于水塔、水池等的防水。

防水砂浆可用水泥抹灰砂浆制作，也可在水泥砂浆中掺入防水剂制得。防水砂浆的施工方法有两种：一种是喷浆法，即利用高压喷枪将砂浆以每秒约 100 m 的速度喷至建筑物表面，砂浆被高压空气强烈压实，使其密实度大、抗渗性好；另一种是多层抹压法，一般分 4～5 层分层涂抹在基层上，每层约 5 mm 厚，总厚度控制在 20～30 mm。每层在初凝前压实一遍，最后一遍要压光，并做好养护。

(1)水泥抹灰砂浆：是由水泥、细集料、掺合料和水制成的砂浆。水泥抹灰砂浆多层抹面用作防水层。

(2)掺加防水剂的防水砂浆：在普通水泥中掺入一定量的防水剂而制成的防水砂浆，是目前应用最广泛的一种防水砂浆。常用的防水剂有硅酸钠类、金属皂类、氯化物金属盐及有机硅类。

(3)用膨胀水泥和无收缩水泥配制的砂浆：由于该种水泥具有微膨胀或补偿收缩性能，从而能提高砂浆的密实性和抗渗性。

防水砂浆的配合比为水泥与砂的质量比，一般不宜大于 1∶2.5，水灰控制在 0.50～0.55，稠度不应大于 80 mm。水泥宜选用 32.5 级以上的普通硅酸盐水泥或 42.5 级复合水泥，砂子宜选用洁净中砂。

## 三、绝热砂浆

绝热砂浆是以水泥、石灰、石膏等胶凝材料与膨胀珍珠岩、膨胀蛭石、火山渣或浮石砂、陶砂等轻质多孔集料，按一定比例配制成的砂浆，如水泥膨胀珍珠岩砂浆采用 32.5 级普通水泥制成，其体积比水泥∶膨胀珍珠岩为 1∶12～1∶15，水胶比为 1.5～2.0，导热系数为 0.067～0.074 W/(m·K)，可用于砖和混凝土内墙表面抹灰或喷涂；水泥石灰膨胀蛭石砂浆是以体积比水泥∶石灰膏∶膨胀蛭石为1∶1∶5～1∶1∶8配制而成的砂浆，它具有轻质和良好的保温性能，其导热系数为0.07～0.1 W/(m·K)，可用于平屋顶保温层及顶棚、内墙抹灰。

### 四、吸声砂浆

由轻集料配制成的砂浆，一般均具有良好的吸声性能。另外，还可用水泥、石膏、砂、锯末(体积比为1∶1∶3∶5)配制吸声砂浆，或在石灰、石膏砂浆中掺入玻璃纤维、矿棉等松软纤维材料配制成吸声砂浆。吸声砂浆用于室内墙壁、顶棚的吸声处理。

### 五、保温砂浆

保温砂浆又称绝热砂浆，是采用水泥、石灰、石膏等胶凝材料与膨胀珍珠岩或膨胀蛭石、陶砂等轻质多孔集料按一定比例配合制成的砂浆。保温砂浆具有轻质、保温隔热、吸声等性能，其导热系数为0.07～0.10 W/(m·K)，可用于屋面保温层、保温墙壁以及供热管道保温层等处。常用的保温砂浆有水泥膨胀珍珠岩砂浆、水泥膨胀蛭石砂浆、水泥石灰膨胀蛭石砂浆等。

### 六、耐酸砂浆

用水玻璃与氟硅酸钠拌制而成的耐酸砂浆，有时可加入石英岩、花岗石、铸石等粉状细集料。水玻璃硬化后具有很好的耐酸性能。耐酸砂浆可用于耐酸地面、耐酸容器基座以及工业生产中与酸接触的结构部位。在某些有酸雨腐蚀的地区，对建筑物进行外墙装修时，应用这种耐酸砂浆，对提高建筑物的耐酸雨腐蚀有一定的作用。

### 七、膨胀砂浆

在水泥砂浆中加入膨胀剂或使用膨胀水泥，可配制膨胀砂浆。膨胀砂浆具有一定的膨胀特性，可补充一般水泥砂浆由于收缩而产生的干缩开裂。膨胀砂浆还可在修补工程和装配式墙板工程中应用，靠其膨胀作用而填充缝隙，以达到粘结密封的目的。

### 八、防辐射砂浆

防辐射砂浆采用重水泥(钡水泥、锶水泥)或重质集料(黄铁矿、重晶石、硼砂等)拌制而成，可防止各类辐射，主要用于射线防护工程。其配合比常用水泥∶重晶石粉∶重晶石砂为1∶0.25∶4～1∶0.25∶5，如在水泥砂浆中掺入硼砂，可配制成抗中子辐射的砂浆。

## 本章小结

本章主要介绍了砂浆的技术要求及砌筑砂浆的配合比设计方法，并简介了其他种类砂浆。

通过本章的学习，掌握建筑砂浆的相关知识。砂浆是在建筑工程中用量大、用途广泛的一种建筑材料。砂浆可把散粒状材料、块状材料、片状材料等胶结成整体结构，也可以装饰、保护主体材料。

## 思考与练习

**一、选择题(单选或多选)**

1. 在潮湿环境或水中使用的砂浆，必须选用(　　)作为胶凝材料。

A. 水泥　B. 石灰　C. 石膏　D. 水玻璃

2. 强度等级为 M2.5 的水泥混合砂浆，砂的含泥量不应超过(　　)%。

A. 2　B. 10　C. 15　D. 20

3. 砂浆的粘结力与砖石的(　　)等因素有关。

A. 表面状态　B. 清洁程度　C. 湿润状况　D. 施工养护条件

4. 为了减少收缩，可在砂浆中加入适量的(　　)。

A. 减水剂　B. 引气剂　C. 膨胀剂　D. 缓凝剂

5. 对有冻融次数要求的砌筑砂浆，经冻融试验后，质量损失率不得大于(　　)，抗压强度损失率不得大于(　　)。

A. 5%，25%　B. 10%，15%　C. 10%，20%　D. 5%，15%

6. 关于普通抹面砂浆用途的说法，下列表述正确的是(　　)。

A. 用于砖墙的底层抹灰，多用石灰砂浆

B. 用于板条墙或板条顶棚的底层抹灰，多用混合砂浆或石灰砂浆

C. 混凝土墙、梁、柱、顶板等底层抹灰，多用混合砂浆、麻刀石灰浆或纸筋石灰浆

D. 在容易碰撞或潮湿的地方，应采用水泥砂浆

**二、简答题**

1. 配制砌筑砂浆时，为什么除水泥外常常还要加入一定量的其他胶凝材料？

2. 新拌砂浆的和易性包括哪些含义？分别用什么指标表示？

# 第七章　墙体和屋面材料

**知识目标**

掌握烧结普通砖和烧结多孔砖的规格尺寸、技术要求；掌握加气混凝土砌块和普通混凝土小型空心砌块的技术要求及应用；了解墙体板材的种类、性能特点及应用。

**技能目标**

通过本章的学习，能够对砌墙砖进行试验检测，对砌墙砖评定强度等级，能根据各种墙体和屋面材料的技术特点进行合理的选择，并掌握常用墙体和屋面材料的检验方法。

墙体在建筑中起承重、围护、分隔的作用。墙体材料约占建筑物总质量的一半，用量较大，特别是在砖混结构中。墙体材料除必须具有一定强度、能承受荷载外，还应具有一定的防水、抗冻、绝热、隔声等使用功能，而且要求自重轻、价格适当、耐久性好。

墙体材料是指用来砌筑墙体结构的块状材料。在一般房屋建筑中，墙体材料主要起着承重、围护和隔断等作用。

随着我国新材料研究的不断推陈出新，新型墙体材料正在向轻质、高强、环保等方向发展，以满足机械化施工和节能环保的要求。因此，在建筑工程中，要合理选用墙体材料，不仅应考虑建筑物的功能、安全及造价等因素，还应关注其是否能够废物利用、是否能够保护环境。合理选择墙体材料，对改善建筑物的使用功能、降低工程造价、提高建筑物的使用寿命及安全等有重要意义。

目前，我国墙体材料的品种较多，归纳起来可分为砌墙砖、砌块和板材三大类。

## 第一节　砌墙砖

砌墙砖是指以黏土、工业废渣及其他资源为主要原材料，按不同工艺制成的，在建筑上用来砌筑墙体的砖。其可分为普通砖和空心砖两类。其中用于承重墙的空心砖又称为多孔砖。按制作工艺又可分为烧结砖和非烧结砖两类。

在当前的墙体材料改革过程中，为实现材料的可持续发展，实现建筑节能，墙体材料必须向节能、利废、隔热、高强、空心、大块方向发展，发展以粉煤灰、页岩、炉渣、煤矸石为主要材料的空心砌块及板材。

### 一、烧结普通砖

**1. 烧结普通砖的定义及分类**

烧结普通砖是以黏土、页岩、煤矸石、粉煤灰为主要原料，经焙烧而成的普通砖。其按主要原料可分为烧结黏土砖(符号为 N)、烧结页岩砖(符号为 Y)、烧结煤矸石砖(符号为 M)和烧结粉煤灰砖(符号为 F)。

(1)烧结黏土砖是以黏土为主要原料，经配料、制坯、干燥、焙烧而成的烧结普通砖，简称为黏土砖。

(2)烧结页岩砖是页岩经破碎、粉磨、配料、成型、干燥和焙烧等工艺制成的砖。

(3)烧结煤矸石砖是以采煤和洗煤时剔除的大量煤矸石为原料，经粉碎后，根据其含碳量和可塑性进行适当配料制成的砖。焙烧时基本不需外投煤。

(4)烧结粉煤灰砖是向火力发电厂排出的粉煤灰中掺入适量黏土经搅拌成型、干燥和焙烧而成的承重砌体材料。

**2. 烧结普通砖的主要技术性质**

根据《烧结普通砖》(GB 5101—2003)规定，强度和抗风化性能及放射性物质合格的砖，根据砖的尺寸偏差、外观质量、泛霜和石灰爆裂分为优等品(A)、一等品(B)和合格品(C)三个质量等级。

(1)外形尺寸。烧结普通砖的外形为直角六面体，公称尺寸为 240 mm×115 mm×53 mm，砖的尺寸允许偏差应符合表 7-1 的规定。

**表 7-1 烧结普通砖的尺寸允许偏差** mm

| 公称尺寸 | 优等品 | | 一等品 | | 合格品 | |
|---|---|---|---|---|---|---|
| | 样本平均偏差 | 样本极差 ≤ | 样本平均偏差 | 样本极差 ≤ | 样本平均偏差 | 样本极差 ≤ |
| 240 | ±2.0 | 6 | ±2.5 | 7 | ±3.0 | 8 |
| 115 | ±1.5 | 5 | ±2.0 | 5 | ±2.5 | 7 |
| 53 | ±1.5 | 4 | ±1.6 | 5 | ±2.0 | 6 |

(2)外观质量。烧结普通砖的外观质量包括两条面高度差、弯曲、杂质凸出高度、缺棱掉角、裂纹、完整面、颜色等内容，分别应符合表 7-2 的规定。

**表 7-2 烧结普通砖的外观质量标准** mm

| 项　目 | 优等品 | 一等品 | 合格品 |
|---|---|---|---|
| 两条面高度差 ≤ | 2 | 3 | 4 |
| 弯曲 ≤ | 2 | 3 | 4 |
| 杂质凸出高度 ≤ | 2 | 3 | 4 |
| 缺棱掉角的三个破坏尺寸，不得同时大于 | 5 | 20 | 30 |
| 裂纹长度 ≤ | | | |
| (1)大面上宽度方向及其延伸至条面的长度 | 30 | 60 | 80 |
| (2)大面上长度方向及其延伸至顶面的长度或条顶面上水平裂纹的长度 | 50 | 80 | 100 |
| 完整面，不得少于 | 二条面和二顶面 | 一条面和一顶面 | — |
| 颜色 | 基本一致 | — | — |

注：1. 为装饰而施加的色差、凹凸纹、拉毛、压花等不算作缺陷。
2. 凡有下列缺陷之一者，不得称为完整面：
(1)缺损在条面或顶面上造成的破坏面尺寸同时大于 10 mm×10 mm；
(2)条面或顶面上裂纹宽度大于 1 mm，其长度超过 30 mm；
(3)压陷、黏底、焦花在条面或顶面上的凹陷或凸出超过 2 mm，区域尺寸同时大于 10 mm×10 mm。

(3)强度等级。烧结普通砖是通过取 10 块砖样进行抗压强度试验，根据抗压强度平均值和标准值方法或抗压强度平均值和最小值方法来评定砖的强度等级。根据抗压强度可分为 MU30、MU25、MU20、MU15、MU10 五个强度等级。各等级应满足的强度指标见表 7-3。

**表 7-3 烧结普通砖的强度等级** MPa

| 强度等级 | 抗压强度平均值 $f$ ≥ | 变异系数 $\delta \leqslant 0.21$ | 变异系数 $\delta > 0.21$ |
|---|---|---|---|
| | | 强度标准值 $f_k$ ≥ | 单块最小抗压强度值 $f_{min}$ ≥ |
| MU30 | 30.0 | 22.0 | 25.0 |
| MU25 | 25.0 | 18.0 | 22.0 |
| MU20 | 20.0 | 14.0 | 16.0 |
| MU15 | 15.0 | 10.0 | 12.0 |
| MU10 | 10.0 | 6.5 | 7.5 |

(4)泛霜和石灰爆裂。泛霜是指在新砌筑的砖砌体表面，有时会出现一层白色的粉状物。现行国家标准《烧结普通砖》(GB 5101—2003)严格规定烧结制品中优等品不允许出现泛霜，一等品不允许出现中等泛霜，合格品不允许出现严重泛霜。

石灰爆裂是烧结砖的原料中夹杂着石灰石，焙烧时石灰石被烧成生石灰块，在使用过程中生石灰吸水熟化转变为熟石灰，固相体积增大近一倍造成制品爆裂的现象。

(5)抗风化性能。抗风化性能是指材料在干湿变化、温度变化、冻融变化等物理因素作用下不破坏并保持原有性质的能力。我国按风化指数将各省市划分为严重风化区和非严重风化区，见表 7-4。抗风化性能是烧结普通砖重要的耐久性指标之一，对砖的抗风化性要求应根据各地区风化程度的不同而定。烧结普通砖的抗风化性能通常以其抗冻性、吸水率及饱和系数等指标判别。严重风化区中 1、2、3、4、5 地区(表 7-4)的砖必须进行冻融试验，其抗冻性能必须符合现行国家标准《烧结普通砖》(GB 5101—2003)的规定，其他地区的砖符合表 7-5 规定时，可以不做冻融试验，否则必须进行冻融试验。

**表 7-4 我国风化地区划分**

| 严重风化区 | 非严重风化区 |
|---|---|
| 1. 黑龙江省 2. 吉林省 3. 辽宁省 4. 内蒙古自治区 5. 新疆维吾尔自治区 6. 宁夏回族自治区 7. 甘肃省 8. 青海省 9. 陕西省 10. 山西省 11. 河北省 12. 北京市 13. 天津市 | 1. 山东省 2. 河南省 3. 安徽省 4. 江苏省 5. 湖北省 6. 江西省 7. 浙江省 8. 四川省 9. 贵州省 10. 湖南省 11. 福建省 12. 台湾省 13. 广东省 14. 广西壮族自治区 15. 海南省 16. 云南省 17. 西藏自治区 18. 上海市 19. 重庆市 |

**表 7-5 烧结普通砖的抗风化性能**

| 砖种类 | 严重风化区 | | | | 非严重风化区 | | | |
|---|---|---|---|---|---|---|---|---|
| | 5 h 沸煮吸水率/% ≤ | | 饱和系数 ≤ | | 5 h 沸煮吸水率/% ≤ | | 饱和系数 ≤ | |
| | 平均值 | 单块最大值 | 平均值 | 单块最大值 | 平均值 | 单块最大值 | 平均值 | 单块最大值 |
| 黏土砖 | 18 | 20 | 0.85 | 0.87 | 19 | 20 | 0.88 | 0.90 |
| 粉煤灰砖 | 21 | 23 | | | 23 | 25 | | |

续表

| 砖种类 | 严重风化区 | | | | 非严重风化区 | | | |
|---|---|---|---|---|---|---|---|---|
| | 5 h沸煮吸水率/% ≤ | | 饱和系数 ≤ | | 5 h沸煮吸水率/% ≤ | | 饱和系数 ≤ | |
| | 平均值 | 单块最大值 | 平均值 | 单块最大值 | 平均值 | 单块最大值 | 平均值 | 单块最大值 |
| 页岩砖<br>煤矸石砖 | 16 | 18 | 0.74 | 0.77 | 18 | 20 | 0.78 | 0.80 |
| 注：粉煤灰掺入量(体积比)小于30%时，按黏土砖规定判定。 | | | | | | | | |

**3. 烧结普通砖的应用**

烧结普通砖除可用于砌筑承重墙体或非承重墙体外，还可砌筑砖柱、拱、烟囱、筒拱式过梁和基础等，也可与轻质混凝土、保温隔热材料等配合使用。在砖砌体中，配置适当的钢筋或钢丝网，可作为薄壳结构、钢筋砖过梁等。

黏土砖的缺点是：制砖取土大量毁坏良田，砖自重大，消耗能源，污染环境，成品尺寸小，施工效率低，抗震性能差等。因此，国家为促进墙体材料结构调整和技术进步，提高建筑工程质量和改善建筑功能，出台了一系列政策。根据我国墙体材料革新和墙体材料"十五"规划要求，全国已有170个大中城市于2003年6月30日以前禁止使用实心黏土砖。目前，我国正大力推广墙体材料改革，以空心砖、工业废渣砖及砌块、轻质板材来代替实心黏土砖。

## 二、烧结多孔砖和烧结空心砖

**1. 烧结多孔砖**

以煤矸石、粉煤灰、页岩或黏土为主要原料，经焙烧而成的孔洞率≥33%，孔的尺寸小而数量多的烧结砖，称为烧结多孔砖。烧结多孔砖常用于建筑物承重部位。

(1)烧结多孔砖的技术要求。

1)外形尺寸。烧结多孔砖为直角六面体，其规格尺寸为：290 mm、240 mm、190 mm、180 mm、140 mm、115 mm、90 mm。砖的尺寸允许偏差应符合表7-6的要求。

**表7-6 烧结多孔砖的尺寸允许偏差** mm

| 尺　寸 | 样本平均偏差 | 样本极差 ≤ |
|---|---|---|
| >400 | ±3.0 | 10.0 |
| 300～400 | ±2.5 | 9.0 |
| 200～300 | ±2.5 | 8.0 |
| 100～200 | ±2.0 | 7.0 |
| <100 | ±1.5 | 6.0 |

2)强度等级。烧结多孔砖的孔洞多与承压面垂直，单孔尺寸小，孔洞分布均匀，强度较高。多孔砖的强度等级同烧结普通砖一样分成MU30、MU25、MU20、MU15、MU10五个强度等级。各等级应满足的强度指标见表7-7。

**表 7-7　烧结多孔砖各等级强度**　MPa

| 强度等级 | 抗压强度平均值 $\bar{f}$ ≥ | 强度标准值 $f_k$ ≥ |
| --- | --- | --- |
| MU30 | 30.0 | 22.0 |
| MU25 | 25.0 | 18.0 |
| MU20 | 20.0 | 14.0 |
| MU15 | 15.0 | 10.0 |
| MU10 | 10.0 | 6.5 |

3)外观质量。烧结多孔砖的外观质量应符合表 7-8 的要求。

**表 7-8　烧结多孔砖的外观质量**　mm

| 项　目 | | 指　标 |
| --- | --- | --- |
| 1. 完整面 | 不得少于 | 一条面和一顶面 |
| 2. 缺棱掉角的三个破坏尺寸 | 不得同时大于 | 30 |
| 3. 裂纹长度 | | |
| (1)大面(有孔面)上深入孔壁 15 mm 以上宽度方向及其延伸至条面的长度 | 不大于 | 80 |
| (2)大面(有孔面)上深入孔壁 15 mm 以上长度方向及其延伸至顶面的长度 | 不大于 | 100 |
| (3)条面上水平裂纹 | 不大于 | 100 |
| 4. 杂质在砖面上造成的凸出高度 | 不大于 | 5 |
| 注：凡有下列缺陷之一者，不能称为完整面：<br>(1)缺损在条面或顶面上造成的破坏面尺寸同时大于 20 mm×30 mm；<br>(2)条面或顶面上裂纹宽度大于 1 mm，其长度超过 70 mm；<br>(3)压陷、焦花、黏底在条面或顶面上的凹陷或凸出超过 2mm，区域尺寸同时大于 20 mm×30 mm。 | | |

4)泛霜和石灰爆裂。

泛霜：不允许出现严重泛霜。

石灰爆裂：

①最大破坏尺寸＞2 mm 且≤15 mm 的爆裂区域，每组样砖不得多于 15 处，其中＞10 mm 的不得多于 7 处。

②不允许出现最大破坏尺寸＞15 mm 的爆裂区域。

(2)烧结多孔砖的应用。在建筑工程中，用烧结多孔砖取代烧结黏土砖，不仅可降低建筑物自重 30%左右，节省黏土 20%～30%，节省燃料 10%～20%，生产效率还可提高 40%左右，并能改善墙体的保温隔热、隔声性能，有利于实现建筑节能，因此，应该大力推广使用。

**2. 烧结空心砖**

以黏土、页岩、煤矸石为主要原料，经焙烧而成的孔洞率≥40%的砖，称为烧结空心砖。其外形为直角六面体，在与砂浆的结合面上应设有增加结合力的深度为 1 mm 以上的凹线槽，壁厚应大于 10 mm，肋厚应大于 7 mm，孔洞采用矩形条孔或其他孔形，且平行于大面和条面。烧结空心砖的外形如图 7-1 所示。

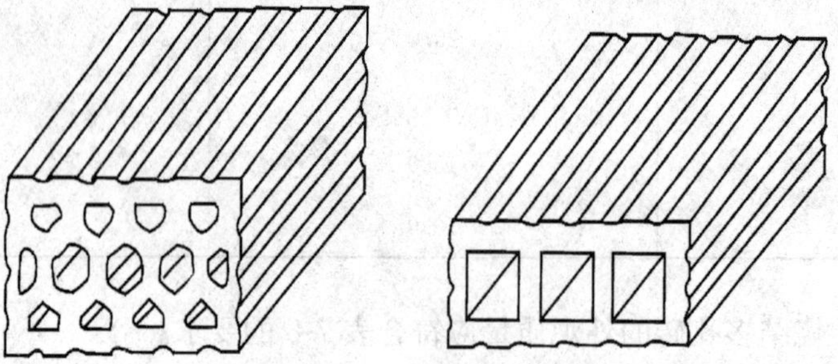

**图 7-1　烧结空心砖的外形**

(1)烧结空心砖的技术要求。

1)外形尺寸。烧结空心砖为直角六面体，其长、宽、高应符合下列要求：

①长度规格尺寸(mm)：390、290、240、190、180(175)、140。

②宽度规格尺寸(mm)：190、180(175)、140、115。

③高度规格尺寸(mm)：180(175)、140、115、90。

烧结空心砖的尺寸允许偏差要求应符合表 7-9 的规定。

**表 7-9　烧结空心砖的尺寸允许偏差**　　mm

| 尺寸 | 样本平均偏差 | 样本极差 ≤ |
|---|---|---|
| >300 | ±3.0 | 7.0 |
| >200～300 | ±2.5 | 6.0 |
| >100～200 | ±2.0 | 5.0 |
| <100 | ±1.7 | 4.0 |

2)强度等级。烧结空心砖主要用于填充墙和隔断墙，只承受自身质量，所以，大面和条面的抗压强度要比实心砖和多孔砖低得多。各强度等级的强度值应符合表 7-10 的规定。

**表 7-10　烧结空心砖的强度等级**　　MPa

| 强度等级 | 抗压强度/MPa | | |
|---|---|---|---|
| | 抗压强度平均值 $\bar{f}$ ≥ | 变异系数 $\delta \leqslant 0.21$ | 变异系数 $\delta > 0.21$ |
| | | 强度标准值 $f_k$ ≥ | 单块最小抗压强度值 $f_{min}$ ≥ |
| MU10.0 | 10.0 | 7.0 | 8.0 |
| MU7.5 | 7.5 | 5.0 | 5.8 |
| MU5.0 | 5.0 | 3.5 | 4.0 |
| MU3.5 | 3.5 | 2.5 | 2.8 |

3)外观质量。烧结空心砖的外观质量应符合表 7-11 的规定。

**表 7-11　烧结空心砖的外观质量**

| 项　目 | | 指标 |
| --- | --- | --- |
| 1. 弯曲 | 不大于 | 4 |
| 2. 缺棱掉角的三个破坏尺寸 | 不得同时大于 | 30 |
| 3. 垂直度差 | 不大于 | 4 |
| 4. 未贯穿裂纹长度 | | |
| (1)大面上宽度方向及其延伸到条面的长度 | 不大于 | 100 |
| (2)大面上长度方向或条面上水平面方向的长度 | 不大于 | 120 |
| 5. 贯穿裂纹长度 | | |
| (1)大面上宽度方向及其延伸到条面的长度 | 不大于 | 40 |
| (2)壁、肋沿长度方向、宽度方向及其水平方向的长度 | 不大于 | 40 |
| 6. 肋、壁内残缺长度 | 不大于 | 40 |
| 7. 完整面① | 不大于 | 一条面或一大面 |
| ①凡有下列缺陷之一者，不能称为完整面：缺损在大面、条面上造成的破坏面尺寸同时大于 20 mm×30 mm；大面、条面上裂纹宽度大于 1 mm，其长度超过 70 mm；压陷、黏底、焦花在大面、条面上的凹陷或凸出超过 2 mm，区域尺寸同时大于 20 mm×30 mm。 | | |

4)烧结空心砖的泛霜、石灰爆裂等技术要求与烧结普通砖基本相同。其抗风化性能若各项指标符合表 7-12 的要求，可评定为抗风化性合格，不再进行冻融试验。

**表 7-12　烧结空心砖的抗风化性能**

| 产品类别 | 项　目 | | | | | | | |
| --- | --- | --- | --- | --- | --- | --- | --- | --- |
| | 严重风化区 | | | | 非严重风化区 | | | |
| | 5 h 沸煮吸水率/%　≤ | | 饱和系数　≤ | | 5 h 沸煮吸水率/%　≤ | | 饱和系数　≤ | |
| | 平均值 | 单块最大值 | 平均值 | 单块最大值 | 平均值 | 单块最大值 | 平均值 | 单块最大值 |
| 黏土砖和砌块 | 21 | 23 | 0.85 | 0.87 | 23 | 25 | 0.88 | 0.90 |
| 粉煤灰砖和砌块 | 23 | 25 | | | 30 | 32 | | |
| 页岩和砌块 | 16 | 18 | 0.74 | 0.77 | 18 | 20 | 0.78 | 0.80 |
| 煤矸石砖和砌块 | 19 | 21 | | | 21 | 23 | | |

注：1. 粉煤灰掺入量(质量分数)小于 30%时按黏土空心砖和空心砌块规定判断。
　　2. 淤泥、建筑渣土及其他固体废弃物掺入量(质量分数)小于 30%时按相应产品类别规定判定。

(2)烧结空心砖的应用。烧结空心砖自重较轻，强度较低，具有良好的保温隔热性能，主要用作建筑物非承重砌体结构，如多层建筑内隔墙或框架结构的填充墙等。

## 三、非烧结砖

非烧结砖是指不经焙烧而制成的砖，如碳化砖、免烧免蒸砖、蒸养(压)砖等。目前，应用较广的是蒸养(压)砖。这类砖是以含钙材料(石灰、电石渣等)和含硅材料(砂子、粉煤灰、煤矸石、灰渣、炉渣等)与水拌和，经过压制成形，在自然条件或蒸养(压)条件下反应生成以水化硅酸钙为主要胶凝材料的硅酸盐建筑制品。蒸压砖的主要品种有灰砂砖、粉煤灰砖、炉渣砖等。

**1. 蒸压灰砂砖**

蒸压灰砂砖(LSB)是以天然砂和磨细生石灰为主要原料，经配料、拌和、压制成型和蒸压养护(175～191 ℃，0.8～1.2 MPa)而制成。蒸压灰砂砖的尺寸规格与烧结普通砖相同，为 240 mm×115 mm×53 mm。根据《蒸压灰砂砖》(GB 11945—1999)的规定，蒸压灰砂砖按其抗压强度和抗折强度分为 MU25、MU20、MU15 和 MU10 四个强度等级。根据产品的尺寸偏差和外观质量分为优等品(A)、一等品(B)、合格品(C)三个等级。

灰砂砖有彩色(Co)和本色(N)两类。MU25、MU20、MU15 的砖可用于基础及其他建筑；MU10 的砖仅可用于防潮层以上的建筑。灰砂砖不得用于长期受热(200℃以上)、受急冷急热和有酸性介质侵蚀的建筑部位，也不宜用于有流水冲刷的部位。

**2. 粉煤灰砖**

粉煤灰砖是利用粉煤灰、石灰和水泥为主要原料，掺入适量石膏、外加剂和集料等，经配料、拌和、压制成形、常压或高压蒸汽养护而成的实心砖。其外形尺寸与普通砖相同，呈深灰色。粉煤灰砖的主要物理力学性能与实心黏土砖相同或接近，是取代实心黏土砖的新型墙体材料之一。

粉煤灰砖的一等品和优等品可用于工业和民用建筑的墙体和基础，粉煤灰砖不得用于长期受热(200 ℃以上)、受急冷急热和有酸性介质侵蚀的建筑部位。为避免或减少收缩裂缝的产生，用粉煤灰砖砌筑的建筑物，应当增设圈梁及伸缩缝。

**3. 炉渣砖**

炉渣砖是以煤燃烧后的炉渣(煤渣)为主要原料，加入适量的石灰或电石渣、石膏等材料经混合、搅拌、成型、蒸汽养护等而制成的实心砖。其尺寸规格与普通砖相同，呈黑灰色。

根据《炉渣砖》(JC/T 525—2007)规定，按其抗压强度和抗折强度分为 MU25、MU20、MU15 三个强度等级。该类砖可用于一般工程的内墙和非承重外墙，但不得用于受高温、急冷急热交替作用或有酸性介质侵蚀的部位。

## 第二节　墙用砌块

砌块是比砌墙砖尺寸大的人造块材，外形一般为直角六面体，也有异形体。砌块是一种新型墙体材料，可以充分利用地方资源和工业废渣，节省黏土资源和改善环境。具有生产工艺简单、原料来源广、适应性强、制作简单及使用方便、可改善墙体功能等特点，因此发展较快。常见的砌块有蒸压加气混凝土砌块、粉煤灰砌块和混凝土砌块。

### 一、蒸压加气混凝土砌块

以钙质材料(水泥、石灰等)、硅质材料(砂、矿渣、粉煤灰等)和加气剂(铝粉)等为原料，经配料、搅拌、浇筑、发气(由化学反应形成孔隙)、预养切割、蒸汽养护等工艺制成的多孔轻质块体硅酸盐材料，称为蒸压加气混凝土砌块。

**1. 蒸压加气混凝土砌块的技术要求**

(1)砌块的尺寸规格。砌块公称尺寸的长度($L$)为 600 mm；宽度($B$)为 100 mm、120 mm、

125 mm、150 mm、180 mm、200 mm、240 mm、250 mm、300 mm；高度(*H*)为 200 mm、240 mm、250 mm、300 mm 等多种规格。

(2)砌块的强度等级。砌块按抗压强度分为 A1.0、A2.0、A2.5、A3.5、A5.0、A7.5、A10.0 七个强度等级。各强度等级的立方体抗压强度值不得小于表 7-13 的规定。

**表 7-13　蒸压加气混凝土砌块的抗压强度**

| 强度级别 | | A1.0 | A2.0 | A2.5 | A3.5 | A5.0 | A7.5 | A10.0 |
|---|---|---|---|---|---|---|---|---|
| 立方体抗压强度/MPa | 平均值 ≥ | 1.0 | 2.0 | 2.5 | 3.5 | 5.0 | 7.5 | 10.0 |
| | 单块最小值 ≥ | 0.8 | 1.6 | 2.0 | 2.8 | 4.0 | 6.0 | 8.0 |

(3)砌块的质量等级。砌块按尺寸偏差、外观质量、干密度及抗压强度分为优等品(A)和合格品(B)。砌块的干密度级别见表 7-14；砌块的强度等级、干缩值、抗冻性、热导率见表 7-15。

**表 7-14　蒸压加气混凝土砌块的干密度级别指标**

| 干密度级别 | | B03 | B04 | B05 | B06 | B07 | B08 |
|---|---|---|---|---|---|---|---|
| 干密度/$(kg\cdot m^{-3})$ | 优等品(A)≤ | 300 | 400 | 500 | 600 | 700 | 800 |
| | 合格品(B)≤ | 325 | 425 | 525 | 625 | 725 | 825 |

**表 7-15　蒸压加气混凝土砌块的强度等级、干缩值、抗冻性、热导率**

| 干密度级别 | | | B03 | B04 | B05 | B06 | B07 | B08 |
|---|---|---|---|---|---|---|---|---|
| 强度级别 | 优等品 | | A1.0 | A2.0 | A3.5 | A5.0 | A7.5 | A10.0 |
| | 合格品 | | | | A2.5 | A3.5 | A5.0 | A7.5 |
| 干缩值/$(mm\cdot m^{-1})$ ≤ | 标准法 | | 0.50 | | | | | |
| | 快测法 | | 0.80 | | | | | |
| 抗冻性 | 质量损失/% ≤ | | 5.0 | | | | | |
| | 冻后强度/MPa ≥ | 优等品 | 0.8 | 1.6 | 2.8 | 4.0 | 6.0 | 8.0 |
| | | 合格品 | | | 2.0 | 2.8 | 4.0 | 6.0 |
| 导热系数(干态)/[W/(m·K)] ≤ | | | 0.10 | 0.12 | 0.14 | 0.16 | 0.18 | 0.20 |

**2. 蒸压加气混凝土砌块的特性及应用**

蒸压加气混凝土砌块是应用较多的一种轻型墙体材料。它具有自重轻、抗冻性强、保温、隔热、隔声性能好、传热慢及耐久性好、易于加工、施工方便等优点。其常用于低层建筑的承重墙、多层建筑的隔墙和高层框架结构的填充墙，也可用于一般工业建筑的围护墙。该种砌块的缺点是易干缩开裂，必须做好饰面层，其耐水、耐腐蚀性也差，在无可靠的防护措施时，不能用于水中、高温和有侵蚀介质的环境中，也不得用于建筑物基础和温度长期高于 80 ℃的建筑部位。

## 二、粉煤灰砌块

粉煤灰砌块是以粉煤灰、水泥、石灰、石膏和集料(炉渣、矿渣)等为主要原料，经配料、加水搅拌、振动成型、自然养护或蒸汽养护而制成的密实砌块。其中粉煤灰用量不应低于原材料质量的20%，水泥用量不应低于原材料质量的10%。

粉煤灰小型空心砌块的尺寸规格与混凝土小型空心砌块的尺寸规格一致，都是190 mm×390 mm×190 mm。按立方体试件的抗压强度分为MU3.5、MU5、MU7.5、MU10、MU15和MU20六个强度等级。

粉煤灰小型空心砌块是黏土砖的替代产品，符合国家墙体材料改革和建筑节能的要求。适用于一般工业与民用建筑的承重墙体和非承重墙体。但不宜用于长期受高温(如炼钢车间)和经常受潮湿的承重墙，也不宜用于有酸性介质侵蚀和受较大震动的建筑部位。

## 三、混凝土砌块

以水泥、矿物掺合料、砂、石、水等为原材料，经搅拌、振动成型、养护等工艺制成的小型砌块，称为普通混凝土小型砌块，包括空心砌块和实心砌块。砌块各部位名称如图7-2所示。

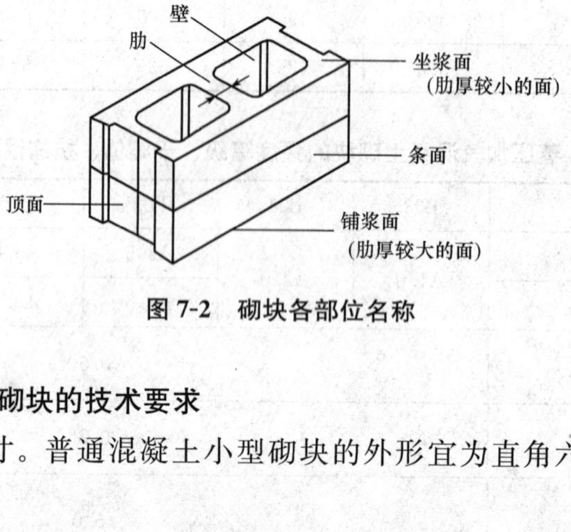


图7-2 砌块各部位名称

### 1. 普通混凝土小型砌块的技术要求

(1)砌块的规格尺寸。普通混凝土小型砌块的外形宜为直角六面体，其规格尺寸见表7-16。

表7-16 普通混凝土小型砌块的规格尺寸　mm

| 长度 | 宽度 | 高度 |
|---|---|---|
| 390 | 90、120、140、190、240、290 | 90、140、190 |
| 注：其他规格尺寸可由供需双方协商确定。采用薄灰缝砌筑的块型，相关尺寸可作相应调整。 | | |

(2)砌块的强度等级。普通混凝土小型砌块的强度等级见表7-17。

表7-17 普通混凝土小型砌块的强度等级　MPa

| 强度等级 | 抗压强度 | |
|---|---|---|
| | 平均值 ≥ | 单块最小值 ≥ |
| MU5.0 | 5.0 | 4.0 |
| MU7.5 | 7.5 | 6.0 |

续表

| 强度等级 | 抗压强度 | |
|---|---|---|
| | 平均值 ⩾ | 单块最小值 ⩾ |
| MU10 | 10.0 | 8.0 |
| MU15 | 15.0 | 12.0 |
| MU20 | 20.0 | 16.0 |
| MU25 | 25.0 | 20.0 |
| MU30 | 30.0 | 24.0 |
| MU35 | 35.0 | 28.0 |
| MU40 | 40.0 | 32.0 |

**2. 普通混凝土小型砌块的堆放和运输**

砌块在堆放、运输和砌筑过程中，应有防雨水措施；宜采用薄膜包装。砌块装卸时，不应扔摔，应轻码轻放，不应用翻斗倾卸。

# 第三节　墙用板材与屋面材料

## 一、墙用板材

墙用板材是一类新型墙体材料，一般为轻质复合墙板。轻质复合墙板一般是由强度和耐久性较好的普通混凝土板或金属板作为结构层或外墙面板，采用矿棉、聚氨酯棉和聚苯乙烯泡沫塑料、加气混凝土作为保温层，采用各类轻质板材作为面板或内墙面板。它具有保温隔热、轻质、高强、节能、利废、隔声、防水、改善建筑功能及自承重等优点，并且改变了墙体砌筑的传统工艺，摆脱了人海式施工，通过粘结、组合等方法进行墙体施工，加快了建筑施工的速度。

随着建筑结构体系的改革和大开间多功能框架结构的发展，各种轻质和复合墙用板材也蓬勃兴起。我国目前可用于墙体的板材品种很多，有承重用的预制混凝土大板，质量较轻的石膏板和加气硅酸盐板，各种植物纤维板及轻质多功能复合板材，隔热保温的铝合金夹芯板、彩钢夹芯板、泰柏板等类型。新型墙体材料正朝着大型化、轻质化、节能化、利废化、复合化、装饰化以及集约化等方面发展。下面介绍几种常用的墙板。

### (一)水泥类墙板

水泥类墙用板材的优点是具有较好的力学性能，耐久性较好，生产技术成熟，产品质量可靠，适用于承重墙、外墙和复合墙体的外层面；缺点是表观密度大，抗拉强度低(大板在起吊过程中易受损)。生产中可采用空心化方式以减轻自重和改善隔声、隔热性能，也可掺加纤维材料制成纤维增强薄型板材，还可在水泥类墙用板材上制作成具有装饰效果的表面层(如花纹线条装饰、露集料装饰、着色装饰等)。

**1. GRC 轻质多孔墙板**

以低碱水泥为胶凝材料、抗碱玻璃纤维网格布为增强材料、膨胀珍珠岩为集料(也可用煤渣、粉煤灰等)，并加入起泡剂和防水剂等，经配料、搅拌、浇筑、振动成型、脱水、养护而制成的水泥类板材，称为GRC轻质多孔墙板。

GRC轻质多孔墙板也称GRC轻质空心条板，其规格尺寸如下：厚度为60 mm、90 mm、120 mm；长度为2 500～3 500 mm；宽度为600 mm。

GRC轻质多孔墙板特点是：密度小、韧性好、耐水、耐火、隔热、隔声、强度较高、易于加工等。其适用于工业与民用建筑的分室、分户、厨房、厕浴间、阳台等非承重的内隔墙和复合墙体的外墙面等。

**2. 预应力混凝土空心墙板**

以高强度低松弛预应力钢绞线、52.5级早强水泥及砂、石为主要原料，经张拉、搅拌、挤压、养护、放张、切割而制成的水泥类墙用板材，称为预应力混凝土空心墙板。预应力混凝土空心墙板也称预应力空心墙板。使用时可按要求配以保温层、外饰面层和防水层等。

预应力混凝土空心墙板的规格尺寸如下：长度为1 000～1 900 mm，宽度为600～1 200 mm，总厚度为200～480 mm。其外饰面层可做成彩色水刷石、剁斧石、喷砂、釉面砖等多种式样。其适用于承重或非承重外墙板、内墙板、楼板、屋面板和阳台板等。预应力混凝土空心墙板示意图如图7-3所示。

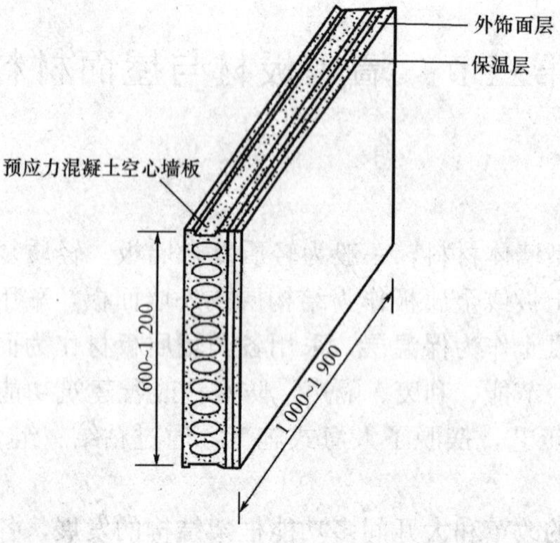


**图7-3 预应力混凝土空心墙板示意图**

**3. 纤维增强水泥平板(TK)**

纤维增强水泥平板是以低碱水泥、耐碱玻璃纤维为主要原料，经制浆、成坯、养护等工序制成的薄型平板。按使用的纤维品种分为石棉水泥板、混合纤维水泥板、无石棉纤维水泥板三类；按产品使用的水泥品种分为普通水泥板和低碱水泥板；按密度分为高密度板(加压板)、中密度板(非加压板)和轻板(板中含有轻集料)。

TK板的规格尺寸如下：长度为1 200～3 000 mm，宽度为800～1 200 mm，厚度为4 mm、5 mm、6 mm和8 mm。TK板的表观密度约为1 750 kg/m$^3$，抗折强度可达15 MPa，抗冲击强度≥1.5 kJ/m$^3$。

TK板用于各类建筑物的复合外墙和内隔墙，特别是高层建筑有防火、防潮要求的隔墙。

## (二)石膏类墙板

石膏类墙板以其平面平整、光滑细腻、装饰性好、具有特殊的呼吸功能、原材料丰富、制作简单等特点，得到广泛使用。石膏类墙板在轻质墙体材料中占有很大比例，主要有纸面石膏板、无面纸的石膏纤维板、石膏空心板和石膏刨花板等。

### 1. 纸面石膏板

以熟石膏为胶凝材料，并掺入适量添加剂和纤维作为芯材，以特制的护面纸作为面层而制成的墙用板材，称为纸面石膏板。

纸面石膏板分普通型(P)、耐水型(S)和耐火型(H)三种。以建筑石膏及适量纤维类增强材料和外加剂为芯材，与具有一定强度的护面纸制成的石膏板为普通纸面石膏板；若在芯材配料中加入防水、防潮外加剂，并用耐水护面纸，即可制成耐水纸面石膏板；若在配料中加入无机耐火纤维和阻燃剂等，改善高温下的粘结力，即可制成耐火纸面石膏板。

纸面石膏板常用规格尺寸如下：

(1)长度：1 800～3 600 mm，间隔 300 mm。

(2)宽度：900 mm 和 1 200 mm。

(3)厚度：普通纸面石膏板为 9 mm、12 mm、15 mm 和 18 mm；耐水纸面石膏板为 9 mm、12 mm 和 15 mm；耐火纸面石膏板为 9 mm、12 mm、15 mm、18 mm、21 mm 和25 mm。

普通纸面石膏板适用于干燥环境的室内隔墙板、墙体复面板、天花板等，但不适用于厨房、卫生间及空气相对湿度经常大于 70%的环境。耐水纸面石膏板可用于相对湿度较大(≥75%)的环境，如厕所、盥洗室等。耐火纸面石膏板主要用于对防火要求较高的房屋建筑中。

### 2. 石膏纤维板

以纤维增强石膏为基材的无面纸石膏板称为石膏纤维板。该板用无机纤维或有机纤维与建筑石膏、缓凝剂等经打浆、铺装、脱水、成型、烘干而制成。石膏纤维板的特点是：质轻、高强、耐火、隔声、韧性高，可加工性好。其尺寸规格和用途与纸面石膏板相同。

### 3. 石膏空心板

以熟石膏为胶凝材料，适量掺入各种无机轻质集料(如膨胀珍珠岩、膨胀蛭石等)、无机纤维材料，经搅拌、振动成型、抽芯、干燥而制成的空心条板，称为石膏空心板。

石膏空心板的规格尺寸如下：长度为 2 500～3 000 mm，宽度为 500～600 mm，厚度为 60～90 mm。孔与孔、孔与板面之间的最小壁厚不小于 10 mm。该板生产时不用纸，不用胶，安装墙体时不用龙骨，设备简单，较易投产。

石膏空心板的表观密度为 600～900 $kg/m^3$，抗折强度为 2～3 MPa，热导率约为 0.22 W/(m·K)，隔声指数大于 30 dB，耐火极限为 1～2.25 h。

石膏空心板的特点是：加工性能好、质轻、比强度高、隔热、隔声、防火、表面平整光滑、安装方便等。其适用于各类建筑的非承重内隔墙，但若用于相对湿度大于 75%的环境中，板材表面要进行防水等相应处理。

### 4. 石膏刨花板

以熟石膏为胶凝材料，木质刨花为增强材料，添加所需的辅助材料，经配料、搅拌、铺装、压制而成的板材，称为石膏刨花板。其具有上述其他石膏板材的优点，适用于非承重内隔墙和作为装饰板材的基材板。

### (三)复合墙板

用单一材料制成的板材，常因材料本身不能满足墙体的多功能要求，而使其应用受到限制。如质量较轻和隔热、隔声效果较好的石膏板、加气混凝土板、稻草板等，因其耐水性差或强度较低，通常只能用于非承重的内隔墙。而水泥混凝土类板材虽然强度较高，耐久性较好，但其自重大，隔声保温性能较差。为克服上述缺点，现代建筑常用两种或两种以上不同材料组合成多功能的复合墙体以减轻墙体自重，并取得了良好的效果。

复合墙板主要由承受或传递外力的结构层(多为普通混凝土或金属板)、保温层(矿棉、泡沫塑料、加气混凝土等)及面层(各类具有可装饰性的轻质薄板)组成。其优点是使承重材料和轻质保温材料的功能都得到合理利用。

#### 1. 玻璃纤维增强水泥(GRC)外墙内保温板

以玻璃纤维增强水泥砂浆或玻璃纤维增强水泥膨胀珍珠岩砂浆为面板，阻燃型聚苯乙烯泡沫塑料或其他绝热材料为芯材复合而成的外墙内保温板，称为玻璃纤维增强水泥(GRC)外墙内保温板。按板的类型可分为普通板(PB)、门口板(MB)和窗口板(CB)。普通板为条板，其技术性能指标如下：

(1)主要规格尺寸。长度为 2 500～3 000 mm，宽度为 600 mm，厚度为 60 mm、70 mm、80 mm、90 mm。

(2)尺寸允许偏差。长度±5 mm，宽度±2 mm，厚度±1.5 mm，板面平整度≤2 mm，对角线差≤10 mm。

(3)外观质量要求。板面不允许有贯通裂纹，不允许外露纤维，板面裂纹长度不得超过 30 mm，且不得多于 2 处；蜂窝气孔的长径尺寸不得超过 5 mm，深度不得超过 2 mm，且不得多于 10 处；缺棱掉角的深度不得超过 10 mm，宽度不得超过 20 mm，长度不得超过 30 mm，且不得多于 2 处。

#### 2. 外墙外保温板

常用的外墙外保温墙板有 BT 型外保温板、水泥聚苯乙烯外保温板、GRC 外保温板。采用墙体外保温措施，可消除热桥或降低热桥，使墙体蓄热能力增强，提高室内的热稳定性和舒适感，还能减少墙体内表面的结露，延长墙体的使用寿命等。

(1)BT 型外保温板。以普通水泥砂浆为基材，镀锌钢丝网和钢筋为增强材料，制作时与聚苯乙烯泡沫塑料板复合成为单面型的保温板材，称为 BT 型外保温板。

(2)钢丝网架水泥夹心板。钢丝网架水泥夹心板是由镀锌钢丝木行条与钢丝网形成骨架，中间填以阻燃型聚苯乙烯泡沫塑料、聚氨酯泡沫塑料等轻质保温隔热材料组成的复合墙体材料。

外墙外保温板的常用品种有舒乐舍板、3D 板、泰柏板、UBS 板、英派克板。虽然板的名称不同，但板的基本结构相似。板的综合性能与钢丝直径、网格尺寸、焊接强度、横穿钢丝的焊点数量、夹心板密度和厚度、水泥砂浆的厚度等均有密切关系。

这类板材的特点有轻质、高强、保温、隔热、防水、防潮、防震、耐久性好、安装方便等。其适用于房屋建筑的内隔墙、围护外墙、3 m 内的跨板等。

## 二、屋面材料

瓦是我国使用较多、历史较长的屋面材料之一，是作为防水、保温、隔热的屋面材料。

早期多使用小青瓦和琉璃瓦，后来发展了黏土平瓦、混凝土平瓦，近年来又发展了石棉水泥瓦、钢丝网石棉水泥瓦、塑料及其他材料制作的各种波形瓦。但黏土瓦同黏土砖一样破坏耕地、浪费资源，因此，逐步被大型水泥类瓦材和高分子复合类瓦材取代。

**1. 黏土平瓦**

黏土平瓦是以黏土、页岩、煤矸石为主要原料，经压模或挤出成型，干燥焙烧而成的瓦，包括平瓦和脊瓦，配套使用。按其颜色分为红瓦和青瓦。

平瓦的尺寸有400 mm×240 mm、380 mm×225 mm、360 mm×220 mm三种规格，厚度均为10～17 mm；脊瓦的长度不小于300 mm，宽度不小于180 mm。根据黏土瓦的尺寸偏差、外观质量和物理力学性能(抗折荷载、吸水率、抗冻性、抗渗性)，分为优等品、一等品和合格品三个等级。

**2. 混凝土平瓦**

混凝土平瓦是以水泥、砂或无机硬质细集料为主要原料，经配料拌和、机械滚压成型和养护而成的平瓦。

混凝土平瓦的标准尺寸有400 mm×240 mm和385 mm×235 mm两种，主体厚度为14 mm。

瓦的尺寸偏差、外观质量和物理力学性能(抗折荷载、吸水率、抗冻性、抗渗性)均应符合标准规范的要求。

**3. 石棉水泥瓦**

石棉水泥瓦是以石棉纤维和水泥为主要原料，经制板、压波、蒸养、烘干而成的波形板材，适用于覆盖屋面和装饰墙壁，具有防水、防潮、隔热、耐寒、绝缘等性能。

石棉水泥瓦分为大波瓦、中波瓦、小波瓦三种，其常用的尺寸规格如下：

大波瓦：长2 800 mm、宽994 mm、厚6.5 mm，波距131 mm，波高不小于31 mm。

中波瓦：长2 400 mm、宽745 mm、厚7.5 mm，波距131 mm，波高不小于31 mm；或长1 800 mm、宽745 mm、厚6.0 mm，波距167 mm，波高不小于50 mm。

小波瓦：长1 800 mm、宽720 mm、厚6.0 mm或5.0 mm，波距63.5 mm，波高不小于16 mm。

**4. 聚氯乙烯波形瓦**

聚氯乙烯波形瓦是以聚氯乙烯树脂为主体，加入其他配合剂，经塑化、挤压或压延、压波等工艺制成的波形瓦，具有轻质、高强、防水、耐腐、透光、色艳等特点。其适用于凉棚、遮阳板和简易建筑物的屋面等，但不能用于接触明火的场合。

**5. 玻璃钢波形瓦**

玻璃钢波形瓦是以无捻玻璃纤维布和不饱和聚酯树脂为原料制成的波形瓦，具有轻质、高强、耐冲击、耐腐蚀等特点。其适用于各种建筑物的屋面和遮阳装饰等，但不能用于接触明火的场合。

**6. 铝合金波纹瓦和镀锌钢板波形瓦**

它们是以铝合金板和镀锌钢板经压波而成的波形瓦，可用于大跨度建筑和炸药库、汽油库等防火建筑的屋面或墙面。

另外，新型的屋面材料以其优越的性能逐渐替代了传统的屋面材料。常用新型屋面材料的主要组成材料、特性及用途见表7-18。

**表 7-18 常用新型屋面材料的主要组成材料、特性及用途**

| 品种 | | 主要组成材料 | 主要特性 | 主要用途 |
|---|---|---|---|---|
| 水泥类 | 混凝土瓦 | 水泥、砂或无机硬质细集料 | 成本低、耐久性好，但质量大 | 民用建筑波形屋面防水 |
| | 纤维增强水泥瓦 | 水泥、增强纤维 | 防水、防潮、防腐、绝缘 | 厂房、库房、堆货棚、凉棚 |
| | 钢丝网水泥大波瓦 | 水泥、砂、钢丝网 | 尺寸和质量大 | 工厂散热车间、仓库、临时性围护结构 |
| | 玻璃钢波形瓦 | 不饱和聚酯树脂、玻璃纤维 | 轻质、高强、耐冲击、耐热、耐蚀、透光率高、制作简单 | 遮阳、车站站台、售货亭、凉棚等屋面 |
| 高分子复合类瓦材 | 塑料瓦楞板 | 聚氯乙烯树脂、配合剂 | 轻质、高强、防水、耐蚀、透光率高、色彩鲜艳 | 凉棚、遮阳板、简易建筑屋面 |
| | 木质纤维波形瓦 | 木纤维、酚醛树脂防水剂 | 防水、耐热、耐寒 | 活动房屋、轻结构房屋屋面，车间、仓库、临时设施等屋面 |
| | 玻璃纤维沥青瓦 | 玻璃纤维薄毡、改性沥青 | 轻质、粘结性强、抗风化、施工方便 | 民用建筑波形屋面 |
| 轻型复合板材 | EPS 轻型板 | 彩色涂层钢板、自熄聚苯乙烯、热固化胶 | 集承重、保温、隔热、防水为一体，且施工方便 | 体育馆、展览厅、冷库等大跨度屋面结构 |
| | 硬质聚氨酯夹芯板 | 镀锌彩色压型钢板、硬质聚氨酯泡沫塑料 | 集承重、保温、防水为一体，且耐候性极强 | 大型工业厂房、仓库、公共设施等大跨度屋面结构和高层建筑屋面结构 |

## 本章小结

本章主要讲述了砌筑墙体的三大材料——砌墙砖、墙用砌块和板材，并简要介绍了屋面用的各类瓦材和板材。其中主要阐述了烧结普通砖、烧结多孔砖、烧结空心砖的技术性质、强度等级与质量等级的划分及合理应用；重点介绍了墙用砌块、板材种类、技术性质、强度等级与质量等级的划分及应用，屋面材料的种类、技术性质及应用。

## 思考与练习

### 一、选择题(单选或多选)

1. 烧结普通砖的强度等级是根据(　　)来划分的。

A. 尺寸偏差　　　　B. 外观质量

C. 石灰爆裂程度　　　　D. 抗压强度

2. 烧结普通砖质量等级的评价依据有(　　)。

A. 尺寸偏差　　B. 外观质量　　C. 泛霜　　D. 自重

3. 空心砌块是指空心率≥(　　)%的砌块。

A. 10　　B. 15　　C. 20　　D. 25

4. 下列属于复合墙板的有(　　)。

A. 钢丝网夹芯板材　　B. 麦秸人造板

C. 金属夹芯板材　　D. 耐水耐火纸面石膏板

5. 砖内过量的可溶性盐受潮吸水而溶解，随水分蒸发迁移至砖表面，在过饱和状态下析出晶体，形成白色粉状附着物。这种现象称为(　　)。

A. 偏析　　B. 石灰爆裂

C. 盐析　　D. 数量少、尺寸大

## 二、简答题

1. 烧结普通砖是用哪些原料制作的？其标准尺寸是多少？
2. 简述加气混凝土砌块的性能与应用。
3. 砌块有哪些优点？目前工程中使用较多的砌块有哪些？
4. 使用墙板有什么好处？

# 第八章　建筑钢材

知识目标

了解建筑钢材的分类、化学成分对性能的影响及其锈蚀与保护措施；掌握建筑用钢材的主要力学性能和工艺性能的技术指标。

技能目标

通过本章的学习，能够科学合理地选用建筑钢材并正确使用；能够对建筑钢材进行合格性判定。

## 第一节　钢的冶炼与分类

### 一、钢的冶炼

钢和铁的主要成分都是铁和碳，用含碳量的多少加以区分，含碳量大于2.06%的为生铁，小于2.06%的为钢。钢是由生铁冶炼而成的。

生铁是由铁矿石、焦炭和少量石灰石等在高温的作用下进行还原反应和其他的化学反应，铁矿石中的氧化铁形成金属铁，然后吸收碳形成生铁。生铁的主要成分是铁，但含有较多的碳以及硫、磷、硅、锰等杂质，杂质使得生铁的性质硬而脆，塑性很差，抗拉强度很低，使用受到很大限制。炼钢的目的就是通过冶炼将生铁中的含碳量降至2.06%以下，其他杂质含量降至一定的范围内，以显著改善其技术性能，提高质量。

钢的冶炼方法主要有氧气转炉法、电炉法和平炉法三种。不同的冶炼方法对钢材的质量有着不同的影响，见表8-1。目前，氧气转炉法已成为现代炼钢的主要方法，而平炉法则已基本被淘汰。

**表8-1　炼钢方法的特点和应用**

| 炉　种 | 原　料 | 特　点 | 生产钢种 |
|---|---|---|---|
| 氧气转炉 | 铁水、废钢 | 冶炼速度快，生产效率高，钢质较好 | 碳素钢、低合金钢 |
| 电炉 | 废钢 | 容积小，耗电大，控制严格，钢质好，但成本高 | 合金钢、优质碳素钢 |
| 平炉 | 生铁、废钢 | 容量大，冶炼时间长，钢质较好且稳定，但成本高 | 碳素钢、低合金钢 |

### 二、钢的分类

钢的品种繁多，分类方法很多，主要有以下几种。

**1. 按化学成分分类**

(1)碳素钢：碳素钢的化学成分主要是铁，其次是碳，故也称铁-碳合金。其含碳量为0.02%～2.06%，另外，还含有极少量的硅、锰和微量的硫、磷等元素。碳素钢按含碳量又可分为低碳钢(含碳量小于0.25%)、中碳钢(含碳量0.25%～0.60%)和高碳钢(含碳量大于0.60%)。

(2)合金钢：合金钢是指在炼钢过程中，有意识地加入一种或多种能改善钢材性能的合金元素而制得的钢种。常用合金元素有硅、锰、钛、钒、铌、铬等。按合金元素总含量的不同，合金钢可分为低合金钢(合金元素总含量小于5%)、中合金钢(合金元素总含量为5%～10%)和高合金钢(合金元素总含量大于10%)。

**2. 按冶炼时脱氧程度分类**

因为在炼钢过程中不可避免地产生部分氧化状态的铁，并残留在钢水中，降低了钢的质量，所以，在铸锭过程中要加入适量的还原剂，进行脱氧处理，使氧化状态的铁还原为单质铁，通常把这个过程称为脱氧。

按脱氧程度不同浇铸的钢锭可分为沸腾钢、镇静钢、半镇静钢和特殊镇静钢。

(1)沸腾钢：炼钢时仅加入锰铁进行脱氧，则脱氧不完全。这种钢水浇入锭模时，会有大量的CO气体从钢水中外逸，引起钢水呈沸腾状，故称为沸腾钢，代号为F。沸腾钢组织不够致密，成分不太均匀，硫、磷等杂质偏析较严重，故质量较差。但因其成本低、产量高，故被广泛用于一般建筑工程。

(2)镇静钢：炼钢时采用锰铁、硅铁和铝锭等作脱氧剂，脱氧完全，且同时能起去硫作用。这种钢水铸锭时能平静地充满锭模并冷却凝固，故称为镇静钢，代号为Z。镇静钢虽成本较高，但其组织致密，成分均匀，性能稳定，故质量好。其适用于预应力混凝土等重要的结构工程。

(3)半镇静钢：脱氧程度介于沸腾钢和镇静钢之间，为质量较好的钢，其代号为b。

(4)特殊镇静钢：比镇静钢脱氧程度还要彻底的钢，故其质量最好，适用于特别重要的结构工程，代号为TZ。

**3. 按有害杂质含量分类**

按钢中有害杂质磷(P)和硫(S)含量的多少，钢材可分为以下四类：

(1)普通钢：磷含量不大于0.045%；硫含量不大于0.050%。

(2)优质钢：磷含量不大于0.035%；硫含量不大于0.035%。

(3)高级优质钢：磷含量不大于0.025%；硫含量不大于0.025%。

(4)特级优质钢：磷含量不大于0.015%；硫含量不大于0.025%。

**4. 按用途分类**

(1)结构钢：低、中碳钢，如工程结构构件用钢、机械制造用钢。

(2)工具钢：高碳钢，如各种刀具、量具及模具用钢。

(3)特殊性能钢：具有特殊物理、化学或机械性能的钢，如不锈钢、耐热钢、耐酸钢、耐磨钢、磁性钢等。

**5. 按使用加工方法分类**

按照在钢材使用时的制造加工方式，可以将钢分为压力加工用钢、切削加工用钢和冷顶锻用钢。

(1)压力加工用钢是供用户经塑性变形制作冷件和产品用的钢。按加工前钢是否经过加热，又可分为热压力加工用钢和冷压力加工用钢。

(2)切削加工用钢是供切削机床(如车、铣、刨、磨等)在常温下切削加工成零件用的钢。

(3)冷顶锻用钢是将钢材在常温下进行锻粗，做成零件或零件毛坯，如铆钉、螺栓及带凸缘的毛坯等，这种钢也称为冷锻钢。

为了满足专门用途的需要，由上述钢类又派生出一些作为专门用途的钢，简称为专门钢。它们包括焊接用钢、钢轨钢、铆螺钢、锚链钢、地质钻探管用钢、船用钢、汽车大梁用钢、矿用钢、压力容器用钢、桥梁用钢、锅炉用钢、焊接气瓶用钢、车辆车轴用钢、机车车轴用钢、耐候钢和管线钢等。

目前，在建筑工程中常用的钢种是普通碳素结构钢和普通低合金结构钢。

## 第二节　建筑钢材的主要技术性能

建筑用钢材作为结构的主要受力材料，需要具有很好的力学性能，其主要的力学性能有抗拉性能、抗冲击性能、耐疲劳性能及硬度，同时，还要求具有良好的工艺性能(如弯曲性能、可焊接性能和冷加工性能)。

### 一、钢材的力学性能

力学性能又称机械性能，是钢材最重要的使用性能。在建筑结构中，对承受静力荷载作用的钢材，要求具有一定的力学强度，并要求所产生的变形不至于影响建筑结构的正常工作和安全使用；对承受动力荷载作用的钢材，还要求具有较高的韧性而不至于发生断裂。

**1. 拉伸性能**

拉伸是建筑钢材的主要受力形式，所以拉伸性能是表示钢材性能和选用钢材的重要指标。

将低碳钢(软钢)制成一定规格的试件，放在材料试验机上进行拉伸试验，根据低碳钢一次性拉伸试验，可绘出如图 8-1 所示钢材的应力-应变关系曲线，并获得钢材的力学性能指标。从图 8-1 可以看出，低碳钢受拉至拉断，经历了四个阶段：弹性阶段(*OA*)、屈服阶段(*AB*)、强化阶段(*BC*)和颈缩阶段(*CD*)。

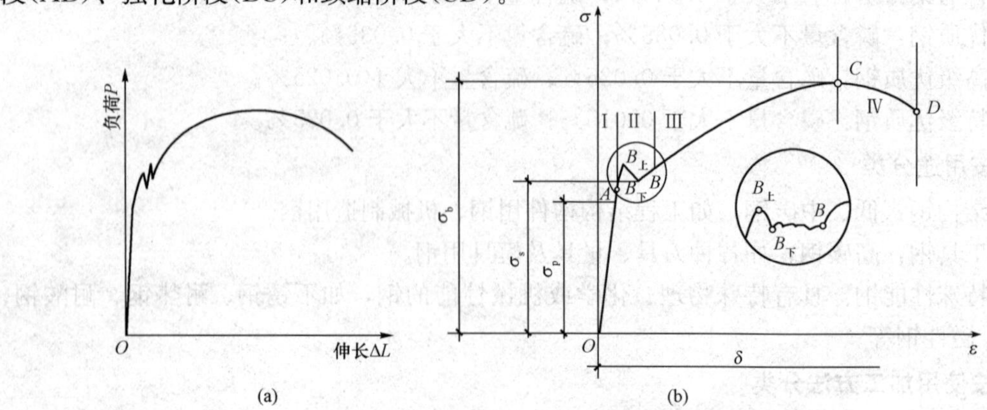


**图 8-1　低碳钢的拉伸图和应力-应变曲线**

(a)低碳钢的拉伸曲线；(b)低碳钢的应力-应变曲线

(1)弹性阶段。曲线中 $OA$ 段是一条直线，应力与应变呈正比。$OA$ 段为弹性阶段，如卸去外力，试件能恢复原来的形状，这种性质即为弹性，此阶段的变形为弹性变形。与 $A$ 点对应的应力称为弹性极限，以 $\sigma_p$ 表示。应力与应变的比值为常数，即弹性模量 $E$，$E=\sigma/\varepsilon$。弹性模量反映钢材抵抗弹性变形的能力，是钢材在受力条件下计算结构变形的重要指标。

(2)屈服阶段。$AB$ 段为屈服阶段。在应力-应变曲线上为一接近水平的锯齿形线段，应力在 $B_{下}$(下屈服点)的小范围内波动，而应变迅速增长，材料暂时失去了抵抗变形的能力，这种现象称为材料的屈服，这一阶段称为屈服阶段。一般取波动应力的最低值 $B_{下}$ 作为材料的屈服极限(位置较易确定)，用 $\sigma_s$ 表示。

钢材受力大于屈服点后，虽然尚未破坏，但变形发展迅速，会出现较大的塑性变形，已不能满足使用要求，此屈服强度是设计上钢材强度取值的依据，是工程结构计算中非常重要的一个数据。

(3)强化阶段。$BC$ 段为强化阶段。当应力超过屈服强度后，应力又随应变的增大而增大，说明材料恢复了对变形的抵抗能力，要增加变形必须增大拉力，这种现象称为材料的强化，最高点 $C$ 对应的应力称为强度极限，又称抗拉强度，是钢材所能承受的最大应力，用 $\sigma_b$ 表示。显然，$\sigma_b$ 是钢材受拉时所能承受的最大应力值。屈服强度和抗拉强度之比(屈强比$=\sigma_s/\sigma_b$)能反映钢材的利用率和结构安全可靠程度。屈强比越小其结构的安全可靠程度越大，但屈强比过小，又说明钢材强度的利用率偏低，造成钢材浪费。建筑结构钢合理的屈强比一般为 0.60～0.75。

(4)颈缩阶段。试件受力达到最高点 $D$ 点后，其抵抗变形的能力明显降低，变形迅速发展，应力逐渐下降，试件被拉长，在有杂质或缺陷处，断面急剧缩小，直到断裂，故 $CD$ 段称为颈缩阶段。中碳钢与高碳钢(硬钢)的拉伸曲线与低碳钢不同，屈服现象不明显，难以测定屈服点，则规定产生残余变形为原标距长度的 0.2%时所对应的应力值，作为硬钢的屈服强度，也称条件屈服点，用 $\sigma_{0.2}$ 表示，如图 8-2 所示。

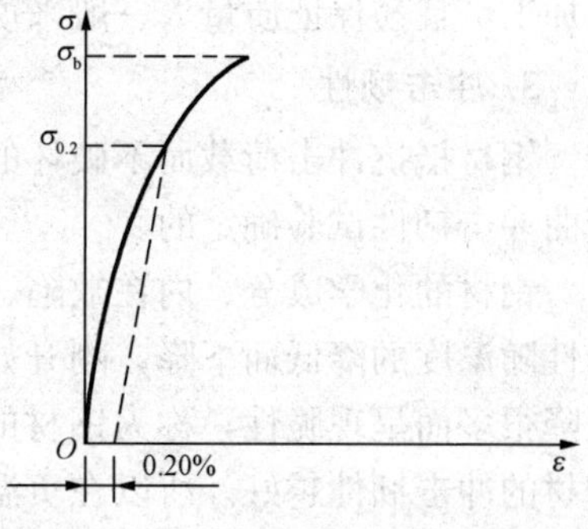


**图 8-2　中、高碳钢的应力-应变图**

**2. 塑性**

建筑钢材应具有很好的塑性。钢材的塑性通常用伸长率、断面收缩率和冷弯来表示。

(1)伸长率。将拉断后的试件拼合起来，测定出标距范围内的长度 $L_1$(mm)，其与试件原标距 $L_0$(mm)之差为塑性变形值，塑性变形值与 $L_0$ 之比称为伸长率($\delta$)，如图 8-3 所示。

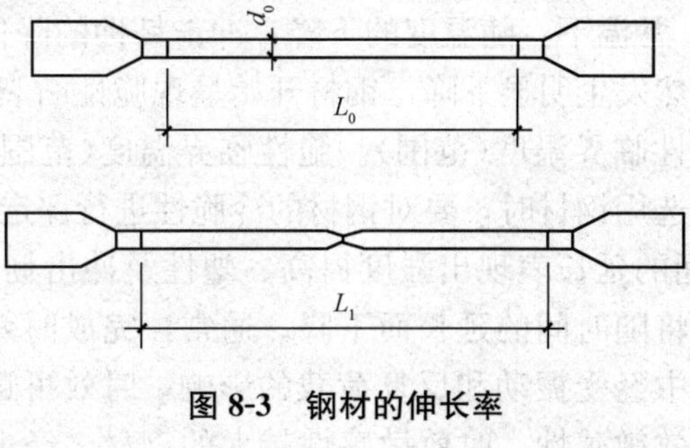


**图 8-3　钢材的伸长率**

伸长率($\delta$)按下式计算：

$$\delta=\frac{L_1-L_0}{L_0}\times100\%$$

式中　$\delta$——钢材的伸长率(%)；

$L_0$——试件原标距长度(mm)；

$L_1$——试件拉断后标距间的长度(mm)。

若采用定标距试件测定，如标距 $L_0=100$ mm 或 $L_0=200$ mm，则伸长率用 $\delta_{100}$ 或 $\delta_{200}$ 表示。

伸长率是衡量钢材塑性的一个重要指标，其应力可能超过屈服点，此时产生一定的塑性变形，可使结构中的应力重分布，从而避免结构的破坏。塑性变形在试件标距内的分布是不均匀的，颈缩处的变形最大，离颈缩部位越远其变形越小。所以原标距与直径之比越小，则颈缩处伸长值在整个伸长值中的比重越大，计算出来的 $\delta$ 值就大。通常以 $\delta_5$ 和 $\delta_{10}$ 分别表示 $L_0=5d_0$ 和 $L_0=10d_0$ 时的伸长率。对于同一种钢材，其 $\delta_5>\delta_{10}$。

(2)断面收缩率。断面收缩率按下式计算：

$$\psi=\frac{A_0-A_1}{A_0}\times100\%$$

式中　$A_0$——试件原横截面面积($mm^2$)；

$A_1$——试件裂断处的横截面面积($mm^2$)。

断面收缩率是衡量钢材塑性的一个重要指标，$\delta$ 和 $\psi$ 越大说明钢材的塑性越好，钢材越易加工，且易保证质量。一般来说，以 $\delta\geqslant15\%$、$\psi\geqslant10\%$为宜。

**3. 冲击韧性**

钢材抵抗冲击荷载而不破坏的能力称为冲击韧性。冲击韧性的指标是通过标准试件的弯曲冲击韧性试验确定的。

钢材的化学成分、内在缺陷、加工工艺以及环境温度都会影响钢材的冲击韧性。冲击韧性随温度的降低而下降，刚开始下降平缓，当达到一定温度范围之内时，冲击韧性突然下降很多而呈现脆性，称为钢材的冷脆性。此时的温度称为临界温度，其数值越低代表着钢材的冲击韧性越好。所以在负温度下使用的钢材应选脆性临界温度较工作温度低的钢材，并且必须做冲击韧性检测。

影响钢材冲击韧性的主要因素如下：

(1)钢的化学成分。当钢材内硫、磷的含量较高，同时又存在化学偏析、非金属夹杂物、脱氧不完全等因素时，钢材的冲击韧性也会降低。

(2)钢的焊接质量。钢材焊接时形成的微裂纹也会降低钢材的冲击韧性。

(3)温度。试验表明，常温下，随温度的下降，冲击韧性的降低较缓，但当温度降低到一定范围时，冲击韧性突然发生明显下降，钢材开始呈现脆性断裂，这种性质称为冷脆性。此时的温度(范围)称为脆性临界温度(范围)。脆性临界温度(范围)越低，钢材的冲击韧性越好。因此，在严寒地区选用钢材时，要对钢材的冷脆性进行评定。

(4)时效。钢材随时间的延长表现出强度提高、塑性及冲击韧性降低的现象称为时效。因时效作用，冲击韧性还将随时间的延长而下降。通常，完成时效的过程可达数十年，但钢材如经冷加工或在使用中经受振动和反复荷载的影响，时效可迅速发展。因时效导致钢材性能改变的程度称为时效敏感性。时效敏感性越大的钢材，经过时效作用后冲击韧性的降低就越显著。为了保证安全，对于承受动荷载的重要结构，应当选用时效敏感性小的钢材。

总之，对于直接承受动荷载而且可能在负温下工作的重要结构，必须按照有关规范要求进行钢材的冲击韧性检验。

**4. 耐疲劳性能**

钢材在交变荷载的反复作用下，往往在应力远小于其抗拉强度时就发生破坏，这种现象称为疲劳破坏。钢材疲劳破坏指标用疲劳强度或疲劳极限来表示，它是指疲劳试验中试件在交变应力作用下，在规定的周期内不发生疲劳破坏所能承受的最大应力值。

一般认为钢材的疲劳破坏是由拉应力引起的，抗拉强度高，其疲劳极限也较高，交变应力值越大，则断裂时所需的循环次数越少。

在设计承受反复荷载且必须进行疲劳验算的结构时，应当了解所用钢材的疲劳强度。

## 二、钢材的工艺性能

钢材应具有良好的工艺性能，以满足施工工艺的要求。冷弯、冷拉、冷拔及焊接性能是建筑钢材的重要工艺性能。

**1. 冷弯性能**

冷弯性能是指钢材在常温下承受弯曲变形的能力，是以试验时的弯曲角度 $\alpha$ 和弯心直径 $d$ 为指标表示的。钢材冷弯时的弯曲角度越大，弯心直径越小，则表示其冷弯性能越好。如图 8-4 所示。

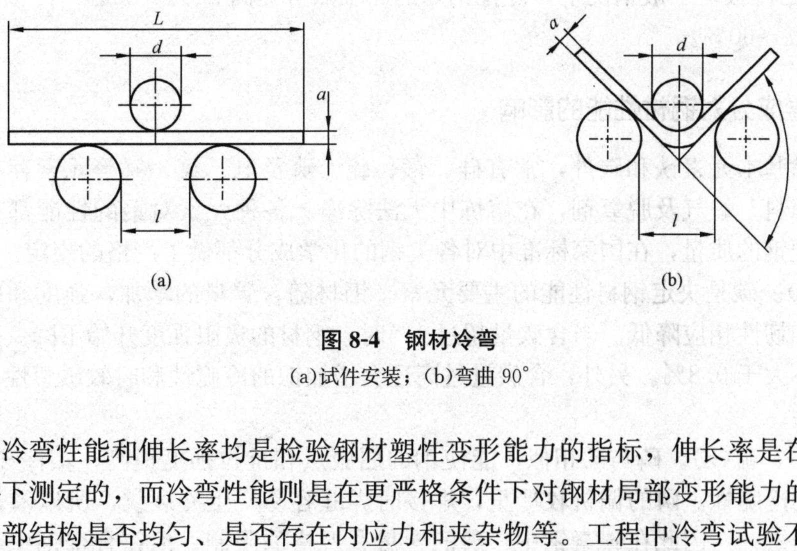


**图 8-4 钢材冷弯**

(a)试件安装；(b)弯曲 90°

钢材的冷弯性能和伸长率均是检验钢材塑性变形能力的指标，伸长率是在试件轴向均匀变形条件下测定的，而冷弯性能则是在更严格条件下对钢材局部变形能力的检验，它能检验钢材内部结构是否均匀、是否存在内应力和夹杂物等。工程中冷弯试验不仅是评定钢材塑性、加工性能的技术指标，而且对焊接质量也是一种严格的检验，它能检验焊件受弯表面是否存在未熔合、微裂纹及夹杂物等现象。对于重要结构和弯曲成型的钢材，冷弯性能必须合格。

**2. 焊接性能**

建筑工程中，无论是钢结构还是混凝土结构的钢筋骨架、接头及埋件连接件等，绝大多数都采用焊接方式连接。焊接的好坏主要取决于钢材的焊接性能、焊接工艺及焊接材料。

影响钢材可焊性的主要因素如下：

(1)化学成分及其含量。钢的含碳量高，将增加焊接接头的硬脆性，含碳量小于 0.25% 的碳素钢具有良好的可焊性。

(2)合金元素。加入合金元素如硅、锰、钒、钛等，也将增大焊接处的硬脆性，降低了可焊性。

(3)硫、磷等杂质含量。硫、磷等有害杂质含量越高，钢材的可焊性越差，特别是硫能使焊接产生热裂纹及硬性。

焊接结构用钢的选择应注意：应首选含碳量较低的氧气转炉或平炉镇静钢。对于高碳钢及合金钢，焊接时一般可采用焊前预热及焊后热处理等措施，可以在一定程度上改善可焊性。

另外，正确地选用焊接方法和焊接材料(焊条)，正确地操作，也是保证焊接质量的重要措施。

钢筋焊接需要注意：冷拉钢筋的焊接应在冷拉之前进行；钢筋焊接之前，焊接部位应清除铁锈、熔渣、油污等，要尽量避免不同国家的进口钢筋之间或进口钢筋与国产钢筋之间的焊接。

**3. 冷加工性能**

(1)冷轧。冷轧是指将圆钢在轧钢机上轧成断面形状规则的钢筋，以提高钢筋的强度及与混凝土的粘结力。钢筋在冷轧时，纵向与横向同时产生变形，因而能较好地保持其塑性和内部结构的均匀性。

(2)冷拉与冷拔。一般情况下，冷拉钢筋的屈服点可提高 20%～25%，冷拔钢丝的屈服点可提高 40%～60%。

## 三、化学成分对钢材性能的影响

钢材中除基本元素铁和碳外，常有硅、锰、硫、磷及氢、氧、氮等元素存在。这些元素来自炼钢原料、炉气及脱氧剂，在熔炼中无法除净。各种元素对钢的性能都有一定的影响，为了保证钢的质量，在国家标准中对各类钢的化学成分都做了严格的规定。

(1)碳(C)。碳是决定钢材性能的主要元素。钢材随含碳量的增加，强度和硬度相应提高，而塑性和韧性相应降低。当含碳量超过 1%时，钢材的极限强度开始下降。建筑工程用钢材含碳量不大于 0.8%。另外，含碳量过高还会增加钢的冷脆性和时效敏感性，降低抗腐蚀性和可焊性。

(2)磷(P)、硫(S)。磷与碳相似，能使钢的屈服点和抗拉强度提高，塑性和韧性下降，显著增加钢的冷脆性。磷的偏析较严重，焊接时焊缝容易产生冷裂纹，所以磷是降低钢材可焊性的元素之一。因此在碳素钢中，磷的含量有严格的限制。但在合金钢中，磷可改善钢材的抗大气腐蚀性，也可作为合金元素。

硫在钢材中以 FeS 形式存在，FeS 是一种低熔点化合物，当钢材在红热状态下进行加工或焊接时，FeS 已熔化，使钢的内部产生裂纹，这种在高温下产生裂纹的特性称为热脆性。热脆性大大降低了钢的热加工性和可焊性。另外，硫偏析较严重，会降低钢的冲击韧性、疲劳强度和抗腐蚀性，因此在碳素钢中也要严格限制硫含量。

(3)氧(O)、氮(N)。氧为有害元素，主要存在于非金属夹杂物内，可降低钢的力学性能，特别是韧性。氧有促进时效倾向的作用，使钢的可焊性变差。

氮对钢材性质的影响与碳、磷相似，使钢材的强度提高，塑性、韧性及冷弯性能显著下降。氮可加剧钢材的时效敏感性和冷脆性，降低可焊性。

(4)硅(Si)、锰(Mn)。硅是钢的主要合金元素，是为脱氧去硫而加入的。当硅在钢材中的含量较低(小于1%)时，可提高钢材的强度，而对塑性和韧性影响不明显。但若含硅量超过1%，会增加钢材的冷脆性，降低可焊性。

锰是我国低合金钢的重要合金元素，锰含量一般为1%～2%，它的作用主要是使钢材强度提高，还能消减硫和氧引起的热脆性，使钢材的热加工性能改善。

(5)铝(Al)、钛(Ti)、钒(V)、铌(Nb)。铝、钛、钒、铌均为炼钢时的强脱氧剂，能提高钢材强度，改善韧性和可焊性，是常用的合金元素。

总之，化学元素对钢材性能有着显著的影响，因此在钢材标准中都对主要元素的含量加以规定。化学元素对钢材性能的影响见表8-2。

**表8-3　化学元素对钢材性能的影响**

| 化学元素 | 对钢材性能的影响 |
|---|---|
| 碳(C) | C↑强度、硬度↑塑性、韧性↓可焊性、耐蚀性↓冷脆性、时效敏感性↑；C>1%，C↑强度↓ |
| 硅(Si) | Si<1%，Si↑强度↑；Si>1%，Si↑塑性、韧性↓↓可焊性↓冷脆性↑ |
| 锰(Mn) | Mn↑强度、硬度、韧性↑耐磨、耐蚀性↑热脆性↓。Si、Mn为主要合金元素 |
| 钛(Ti) | Ti↑强度↑↑韧性↑塑性、时效↓ |
| 钒(V) | V↑强度↑时效↓ |
| 铌(Nb) | Nb↑强度↑塑性、韧性↑。Ti、V、Nb为常用合金元素 |
| 磷(P) | P↑强度↑塑性、韧性、可焊性↓↓偏析、冷脆性↑↑耐蚀性↑ |
| 氮(N) | 与C、P相似。在其他元素配合下P、N可作合金元素 |
| 硫(S) | S↑偏析↑力学性能、耐蚀性、可焊性↓↓ |
| 氧(O) | O↑力学性能、可焊性↓时效↑。S、O属杂质 |
| 注：↑表示提高，↑↑表示显著提高；↓表示降低，↓↓表示显著降低。 | |

## 四、钢材的强化

### 1. 钢材的冷加工及时效

(1)钢材的冷加工。将钢材在常温下进行冷加工(如冷拉、冷拔或冷轧)，使其产生塑性变形，从而提高屈服强度和硬度、降低塑性和韧性的过程，称为钢材的冷加工。

冷加工的主要目的是提高屈服强度、节约钢材。但冷加工往往导致塑性、韧性及弹性模量降低。工程中常用的冷加工形式有冷拉、冷拔和冷轧。其中以冷拉和冷拔应用最为广泛。

1)冷拉：以超过钢筋屈服强度的应力拉伸钢筋，使之伸长，然后缓慢卸去荷载，当再度加载时，其屈服极限将有所提高，而其塑性变形能力都有所降低的冷加工强化方式。

2)冷拔：将低碳钢丝从孔径略小于被拔钢丝直径的硬质拔丝模中强行拔出，使钢丝断面减小、长度伸长的工艺过程。

3)冷轧：将低碳钢丝通过轧机，在钢丝表面轧制出呈一定规律分布的轧痕，形成断面形状规则的钢筋的工艺过程。

工程中使用的钢筋通过冷加工强化，具有重要的意义。

1)具有明显的经济效益。钢筋经冷拉后，其屈服强度可提高 20%～30%，节约钢材 10%～20%；冷拔后的钢筋，表面光洁度高，屈服强度可提高 40%～60%；冷轧后的钢筋可以提高其强度及与混凝土的粘结力。因此，可适当减小钢筋混凝土结构设计截面或减小混凝土中配筋的数量，从而达到节省钢材的目的。

2)冷拉还可以简化施工工艺。冷拉不仅提高了强度、节约了钢材，同时，还可使盘条钢筋的开盘、矫直和冷拉三道工序合为一道工序；直条钢筋则可使矫直、除锈和冷拉合为一道工序。

(2)钢材的时效。钢材随时间的延长，强度、硬度进一步提高，而塑性、韧性下降的现象称为时效。钢材的时效处理有自然时效和人工时效两种。钢材经冷加工后，在常温下存放 15～20 d，其屈服强度、抗拉强度及硬度会进一步提高，而塑性、韧性继续降低，这种现象称为自然时效。钢材加热至 100～200 ℃，保持 2 h 左右，其屈服强度、抗拉强度及硬度会进一步提高，而塑性及韧性继续降低，这种现象称为人工时效。

钢材的时效是普遍而客观存在的一种现象，有些未经冷加工的钢材，长期存放后也会出现时效现象，冷加工只是加速了时效发展。一般冷加工和时效同时采用，进行冷拉时通过试验来确定冷拉控制参数和时效方式。通常，强度较低的钢筋宜采用自然时效，强度较高的钢筋则应采用人工时效。

因时效而导致钢材性能改变的程度称为时效敏感性。时效敏感性大的钢材，经时效后，其冲击韧性、塑性会降低，所以，对于承受振动、冲击荷载作用的重要钢结构，则应选用时效敏感性小的钢材。

钢材经冷加工及时效处理后，其应力-应变关系变化的规律可明显地在应力-应变图上得到反映，如图 8-5 所示。

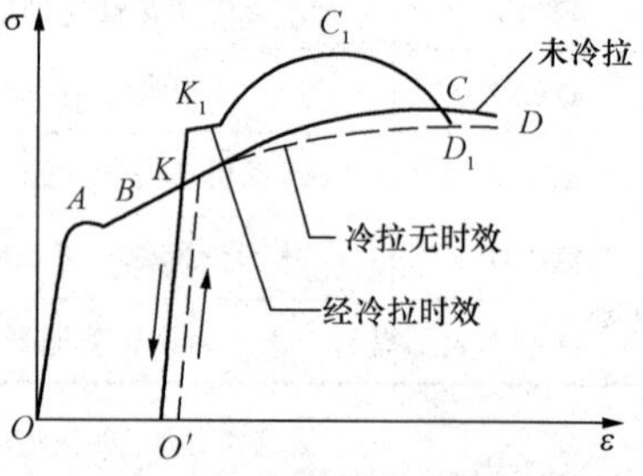

**图 8-5　钢筋经冷拉时效后应力-应变关系的变化**

图 8-5 中，$OABCD$ 为未经冷拉和时效试件的应力-应变曲线。当试件冷拉至超过屈服强度的任意一点 $K$，卸去荷载，此时由于试件已产生塑性变形，则曲线沿 $KO'$下降，$KO'$大致与 $AO$ 平行。如立即再拉伸，则应力-应变曲线将成为$O'KCD$(虚线)曲线，屈服强度由 $B$ 点提高到 $K$ 点。但如在 $K$ 点卸荷后进行时效处理，然后再拉伸，则应力-应变曲线将成为 $O'K_1C_1D_1$ 曲线。这表明冷拉时效后，提高了屈服强度和抗拉强度，但塑性、韧性却相应降低。

**2. 钢材的热处理**

按照一定的要求，将钢材加热到一定温度，在此温度下保持一定的时间再以一定的速度和方式进行冷却，使钢材内部晶体组织和显微结构按要求进行改变，或者消除钢中的内应力，从而获得人们所需要的机械力学性能，这一过程称为钢材的热处理。常用的热处理方法有以下几种：

(1)淬火。将钢材加热至 723 ℃以上，并保持一定时间后，迅速置于水中或机油中冷却，这个过程称为钢材的淬火处理。钢材经淬火后，强度和硬度提高，脆性增大，塑性和韧性明显降低。

(2)回火。将淬火后的钢材重新加热到723 ℃以下某一温度范围，保温一定时间后再缓慢地或较快地冷却至室温，这一过程称为回火处理。回火可消除钢材淬火时产生的内应力，使其硬度降低，恢复塑性和韧性。回火温度越高，钢材硬度下降越多，塑性和韧性等性能均能得以改善。

(3)回火调质。若钢材淬火后随即进行高温回火处理，则称为调质处理。其目的是使钢材的强度、塑性、韧性等性能均得以改善。

# 第三节　钢材的标准与选用

建筑钢材可分为钢结构用钢和钢筋混凝土结构用钢两类。在建筑工程中，钢结构所用各种型钢，钢筋混凝土结构所用的各种钢筋、钢丝、锚具等钢材的性能主要取决于所用钢种及其加工方式。

## 一、钢结构用钢的种类和性能

目前，国内钢结构用钢主要可分为碳素结构钢和低合金高强度结构钢。

### 1. 碳素结构钢

碳素结构钢是碳素钢中的一类，可加工成各种型钢、钢筋和钢丝，适用于一般结构和工程。

(1)牌号及其表示方法。碳素结构钢有Q195、Q215、Q235、Q255和Q275五个牌号，其表示方法如下：

屈服点等级：Q195、Q215、Q235、Q255和Q275，Q表示屈服点，195、215、235、255和275为屈服强度值(MPa)。

质量等级：各牌号按冲击韧性划分为A、B、C、D四个等级。A级——不要求冲击韧性；B级——要求+20 ℃冲击韧性；C级——要求0 ℃冲击韧性；D级——要求−20 ℃冲击韧性。

脱氧程度：F(沸腾钢)、b(半镇静钢)、Z(镇静钢)和TZ(特殊镇静钢)。“Z”和“TZ”可以省略不写。

例：Q235—B·F表示屈服点为235 MPa的B级沸腾钢。

(2)力学性能及工艺性能。根据现行国家标准《碳素结构钢》(GB/T 700—2006)的规定，碳素结构钢的拉伸性能应符合表8-4的规定，冷弯性能应符合表8-5的规定。

(3)特性及应用。Q195与Q215钢强度低，塑性、韧性、加工性能与焊接性能较好。主要用于轧制薄板和盘条、管坯和螺栓等。

Q235钢既有较高的强度，又有较好的塑性和韧性，可焊性也好，在土木工程中应用最广泛，大量用于制作钢结构用钢、钢筋和钢板等。其中Q235—A级钢，一般仅适用于承受静荷载作用的结构，Q235—C和Q235—D级钢可用于重要的焊接结构。另外，由于Q235—D级钢含有足够的形成细晶粒结构的元素，同时对硫、磷有害元素控制严格，故其冲击韧性好，有较强的抵抗振动、冲击荷载能力，尤其适用于负温条件。

Q255钢和Q275钢强度高，塑性和韧性稍差，不易冷弯加工，可焊性较差，可用于轧制带肋钢筋或制作机械零件和工具等。

**表 8-4 碳素结构钢的拉伸性能**

| 牌号 | 等级 | 屈服强度①/(N·mm⁻²)，不小于 | | | | | | 抗拉强度②/(N·mm⁻²) | 断后伸长率/%，不小于 | | | | | 冲击试验(V 型缺口) | |
|---|---|---|---|---|---|---|---|---|---|---|---|---|---|---|---|
| | | 厚度(或直径)/mm | | | | | | | 厚度(或直径)/mm | | | | | 温度/℃ | 冲击吸收功(纵向)/J 不小于 |
| | | ≤16 | >16~40 | >40~60 | >60~100 | >100~150 | >150~200 | | ≤40 | >40~60 | >60~100 | >100~150 | >150~200 | | |
| Q195 | — | 195 | 185 | — | — | — | — | 315~430 | 33 | — | — | — | — | — | — |
| Q215 | A | 215 | 205 | 195 | 185 | 175 | 165 | 335~450 | 31 | 30 | 29 | 27 | 26 | — | — |
| | B | | | | | | | | | | | | | 20 | 27③ |
| Q235 | A | 235 | 225 | 215 | 215 | 195 | 185 | | 26 | 25 | 24 | 22 | 21 | — | — |
| | B | | | | | | | | | | | | | 20 | 27③ |
| | C | | | | | | | | | | | | | 0 | |
| | D | | | | | | | | | | | | | −20 | |
| Q275 | A | 275 | 265 | 255 | 245 | 225 | 215 | | 22 | 21 | 20 | 18 | 17 | — | — |
| | B | | | | | | | | | | | | | 20 | 27③ |
| | C | | | | | | | | | | | | | 0 | |
| | D | | | | | | | | | | | | | −20 | |

① Q195 的屈服强度值仅供参考，不作交货条件。

② 厚度大于 100 mm 的钢材，抗拉强度下限允许降低 20 N/mm²。宽带钢(包括剪切钢板)抗拉强度上限不作交货条件。

③ 厚度小于 25 mm 的 Q235B 级钢材，如供方能保证冲击吸收功值合格，经需方同意，可不做检验。

**表 8-5 碳素结构钢的冷弯性能**

| 牌 号 | 试样方向 | 冷弯试验 180°，$B=2a$① | |
|---|---|---|---|
| | | 钢材厚度(或直径)②/mm | |
| | | ≤60 | 60~100 |
| | | 弯心直径 $d$ | |
| Q195 | 纵 | 0 | — |
| | 横 | $0.5a$ | |
| Q215 | 纵 | $0.5a$ | $1.5a$ |
| | 横 | $a$ | $2a$ |

续表

<table>
<tr><td rowspan="4">牌　号</td><td rowspan="4">试样方向</td><td colspan="2">冷弯试验 180°，$B=2a$①</td></tr>
<tr><td colspan="2">钢材厚度(或直径)②/mm</td></tr>
<tr><td>≤60</td><td>60～100</td></tr>
<tr><td colspan="2">弯心直径 $d$</td></tr>
<tr><td rowspan="2">Q235</td><td>纵</td><td>$a$</td><td>$2a$</td></tr>
<tr><td>横</td><td>$1.5a$</td><td>$2.5a$</td></tr>
<tr><td rowspan="2">Q275</td><td>纵</td><td>$1.5a$</td><td>$2.5a$</td></tr>
<tr><td>横</td><td>$2a$</td><td>$3a$</td></tr>
<tr><td colspan="4">① $B$ 为试样宽度，$a$ 为试样厚度(或直径)。<br>② 钢材厚度(或直径)大于 100 mm 时，弯曲试验由双方协商确定。</td></tr>
</table>

**2. 低合金高强度结构钢**

低合金高强度结构钢是在碳素结构钢的基础上，添加少量的一种或几种合金元素(总含量小于 5%)的一种结构钢。其目的是提高钢的屈服强度、抗拉强度、耐磨性、耐蚀性及耐低温性能等。因此，它是综合性较为理想的建筑钢材，尤其在大跨度、承受动荷载和冲击荷载的结构中更适用。另外，与使用碳素钢相比，可节约钢材 20%～30%，而成本并不是很高。

(1)牌号及其表示方法。低合金高强度结构钢有 Q295、Q345、Q390、Q420 和 Q460 五个牌号，其表示方法如下：

屈服点等级：Q295、Q345、Q390、Q420 和 Q460，Q 表示屈服点，295、345、390、420 和 460 为屈服强度值(MPa)。

质量等级：各牌号按冲击韧性划分为 A、B、C、D、E 五个等级。

A 级——不要求冲击韧性；B 级——要求＋20 ℃冲击韧性；C 级——要求 0 ℃冲击韧性；D 级——要求－20 ℃冲击韧性；E 级——要求－40 ℃冲击韧性。

(2)力学性能。根据现行国家标准《低合金高强度结构钢》(GB/T 1591—2008)的规定，低合金高强度结构钢的拉伸性能见表 8-6。

(3)特性及应用。添加合金元素后，使低合金高强度结构钢与碳素结构钢相比，既具有较高的强度，同时又有良好的塑性、低温冲击韧性、可焊性和耐蚀性等特点，是一种综合性能良好的建筑钢材。

Q345 是钢结构的常用牌号，Q390 也是推荐使用的牌号。与碳素结构钢 Q235 相比，低合金高强度结构钢 Q345 的强度更高，等强度代换时可以节省钢材 15%～25%，并减轻结构自重。另外，Q345 具有良好的承受动荷载和耐疲劳性。低合金高强度结构钢广泛应用于钢结构和钢筋混凝土结构中，特别是大型结构、重型结构、大跨度结构、高层建筑、桥梁工程、承受动荷载和冲击荷载的结构。

## 表 8-6　低合金高强度结构钢的拉伸性能

| 牌号 | 质量等级 | 拉伸试验①,②,③ | | | | | | | | | | | | | | | | | | | | | |
|---|---|---|---|---|---|---|---|---|---|---|---|---|---|---|---|---|---|---|---|---|---|---|---|
| | | 以下公称厚度(直径、边长)下屈服强度($R_{eL}$)/MPa | | | | | | | | | 以下公称厚度(直径,边长)抗拉强度($R_m$)/MPa | | | | | | | 断后伸长率(A)/% 公称厚度(直径,边长) | | | | | |
| | | ≤16 mm | >16~40 mm | >40~63 mm | >63~80 mm | >80~100 mm | >100~150 mm | >150~200 mm | >200~250 mm | >250~400 mm | ≤40 mm | >40~63 mm | >63~80 mm | >80~100 mm | >100~150 mm | >150~250 mm | >250~400 mm | ≤40 mm | >40~63 mm | >63~100 mm | >100~150 mm | >150~250 mm | >250~400 mm |
| Q345 | A、B、C | ≥345 | ≥335 | ≥325 | ≥315 | ≥305 | ≥285 | ≥275 | ≥265 | — | 470~630 | 470~630 | 470~630 | 470~630 | 450~600 | 450~600 | — | ≥20 | ≥19 | ≥19 | ≥18 | ≥17 | — |
| | D、E | | | | | | | | | ≥265 | | | | | | | 450~600 | ≥21 | ≥20 | ≥20 | ≥19 | ≥18 | ≥17 |
| Q390 | A、B、C、D、E | ≥390 | ≥370 | ≥350 | ≥330 | ≥330 | ≥310 | — | — | — | 490~650 | 490~650 | 490~650 | 490~650 | 470~620 | — | — | ≥20 | ≥19 | ≥19 | ≥18 | — | — |
| Q420 | A、B、C、D、E | ≥420 | ≥400 | ≥380 | ≥360 | ≥360 | ≥340 | — | — | — | 520~680 | 520~680 | 520~680 | 520~680 | 500~650 | — | — | ≥19 | ≥18 | ≥18 | ≥18 | — | — |
| Q460 | C、D、E | ≥460 | ≥440 | ≥420 | ≥400 | ≥400 | ≥380 | — | — | — | 550~720 | 550~720 | 550~720 | 550~720 | 530~700 | — | — | ≥17 | ≥16 | ≥16 | ≥16 | — | — |
| Q500 | C、D、E | ≥500 | ≥480 | ≥470 | ≥450 | ≥440 | — | — | — | — | 610~770 | 600~760 | 590~750 | 540~730 | — | — | — | ≥17 | ≥17 | ≥17 | — | — | — |
| Q550 | C、D、E | ≥550 | ≥530 | ≥520 | ≥500 | ≥490 | — | — | — | — | 670~830 | 620~810 | 600~790 | 590~780 | — | — | — | ≥16 | ≥16 | ≥16 | — | — | — |
| Q620 | C、D、E | ≥620 | ≥600 | ≥590 | ≥570 | — | — | — | — | — | 710~880 | 690~880 | 670~860 | — | — | — | — | ≥15 | ≥15 | ≥15 | — | — | — |
| Q690 | C、D、E | ≥690 | ≥670 | ≥660 | ≥640 | — | — | — | — | — | 770~940 | 750~920 | 730~900 | — | — | — | — | ≥14 | ≥14 | ≥14 | — | — | — |

① 当屈服不明显时,可测量 $R_{P0.2}$ 代替下屈服强度。

② 宽度不小于 600 mm 扁平材,拉伸试验取横向试样;宽度小于 600 mm 的扁平材、型材及棒材取纵向试样,断后伸长率最小值相应提高 1%(绝对值)。

③ 厚度>250~400 mm 的数值适用于扁平材。

## 二、钢结构用钢的选择

选择钢材要做到结构安全可靠，同时经济合理。为此，钢材有以下几种选择。

(1)要充分考虑结构或构件的重要性、荷载的性质(静载或动载)、连接方法(焊接、铆接或螺栓连接)、工作条件(温度或腐蚀介质)。

(2)对于重要结构、承受较大静力荷载或直接承受动荷载的结构、焊接结构，以及结构跨度大、处于低温条件下的结构，宜选用Q235的C或D级镇静钢；质量等级为A级的沸腾钢，仅适用于常温下承受静力荷载的结构。

(3)在钢结构中，常采用低合金高强度结构钢轧制的型钢、钢板和钢管建造桥梁、高层建筑及大跨度结构。在预应力钢筋混凝土结构中，HRB335、HRB400级钢筋就是由普通质量的低合金高强度结构钢轧制的。

## 三、钢筋混凝土结构用钢

钢筋混凝土结构用的钢筋和钢丝，主要由碳素结构钢或低合金高强度结构钢轧制而成。主要品种有热轧钢筋、冷轧带肋钢筋、冷轧扭钢筋、预应力混凝土用钢丝和钢绞线。

**1. 热轧钢筋**

用加热钢坯轧成的条形钢筋，称为热轧钢筋。其主要用于钢筋混凝土和预应力钢筋混凝土结构的配筋。

热轧钢筋按表面形状可分为光圆钢筋和带肋钢筋；而带肋钢筋又可分为月牙肋钢筋和等高肋钢筋。月牙肋钢筋的纵横肋不相交，而等高肋钢筋的纵横肋相交，如图8-6所示。

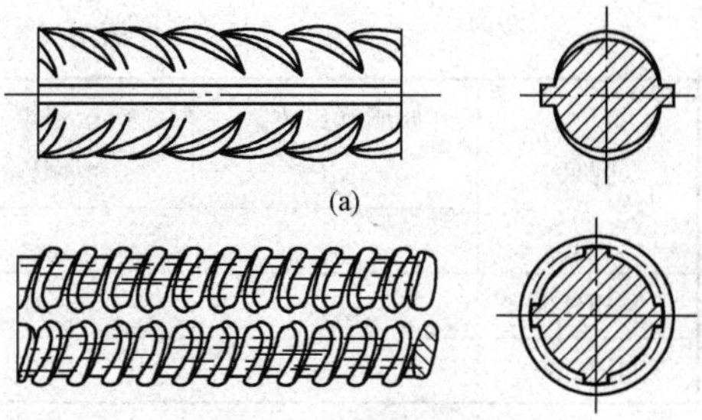

(a)

(b)

**图8-6 带肋钢筋**

(a)月牙肋钢筋；(b)等高肋钢筋

根据《钢筋混凝土用钢 第1部分：热轧光圆钢筋》(GB 1499.1—2008)及《钢筋混凝土用钢 第2部分：热轧带肋钢筋》(GB 1499.2—2007)的规定，热轧钢筋的牌号分为HPB235、HPB300、HRB335、HRBF335、HRB400、HRBF400、HRB500、HRBF500，HPB235、HPB300钢筋为光圆钢筋。低碳热轧圆盘条按其屈服强度代号分为Q215、Q235，供建筑用钢筋为Q235。HRB335、HRBF335、HRB400、HRBF400、HRB500、HRBF500为热轧带肋钢筋。其中Q为"屈服"的汉语拼音字头，H、R、B、F分别为热轧(Hotrolled)、带肋(Rib-bed)、钢筋(Bars)、细(Fine)四个词的英文首位字母。

(1)热轧光圆钢筋。

1)热轧光圆钢筋公称直径。钢筋的公称直径范围为6～22 mm，推荐的钢筋公称直径为6、8、10、12、16、20(mm)。

2)热轧光圆钢筋牌号及化学成分(熔炼分析)应符合表8-7的规定。

**表8-7 热轧光圆钢筋的化学成分**

| 牌号 | 化学成分(质量分数,%) 不大于 | | | | |
|---|---|---|---|---|---|
| | C | Si | Mn | P | S |
| HPB235 | 0.22 | 0.30 | 0.65 | 0.045 | 0.050 |
| HPB300 | 0.25 | 0.55 | 1.50 | | |

3)热轧光圆钢筋的公称横截面积与理论质量应符合表 8-8 的规定。

**表 8-8　热轧光圆钢筋的公称横截面面积与理论质量**

| 公称直径/mm | 公称横截面面积/$mm^2$ | 理论质量/($kg \cdot m^{-1}$) |
|---|---|---|
| 6(6.5) | 28.27(33.18) | 0.222(0.260) |
| 8 | 50.27 | 0.395 |
| 10 | 78.54 | 0.617 |
| 12 | 113.1 | 0.888 |
| 14 | 153.9 | 1.21 |
| 16 | 201.1 | 1.58 |
| 18 | 254.5 | 2.00 |
| 20 | 314.2 | 2.47 |
| 22 | 380.1 | 2.98 |
| 注：理论质量按密度为 7.85 $g/cm^3$ 计算。公称直径 6.5 mm 的产品为过渡性产品。 | | |

4)热轧光圆钢筋的力学性能应符合表 8-9 的规定。

**表 8-9　热轧光圆钢筋的力学性能**

| 牌号 | 屈服强度 $R_{eL}$ /MPa | 抗拉强度 $R_m$ /MPa | 断后伸长率 $A$ /% | 最大力总伸长率 $A_{gt}$/% | 冷弯试验 180°<br>$d$—弯芯直径<br>$a$—钢筋公称直径 |
|---|---|---|---|---|---|
| | 不小于 | | | | |
| HPB235 | 235 | 370 | 25.0 | 10.0 | $d=a$ |
| HPB300 | 300 | 420 | | | |

(2)热轧带肋钢筋。

1)热轧带肋钢筋的公称直径范围为 6～50 mm，推荐的钢筋公称直径为 6、8、10、12、16、20、25、32、40、50(mm)。

2)热轧带肋钢筋的公称横截面面积与理论质量见表 8-10。

**表 8-10　热轧带肋钢筋的公称横截面面积与理论质量**

| 公称直径 /mm | 公称横截面面积 /$mm^2$ | 理论质量 /($kg \cdot m^{-1}$) | 公称直径 /mm | 公称横截面面积 /$mm^2$ | 理论质量 /($kg \cdot m^{-1}$) |
|---|---|---|---|---|---|
| 6 | 28.27 | 0.222 | 22 | 380.1 | 2.98 |
| 8 | 50.27 | 0.395 | 25 | 490.9 | 3.85 |
| 10 | 78.54 | 0.617 | 28 | 615.8 | 4.83 |
| 12 | 113.1 | 0.888 | 32 | 804.2 | 6.31 |
| 14 | 153.9 | 1.21 | 36 | 1 018 | 7.99 |
| 16 | 201.1 | 1.58 | 40 | 1 257 | 9.87 |
| 18 | 254.5 | 2.00 | 50 | 1 964 | 15.42 |
| 20 | 314.2 | 2.47 | | | |
| 注：理论质量按密度为 7.85 $g/cm^3$ 计算。 | | | | | |

3)热轧带肋钢筋的技术性能要求见表 8-11。

表 8-11　热轧带肋钢筋的技术性能

| 牌　　号 | 化学成分/% | | | | | | 公称直径 /mm | 屈服强度 $R_{eL}$ /MPa | 抗拉强度 $R_m$ /MPa | 断后伸长率 $A$ /% | 最大力伸长率 $A_{gt}$/% | 弯芯直径 $d$ |
|---|---|---|---|---|---|---|---|---|---|---|---|---|
| | C | Si | Mn | Ceq | P | S | | | | | | |
| | 不大于 | | | | | | | 不小于 | | | | |
| HRB335<br>HRBF335 | 0.25 | 0.80 | 1.60 | 0.52 | 0.045 | 0.045 | 6～25 | 335 | 455 | 17 | 7.5 | 3$d$ |
| | | | | | | | 28～40 | | | | | 4$d$ |
| | | | | | | | >40～50 | | | | | 5$d$ |
| HRB400<br>HRBF400 | 0.25 | 0.80 | 1.60 | 0.54 | 0.045 | 0.045 | 6～25 | 400 | 540 | 16 | 7.5 | 4$d$ |
| | | | | | | | 28～40 | | | | | 5$d$ |
| | | | | | | | >40～50 | | | | | 6$d$ |
| HRB500<br>HRBF500 | 0.25 | 0.80 | 1.60 | 0.55 | 0.045 | 0.045 | 6～25 | 500 | 630 | 15 | 7.5 | 6$d$ |
| | | | | | | | 28～40 | | | | | 7$d$ |
| | | | | | | | >40～50 | | | | | 8$d$ |

**2. 冷轧带肋钢筋**

冷轧带肋钢筋是热轧圆盘条经冷轧后，在其表面带有沿长度方向均匀分布的三面或两面横肋的钢筋。

(1)冷轧带肋钢筋的牌号表示方法。《冷轧带肋钢筋》(GB 13788—2008)规定，冷轧带肋钢筋牌号由 CRB 和钢筋的抗拉强度最小值构成，C、R、B 分别为冷轧(Cold rolled)、带肋(Ribbed)、钢筋(Bars)三个词的英文首位字母，冷轧带肋钢筋分为 CRB550、CRB650、CRB800 和 CRB970 四个牌号。CRB550 为普通钢筋混凝土用钢筋，其他牌号为预应力混凝土用钢筋。

(2)冷轧带肋钢筋的技术要求。冷轧带肋钢筋的力学性能、工艺性能应符合表 8-12 的规定。当进行弯曲试验时，受弯曲部位表面不得产生裂纹。反复弯曲试验的弯曲半径应符合表 8-13 的规定。

表 8-12　冷轧带肋钢筋的力学性能和工艺性能

| 牌　　号 | $R_{p0.2}$ /MPa 不小于 | $R_m$ /MPa 不小于 | 伸长率/% 不小于 | | 弯曲试验 180° | 反复弯曲次数 | 应力松弛 初始应力应相当于公称抗拉强度的 70% |
|---|---|---|---|---|---|---|---|
| | | | $A_{11.3}$ | $A_{100}$ | | | 1 000 h 松弛率/% 不大于 |
| CRB550 | 500 | 550 | 8.0 | — | $D=3d$ | — | — |
| CRB650 | 585 | 650 | — | 4.0 | — | 3 | 8 |
| CRB800 | 720 | 800 | — | 4.0 | — | 3 | 8 |
| CRB970 | 875 | 970 | — | 4.0 | — | 3 | 8 |
| 注：$D$ 为弯心直径，$d$ 为钢筋公称直径。 | | | | | | | |

表 8-13 冷轧带肋钢筋反复弯曲试验的弯曲半径 mm

| 钢筋公称直径 | 4 | 5 | 6 |
|---|---|---|---|
| 弯曲半径 | 10 | 15 | 15 |

### 3. 冷轧扭钢筋

冷轧扭钢筋是由普通低碳钢热轧盘圆钢筋经冷轧扭工艺制成的。其表面形状为连续的螺旋形，故它与混凝土的粘结性能很强，同时具有较高的强度和足够的塑性。如用它代替HPB235 级钢筋，可节约钢材 30%左右，可降低工程成本。

(1)冷轧扭钢筋的技术要求。

1)冷轧扭钢筋的截面控制尺寸、节距应符合表 8-14 的规定。

表 8-14 冷轧扭钢筋的截面控制尺寸、节距

| 强度级别 | 型　号 | 标志直径 $d$/mm | 截面控制尺寸/mm，≥ | | | | 节距 $l_1$ /mm，≤ |
|---|---|---|---|---|---|---|---|
| | | | 轧扁厚度 $t_1$ | 方形边长 $a_1$ | 外圆直径 $d_1$ | 内圆直径 $d_2$ | |
| CTB550 | Ⅰ | 6.5 | 3.7 | — | — | — | 75 |
| | | 8 | 4.2 | — | — | — | 95 |
| | | 10 | 5.3 | — | — | — | 110 |
| | | 12 | 6.2 | — | — | — | 150 |
| | Ⅱ | 6.5 | — | 5.4 | — | — | 30 |
| | | 8 | — | 6.5 | — | — | 40 |
| | | 10 | — | 8.1 | — | — | 50 |
| | | 12 | — | 9.6 | — | — | 80 |
| | Ⅲ | 6.5 | — | — | 6.17 | 5.67 | 40 |
| | | 8 | — | — | 7.59 | 7.09 | 60 |
| | | 10 | — | — | 9.49 | 8.89 | 70 |
| CTB650 | Ⅲ | 6.5 | — | — | 6.00 | 5.50 | 30 |
| | | 8 | — | — | 7.38 | 6.88 | 50 |
| | | 10 | — | — | 9.22 | 8.67 | 70 |

2)冷轧扭钢筋的公称横截面面积和理论质量应符合表 8-15 的规定。

表 8-15 冷轧扭钢筋的公称横截面面积和理论质量

| 强度级别 | 型　号 | 标志直径 $d$/mm | 公称横截面面积 $A_s/mm^2$ | 理论质量/($kg \cdot m^{-1}$) |
|---|---|---|---|---|
| CTB550 | Ⅰ | 6.5 | 29.50 | 0.232 |
| | | 8 | 45.30 | 0.356 |
| | | 10 | 68.30 | 0.536 |
| | | 12 | 96.14 | 0.755 |
| | Ⅱ | 6.5 | 29.20 | 0.229 |
| | | 8 | 42.30 | 0.332 |
| | | 10 | 66.10 | 0.519 |
| | | 12 | 92.74 | 0.728 |

续表

| 强度级别 | 型号 | 标志直径 $d$/mm | 公称横截面面积 $A_s$/mm² | 理论质量/(kg·m⁻¹) |
|---|---|---|---|---|
| CTB550 | Ⅲ | 6.5 | 29.86 | 0.234 |
| | | 8 | 45.24 | 0.355 |
| | | 10 | 70.69 | 0.555 |
| CTB650 | Ⅲ | 6.5 | 28.20 | 0.221 |
| | | 8 | 42.73 | 0.335 |
| | | 10 | 66.76 | 0.524 |
| 注：Ⅰ型为矩形截面；Ⅱ型为方形截面；Ⅲ型为圆形截面。 | | | | |

3)冷轧扭钢筋的力学性能应符合表8-16的规定。

**表8-16　冷轧扭钢筋的力学性能**

| 级别 | 型号 | 抗拉强度 $\sigma_b$ /(N·mm⁻²) | 断后伸长率 $\delta$/% | 冷弯试验 180°(弯芯直径=3$d$) |
|---|---|---|---|---|
| CTB550 | Ⅰ | ≥550 | $A_{11.3}\geq 4.5$ | 受弯曲部位钢筋表面不得产生裂纹 |
| | Ⅱ | ≥550 | $A\geq 10$ | |
| | Ⅲ | ≥550 | $A\geq 12$ | |
| CTB650 | Ⅲ | ≥650 | $A_{100}\geq 4$ | |

注：1. $d$为冷轧扭钢筋标志直径。
2. $A$、$A_{11.3}$分别表示以标距$5.65\sqrt{S_0}$或$11.3\sqrt{S_0}$($S_0$为试样原始截面积)的试样断后伸长率，$A_{100}$表示标距为100 mm的试样断后伸长率。

(2)冷轧扭钢筋的应用。冷轧扭钢筋混凝土结构构件以板类及中小型梁类受弯构件为主。冷轧扭钢筋适用于一般房屋和一般构筑物的冷轧扭钢筋混凝土结构设计与施工，尤其适用于现浇楼板。冷轧扭钢筋比采用普通热轧光圆钢筋节省钢材36%～40%，节省工时1/3，节省运费1/3，降低施工直接费用15%左右，经济效益明显。

**4. 预应力混凝土用钢丝和钢绞线**

预应力混凝土用钢丝是用优质碳素结构钢制成。预应力混凝土用钢丝具有强度高、柔性好、无接头、质量稳定可靠、施工方便、不须冷拉、不须焊接等优点。主要用于大跨度屋架及薄腹梁、大跨度吊车梁、桥梁、电杆和轨枕等的预应力钢筋等。

预应力混凝土用钢绞线是以数根优质碳素结构钢钢丝经绞捻和消除内应力的热处理而制成。预应力混凝土用钢绞线的最大负荷随钢丝的根数不同而不同，7根捻制结构的钢绞线，整根钢绞线的最大力达384 kN以上。预应力混凝土用钢绞线也具有强度高、柔韧性好、无接头、质量稳定和施工方便等优点，使用时按要求的长度切割，主要用于大跨度、大负荷的后张法预应力屋架、桥梁和薄腹板等结构的预应力筋。

## 四、钢材的选用原则

(1)荷载性质。对于经常承受动力或振动荷载的结构，容易产生应力集中现象，从而引起疲劳破坏，需要选用材质高的钢材。

(2)使用温度。对于经常处于低温状态的结构，钢材容易发生冷脆断裂，特别是焊接结构，因而要求钢材具有良好的塑性和低温冲击韧性。

(3)连接方式。对于焊接结构，当温度变化和受力性质改变时，焊缝附近的母体金属容易出现冷、热裂纹，促使结构早期破坏。所以，焊接结构对钢材化学成分和力学性能要求应较严。

(4)钢材厚度。钢材的力学性能一般随厚度的增大而降低，钢材经多次轧制后，钢的内部结晶组织更为紧密，强度更高，质量更好。因此，一般结构用的钢材厚度不宜超过 40 mm。

(5)结构重要性。选择钢材要考虑结构使用的重要性，如大跨度结构、重要的建筑物结构，须相应选用质量更好的钢材。

# 第四节 钢材的腐蚀防护与防火

## 一、钢材的腐蚀防护

钢材表面与周围环境接触，在一定条件下，可发生相互作用而被腐蚀。腐蚀不仅造成钢材的受力截面减小，表面不平整导致应力集中，降低了钢材的承载能力；还会使其疲劳强度大为降低，尤其是显著降低钢材的冲击韧性，使钢材脆断。混凝土中的钢筋腐蚀后，产生体积膨胀，使混凝土顺筋开裂。因此，为了确保钢材在工作过程中不被腐蚀，必须采取防腐蚀措施。

### 1. 钢材腐蚀的原因

根据钢材表面与周围介质的不同作用，一般把腐蚀分为下列两种：

(1)化学锈蚀。化学锈蚀是指钢材直接与周围介质发生化学反应而产生的锈蚀，这种锈蚀多数是氧化作用，使钢材表面形成疏松的氧化铁。在常温下，钢材表面形成一薄层钝化能力很弱的氧化保护膜，其疏松、易破裂，有害介质可进一步渗入而继续发生反应，造成锈蚀。在干燥环境下，锈蚀进展缓慢。但在温度或湿度较高的环境条件下，这种锈蚀进展会加快。

(2)电化学锈蚀。电化学锈蚀是指钢材与电解质溶液相接触而产生电流，形成原电池作用而发生的腐蚀。钢材中含有铁素体、渗碳体、非金属夹杂物，这些成分的电极电位不同，也就是活泼性不同，有电解质存在时，很容易形成原电池的两个极。钢材与潮湿介质空气、水、土壤接触时，表面覆盖一层水膜，水中溶有来自空气中的各种离子，这样便形成了电解质。首先，钢中的铁素体失去电子即 $Fe \rightarrow Fe^{2+} + 2e$ 成为阳极，渗碳体成为阴极。在酸性电解质中 $H^+$ 得到电子变成 $H_2$ 跑掉；在中性介质中，由于氧的还原作用使水中含有 $OH^-$，随之生成不溶于水的 $Fe(OH)_2$，进一步氧化成 $Fe(OH)_3$ 及其脱水产物 $Fe_2O_3$。

### 2. 钢材腐蚀的防护

防止钢材腐蚀的主要方法有以下三种：

(1)保护膜法。利用保护膜使钢材与周围介质隔离，从而避免或减缓外界腐蚀性介质对钢材的破坏作用。例如，在钢材的表面喷刷涂料、搪瓷、塑料等；或以金属镀层作为保护膜，如锌、锡、铬等。

(2)电化学保护法。无电流保护法是在钢铁结构上接一块较钢铁更为活泼的金属，如锌、镁，因为锌、镁比钢铁的电位低，所以锌、镁成为腐蚀电池的阳极遭到破坏(牺牲阳极)，而钢铁结构得到保护。这种方法在不容易或不能覆盖保护层的地方(如蒸汽锅炉、轮船外壳、地下管道、港工结构、道桥建筑等)常被采用。

外加电流保护法是在钢铁结构附近，安放一些废钢铁或其他难熔金属，如高硅铁及铅银合金等，将外加直流电源的负极接在被保护的钢铁结构上，正极接在难熔的金属上，通电后则难熔金属成为阳极而被腐蚀，钢铁结构成为阴极得到保护。

(3)合金化法。在碳素钢中加入能提高抗腐蚀能力的合金元素，如镍、铬、钛、铜等制成不同的合金钢防止混凝土中钢筋的腐蚀。上述几种方法，最经济、有效的方法是提高混凝土的密实度和碱度，并保证钢筋有足够的保护层厚度。

在水泥水化产物中，有1/5左右的$Ca(OH)_2$产生，介质的pH值达到13左右，使钢筋表面产生钝化膜，因此混凝土中的钢筋是不易生锈的。但大气中的$CO_2$以扩散方式进入混凝土中，与$Ca(OH)_2$作用而使混凝土中性化。当pH值降低到11.5以下时，钝化膜可能被破坏，使钢材表面呈活化状态。此时若具备了潮湿和供氧条件，钢筋表面即开始发生电化学腐蚀作用，由于铁锈的体积比钢大2～4倍，将会导致混凝土顺筋开裂。因为$CO_2$是以扩散方式进入混凝土内部进行碳化作用的，所以提高混凝土的密实度就可以十分有效地减缓碳化过程。

由于$Cl^-$有破坏钝化膜的作用，因此在配制钢筋混凝土时，还应限制氯盐的使用量。

## 二、钢材的防火

钢材虽然是一种不燃烧的材料，却是热的良导体，极易传导热量，在未进行防火处理的情况下，火灾时强度会迅速下降，出现塑性变形，产生局部损坏，造成钢结构整体倒塌失效。因此，必须对钢结构采取有效的保护，阻隔温度，提高钢结构耐火极限。我国的钢结构防火主要采用防火涂料法、发泡防火漆法和外包防火层等方法。

### 1. 防火涂料法

防火涂料法就是在钢结构上喷涂防火涂料以提高其耐火极限。目前，我国钢结构防火涂料主要分为薄涂型和厚涂型两类，即薄型(B类，包括超薄型)和厚型(H类)。

(1)薄型涂层厚度在7 mm以下，在火灾时能吸热膨胀发泡，形成泡沫状炭化隔热层，从而阻止热量向钢结构传递，延缓钢结构温升，起到防火保护作用。室内裸露钢结构、轻型屋盖钢结构及有装饰要求的钢结构，当规定耐火极限在1.5 h及以下时，宜选用薄涂型钢结构防火涂料。

(2)厚型涂层厚度为8～50 mm，涂层受热不发泡，依靠其较低的导热率来延缓钢结构温升，起到防火保护作用。室内隐蔽钢结构、高层全钢结构及多层厂房钢结构，当规定其耐火极限在1.5 h以上时，应选用厚涂型钢结构防火涂料。

### 2. 发泡防火漆法

防火漆是由成膜剂、阻燃剂、发泡剂等多种材料制造而成的一种阻燃涂料。防火漆与一般油漆相比，在物理性能方面基本一样，不同的是它干燥以后，漆膜本身不易燃烧，遇火时，能推迟火焰延烧到涂漆的可燃物上，具有一定的防火性能。

### 3. 外包防火层法

外包防火层法就是在钢结构外表添加外包层，可以现浇成型，也可以采用喷涂法。现浇成型的实体混凝土外包层通常用钢丝网或钢筋来加强，以限制收缩裂缝，并保证外壳的强度。喷涂法可以在施工现场对钢结构表面涂抹砂泵以形成保护层，砂泵可以是石灰水泥或是石膏砂浆，也可以掺入珍珠岩或石棉。同时，外包层也可以用珍珠岩、石棉、石膏或石棉水泥、轻混凝土做成预制板，采用胶粘剂、钉子、螺栓固定在钢结构上。外包防火层法通常应用于钢柱。

## 本章小结

本章主要介绍了作为重要建筑材料之一的钢材。在建筑工程中主要使用碳素结构钢和低合金高强度结构钢，用以制作钢结构构件及用作混凝土结构中的增强材料，具体讲述钢材的冶炼过程和分类方法，建筑钢材的力学性能、工艺性能、冷加工性能及钢材的热处理性能，钢材的化学成分及晶体组织结构，建筑钢材的技术标准及建筑工程用钢、钢筋混凝土结构用钢、钢结构用钢的种类、性质及特点；还介绍了钢材的腐蚀及防护措施。

## 思考与练习

### 一、选择题(单选或多选)

1. 低碳钢拉伸处于(　　)时，其应力与应变成正比。

A. 弹性阶段　　B. 屈服阶段　　C. 强化阶段　　D. 颈缩阶段

2. 在弹性阶段中，钢材的应力和应变的比值称为(　　)。

A. 屈服强度　　B. 抗拉强度　　C. 弹性模量　　D. 伸长率

3. (　　)是钢材受拉时所能承受的最大应力值。

A. 屈服强度　　B. 抗压强度　　C. 抗拉强度　　D. 抗折强度

4. 钢材按质量等级分类，是指按钢中有害杂质(　　)的多少进行分类。

A. 氧、氮　　B. 硫、磷　　C. 铁、碳　　D. 锰、硅

5. 低碳钢是指含碳量小于(　　)%的钢材。

A. 0.10　　B. 0.20　　C. 0.25　　D. 0.30

6. 下列关于钢材的工艺性能的说法正确的是(　　)。

A. 钢材的伸长率大，其冷弯性能必然好

B. 钢材内硫的含量较高，则在焊接中易发生热脆，产生裂纹

C. 在一定范围内，冷加工变形程度越大，屈服强度提高越多，塑性和韧性降低得越多

D. 时效敏感性大的钢材，经时效后，其韧性、塑性改变较大

7. 在钢材的表面喷刷涂料、搪瓷、塑料等防止钢材发生腐蚀的方法属于(　　)。

A. 保护膜法　　B. 电化学保护法　　C. 合金化　　D. 物理法

### 二、简答题

1. 建筑工程中主要使用哪些钢材?
2. 影响钢材技术性质的主要指标有哪些?
3. 建筑钢材作为一种建筑材料的主要优点有哪些?
4. 建筑钢材的腐蚀原因有哪些? 如何防护钢材?

# 第九章　建筑木材

## 知识目标

了解木材的基本构造、物理性质、力学性质、防腐及防火措施；掌握木材在建筑工程中的应用，以及各类人造板材的特点及适用范围。

## 技能目标

通过本章的学习，能够熟知木材加工的分类、用途以及技术指标，并能够进行木材的防护。

木材是传统的三大建筑材料之一，具有很多优良的性能，如轻质高强、导电导热性低、较好的弹性和韧性、能承受冲击和振动、易于加工等。但天然木材构造不均匀，具有各向异性，易吸湿变形，且易腐、易燃。树木生长周期长、成才不易，所以在应用木材做建筑材料时，对木材的节约使用和综合利用十分重要。

## 第一节　木材的基本知识

用肉眼或在低倍放大镜下所看到的木材构造和非构造特征称为宏观特征，也称为粗视特征。木材的宏观特征可通过横切面、径切面和弦切面来观察。横切面是与树干纵轴垂直锯割的切面；径切面是通过髓心的纵切面；弦切面是垂直横切面而与年轮相切的纵切面。

就宏观特征而言，树木可分为树皮、木质部和髓心三个主要部分。木材的宏观构造如图 9-1 所示。木质部是木材的主体。其构造特征包括年轮、早材（春材）和晚材（夏材）、边材和心材、树脂道、管孔、轴向薄壁组织、木射线和波痕等。

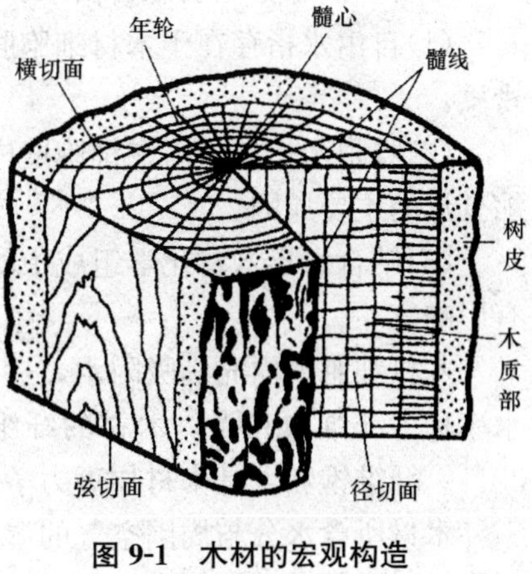


图 9-1　木材的宏观构造

(1)年轮、早材和晚材。从横切面上看，髓心周围一圈圈呈同心圆分布的木质层，称为年轮。年轮由春材和夏材两部分组成。木材的每一年轮内，靠髓心方向材色浅、组织松、材质软的部分是每年生长旺盛时期形成的，称为春材（早材）；靠树皮方向材色深、组织密、材质硬的部分是生长后期形成的，称为夏材（晚材）。夏材所占比例越大，木材的强度与表观密度就越大。当树种相同时，年轮稠密均匀者材质较好。

(2)髓心与髓线。在树木的中心由第一年轮组成的初生木质部分称为髓心（又称树心）。

其材质松软、强度低、易腐朽开裂。从髓心呈放射状穿过年轮的条纹称为髓线。髓线与周围细胞连接较弱，木材在干燥过程中易沿髓线开裂。

(3)心材与边材。靠近髓心周围材色较深，含水率小的部分称为心材；心材外围材色较浅的部分含水率大，称为边材。

## 第二节　木材的主要性质

### 一、物理力学性质

木材的物理力学性质主要有密度、含水率、湿胀干缩、吸湿性等，其中含水率对木材的物理力学性质影响很大。

**1. 木材的密度和表观密度**

(1)密度。木材的密度为 1.48～1.56 $g/cm^3$，平均约为 1.55 $g/cm^3$，由于木材的分子结构基本相同，因此木材的密度基本相同。

(2)表观密度。木材的孔隙率、含水率等因素决定了木材的表观密度。木材的表观密度越大，其湿胀干缩变化也越大。不同的树种，表观密度也不同。在常用木材中表观密度较大的(如麻栎)达 980 $kg/m^3$，较小的(如泡桐)仅 280 $kg/m^3$。一般木材表观密度为 400～600 $kg/m^3$。

**2. 木材的含水率**

木材的含水率是指木材中所含水分的质量占木材干燥质量的百分数。

木材中的水分主要有自由水、吸附水和结合水三种。

(1)自由水指存在于木材细胞腔和细胞间隙中的水分。自由水的变化只影响木材的表观密度。

(2)吸附水指被吸附在细胞壁内细纤维之间的水分。吸附水的变化是影响木材强度和胀缩变形的主要原因。

(3)结合水指木材化学组成中的水分。结合水常温下不发生变化，对木材的性质一般没有影响。

木材细胞壁内充满吸附水，达到饱和状态，而细胞腔和细胞间隙中没有自由水时的含水率称为纤维饱和点。木材的纤维饱和点随树种而异，一般介于 25%～35%，平均值为 30%。纤维饱和点是木材物理力学性质发生变化的转折点。

木材所含水分与周围空气的湿度达到平衡时的含水率称为木材的平衡含水率，是木材干燥加工时的重要控制指标。

**3. 木材的湿涨干缩变形**

木材具有显著的湿胀干缩性。当木材的含水率在纤维饱和点以上时，只有自由水增减变化，木材的体积不发生变化。当木材的含水率在纤维饱和点以下时，随着干燥，细胞壁中的吸附水开始蒸发，体积收缩；反之，干燥木材吸湿后，体积将发生膨胀，直到含水率达到纤维饱和点为止。

木材的湿胀干缩变形随树种的不同而异，一般情况下，表观密度大的、夏材含量多的木材，湿胀干缩变形较大。

**4. 木材的吸湿性**

木材具有较强的吸湿性，它的含水率会随着环境温度、湿度的变化而变化。木材的吸湿性对木材的性能，特别是木材的湿胀干缩影响很大。因此，木材在使用时其含水率应接近或稍低于平衡含水率。

## 二、力学性质

木材的强度按照受力状态可分为抗压、抗拉、抗剪和抗弯四种。但由于木材的各向异性，在不同的纹理方向上强度表现不同。当顺纹抗压强度为 1 时，理论上木材的不同纹理间的强度关系见表 9-1。

**表 9-1　木材各种强度间的关系**

| | | |
|---|---|---|
| 抗　压 | 顺　纹 | 1 |
| | 横　纹 | 1/10～1/3 |
| 抗　拉 | 顺　纹 | 2～3 |
| | 横　纹 | 1/20～1/3 |
| 抗　剪 | 顺　纹 | 1/7～1/3 |
| | 横　纹 | 1/2～1 |
| 抗　弯 | 顺　纹 | 1.5～2.0 |
| | 横　纹 | 1.5～2.0 |

木材的强度除与自身的树种构造有关外，还与含水率、疵病、荷载时间、环境温度等因素有关。当含水率在纤维饱和点以下时，木材的强度随含水率的增加而降低；木材的天然疵病，如节子、构造缺陷、裂纹、腐朽、虫蛀等都会明显降低木材强度；木材在长期荷载作用下的强度会降低 50%～60%(称为持久强度)；木材使用环境的温度超过 50 ℃或者受冻融作用后也会降低强度。木材的持久强度如图 9-2 所示。

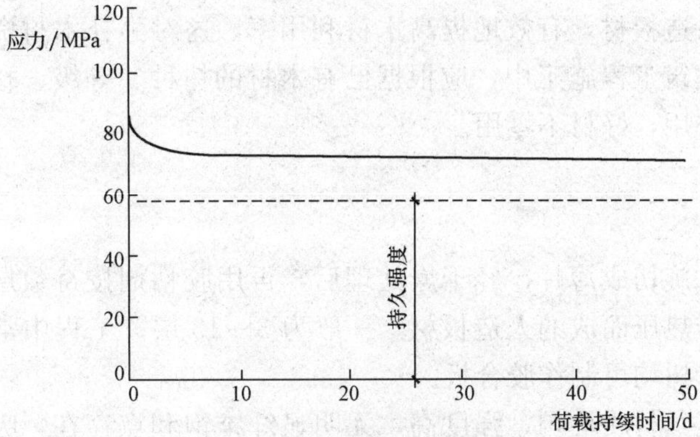


**图 9-2　木材的持久强度**

## 第三节　木材的防护

### 一、木材的腐蚀

木材的腐蚀变质通常是由真菌和昆虫的侵害造成的。真菌包括霉菌、变色菌和腐朽菌。腐朽菌破坏木材的细胞壁，使木材腐朽变坏。

侵害木材的真菌主要有霉菌、变色菌、腐朽菌等。它们在树皮和木质内部繁殖和生存的条件是空气、适宜的温度和湿度。当木材的含水率为35%～50%，环境温度为25 ℃～30 ℃，又有足够的空气时，最适合真菌繁衍，木材也最易腐蚀。

另外，木材还易受到白蚁、天牛等昆虫的蛀蚀，使木材形成很多孔眼或沟道，甚至蛀穴，破坏木质结构的完整性而使强度严重降低。

### 二、木材的防腐

木材的防腐是针对真菌和昆虫的生存条件(如水分、温度和养料等)采取相应的防腐措施(如使用防腐剂、通风、干燥、浸没在水中、深埋于地下或表面涂油漆)来抑制真菌的生长和昆虫的侵害。

### 三、木材的防火

木材为易燃物质，应进行防火处理，以提高其耐火性，使木材着火后不致沿表面蔓延，或当火源移开后，材面上的火焰立即熄灭。常用的防火处理是在木材表面涂刷、浸注或覆盖难燃材料，或用防火剂浸渍木材。常用的防火涂料有石膏、硅酸盐类、丙烯酸乳胶防火涂料等。浸渍用防火剂有硼化物系列、卤类系列防火剂等。

## 第四节　木材在建筑工程中的应用

木材的综合利用就是将木材加工过程中的大量边角、碎料、刨花、木屑等，经过再加工处理，制成各种人造板材，有效地提高木材利用率，这对弥补木材资源严重不足有着十分重要的意义。在建筑工程施工中，应根据已有木材的树种、等级、材质情况等合理使用木材，做到大材不小用，好材不零用。

### 一、胶合板

胶合板是用原木旋切成薄片，经干燥处理后，再用胶粘剂按奇数层数，以各层纤维互相垂直的方向，黏合热压而成的人造板材。一般为3～13层。工程中常用的是三合板和五合板。针叶树和阔叶树均可制作胶合板。

胶合板的特点是：材质均匀，强度高，无明显纤维饱和点存在，吸湿性小，不翘曲开裂，无疵病，幅面大，使用方便，装饰性好。

胶合板广泛用作建筑室内隔墙板、护壁板、天花板、门面板以及各种家具和装修。普通胶合板的胶种、特性及适用范围见表 9-2。

**表 9-2 普通胶合板的胶种、特性及适用范围**

| 种类 | 分类 | 名　称 | 胶　种 | 特　性 | 适用范围 |
|---|---|---|---|---|---|
| 阔叶树材普通胶合板 | Ⅰ类 | NQF(耐气候胶合板) | 酚醛树脂胶或其他性能相当的胶 | 耐久、耐煮沸或蒸汽处理、耐干热、抗菌 | 室外工程 |
| | Ⅱ类 | NS(耐水胶合板) | 脲醛树脂胶或其他性能相当的胶 | 耐冷水浸泡及短时间热水浸泡、不耐煮沸 | 室外工程 |
| | Ⅲ类 | NC(耐潮胶合板) | 血胶，带有多量填料的脲醛树脂胶或其他性能相当的胶 | 耐短期冷水浸泡 | 室内工程<br>一般常态下使用 |
| | Ⅳ类 | BNS(不耐潮胶合板) | 豆胶或其他性能相当的胶 | 有一定胶合强度，但不耐水 | 室内工程<br>一般常态下使用 |
| 松木普通胶合板 | Ⅰ类 | Ⅰ类胶合板 | 酚醛树脂胶或其他性能相当的合成树脂胶 | 耐久、耐热、抗真菌 | 室外长期使用工程 |
| | Ⅱ类 | Ⅱ类胶合板 | 脱水脲醛树脂胶或其他性能相当的合成树脂胶 | 耐水、抗真菌 | 潮湿环境下使用的工程 |
| | Ⅲ类 | Ⅲ类胶合板 | 血胶和加少量填料的脲醛树脂胶 | 耐湿 | 室内工程 |
| | Ⅳ类 | Ⅳ类胶合板 | 豆胶和加多量填料的脲醛树脂胶 | 不耐水、不耐湿 | 室内工程(干燥环境下使用) |

## 二、纤维板

纤维板是将树皮、刨花、树枝等废料，经破碎浸泡、研磨成木浆，加入胶粘剂或利用木材自身的胶黏物质，再经过热压成型、干燥处理而制成的人造板材。因成型时温度和压力不同，纤维板可分为硬质、半硬质和软质三种。

纤维板对木材利用率高达 90%以上，且材质均匀，各向强度一致，弯曲强度大，不易胀缩和翘曲开裂，完全避免了木材的各种缺陷。

硬质纤维板在建筑上应用很广，可代替木板用于室内壁板、门板、地板、家具和其他装修等。软质纤维板表观密度小(<400 kg/m$^3$)，孔隙率大，多用于绝热、吸声材料。

## 三、刨花板、木丝板、木屑板

刨花板、木丝板、木屑板是利用木材加工中产生的大量刨花、木丝、木屑为原料，经干燥，与胶结料拌和，热压而成的板材。所用胶结料有动植物胶(豆胶、血胶)、合成树脂胶(酚醛树脂、脲醛树脂等)、无机胶凝材料(水泥、菱苦土等)。这类板材表观密度小，强度较低，主要用作绝热和吸声材料。经饰面处理后，还可用作吊顶板材、隔断板材等。

## 四、细木工板

细木工板是综合利用木材而加工的人造板材。芯板用木板条拼接而成，两个表面为胶贴木质单板的实心板材。按其结构可分为芯板条不胶拼的细木工板、芯板条胶拼的细木工板；按表面加工状况可分为一面砂光细木工板、两面砂光细木工板、不砂光细木工板；按所使用的胶合剂可分为Ⅰ类胶细木工板、Ⅱ类胶细木工板。

细木工板面板的材质和加工工艺质量分一、二、三等。各类细木工板的规格尺寸见表9-3。

**表 9-3　细木工板规格尺寸**

mm

| 长　度 | | | | | | 宽度 | 厚度 | |
|---|---|---|---|---|---|---|---|---|
| 915 | 1 200 | 1 520 | 1 830 | 2 135 | 2 440 | | | |
| 915 | — | — | 1 830 | 2 135 | — | 915 | 16 | 19 |
| — | 1 220 | — | 1 830 | 2 135 | 2 440 | 1 220 | 22 | 25 |

细木工板的技术性能指标：含水率为7%～13%；横向静曲强度，当板厚度为16 mm时，不低于15 MPa，当板厚度小于16 mm时，不低于12 MPa；胶层剪切强度不低于1 MPa。细木工板具有吸声、绝热、质坚、易加工等特点，主要适用于家具、车厢和建筑室内装修等。

## 本章小结

本章主要介绍了木材的构造、性能及其制品。木材是传统的三大建筑材料(水泥、钢材、木材)之一。由于木材生长周期长，过量砍伐对保持生态平衡有不利的影响，且木材存在易燃、易腐以及各向异性等缺点，所以在工程中尽量以其他材料代替，以节省资源。

## 思考与练习

1. 木材有哪些性质?
2. 木材的含水率变化对其强度的影响如何?
3. 木材在吸湿或干燥过程中，体积变化有何规律?
4. 试说明木材腐蚀的原因、防止木材腐蚀的方法，并说明其原理。

# 第十章 防水材料

知识目标

掌握石油沥青的技术要求与应用；了解各类防水卷材、防水涂料和建筑密封材料的技术要求、主要品种及应用。

技能目标

通过本章的学习，能够根据各种防水材料的性能特点，结合工程实际情况，合理选用防水材料。

防水材料是建筑工程不可缺少的主要建筑材料之一，它在建筑物中起防止雨水、地下水与其他水分渗透的作用。防水材料同时也用于其他工程之中，如公路桥梁、水利工程等。

建筑工程防水技术按其构造做法可分为两大类，即构件自身防水和采用不同材料的防水层防水。采用不同材料的防水层防水又可分为刚性材料防水和柔性材料防水。前者采用涂抹防水砂浆、浇筑掺入外加剂的混凝土或预应力混凝土等做法；后者采用铺设防水卷材、涂敷各种防水涂料等做法；多数建筑物采用柔性材料防水做法。

目前，国内外最常用的主要是沥青类防水材料。随着科学技术的进步，防水材料的品种日益丰富，质量有了很大改进。一些防水功能差、使用寿命短或污染环境的旧防水材料逐步被淘汰，如纸胎沥青油毡、焦油型聚氨酯防水涂料等；一些防水效果好、寿命长且不污染环境的新型防水材料(如高聚物改性沥青卷材、涂料，合成高分子类防水卷材、涂料)不断出现并得到推广。

## 第一节 沥青材料

沥青材料是一种有机胶凝材料。它是由高分子碳氢化合物及其非金属(氧、硫、氮等)衍生物组成的复杂的混合物。常温下，沥青呈褐色或黑褐色的固体、半固体或液体状态。

沥青按产源可分为地沥青(天然沥青、石油沥青)和焦油沥青(煤沥青、页岩沥青)。目前工程中常用的主要是石油沥青，另外，还使用少量的煤沥青。天然沥青是将自然界中的沥青矿经提炼油加工后得到的沥青产品；石油沥青是将原油经蒸馏等提炼出各种轻油(汽油、柴油)及润滑油以后的一种褐色或黑褐色的残留物，并经再加工而得的产品。

沥青是憎水性材料，几乎完全不溶于水，与矿物材料有较强的粘结力，结构致密，不透水、不导电，耐酸碱侵蚀，并有受热软化、冷后变硬的特点。因此，沥青广泛用于工业与民用建筑的防水、防腐、防潮，以及道路和水利工程。沥青防水材料是目前应用较多的防水材料，但是其使用寿命较短。近年来，防水材料已向橡胶基和树脂基防水材料或高聚物改性沥青方向发展；油毡的胎体由纸胎向玻纤胎或化纤胎方向发展；防水涂料由低塑性的产品向高弹性、高耐久性产品的方向发展；施工方法则由热熔法向冷粘法发展。

## 一、石油沥青

### 1. 石油沥青的组分和结构

(1)石油沥青的组分。由于沥青的化学组成复杂，对其组成进行分析很困难，且其化学组成也不能反映出沥青性质的差异，所以一般不做沥青的化学分析。通常从使用角度出发，将沥青按化学成分和物理力学性质相近的成分划分为若干个组，这些组就称为组分。沥青中各组分含量的多少与沥青的技术性质有着直接的关系。

石油沥青的组分主要有油分、树脂、地沥青质。

1)油分。为淡黄色至红褐色的油状液体，密度为 0.7～1.0 g/cm$^3$，含量为 40%～60%，能溶于大多数有机溶剂，但不溶于酒精。在石油沥青中，油分赋予沥青以流动性。

2)树脂。为黄色至黑褐色半固体黏稠物质，密度为 1.0～1.1 g/cm$^3$，含量为 15%～30%，能溶于三氯甲烷、汽油和苯等有机溶剂，但在酒精和丙酮中难溶解或溶解度很低。树脂含量越高，石油沥青的延度和粘结力等性能越好。树脂赋予石油沥青塑性和粘结性。

3)地沥青质。为深褐色至黑褐色的固体，密度大于 1.0 g/cm$^3$，含量为 10%～30%，不溶于汽油、酒精，但能溶于二硫化碳和三氯甲烷中。地沥青质赋予石油沥青黏性和温度敏感性，地沥青质含量越多，温度稳定性越好，黏性越大，也越硬脆。

另外，石油沥青中还含有一定量的固体石蜡，它会降低石油沥青的粘结性、塑性、温度稳定性，所以石蜡是沥青中的有害成分。

(2)石油沥青的结构。石油沥青中油分和树脂可以相互溶解，树脂能浸润地沥青质。石油沥青的结构是以地沥青质为核心，周围吸附部分树脂和油分的互溶物而成的胶团，无数胶团分散在油分中而形成胶体结构。

石油沥青的各组分相对含量不同，形成的胶体结构也不同。

1)溶胶结构。油分和树脂含量较多，胶团间的距离较大，引力较小，相对运动较容易。这种结构的特点是流动性、塑性和温度敏感性大，黏性小，开裂后自行愈合能力强。

2)凝胶结构。地沥青质含量较多，胶团多，油分与树脂含量较少，胶团间的距离小，引力增大，相对移动较困难。这种结构的特点是黏性大，塑性和温度敏感性小，开裂后自行愈合能力差。建筑石油沥青多属于这种结构。

3)溶-凝胶结构。地沥青质含量适宜，胶团间的距离较近，相互间有一定的引力，形成结余溶胶结构和凝胶结构之间的结构。这种结构的性质也介于溶胶和凝胶之间。道路石油沥青多属于这种结构。

### 2. 石油沥青的技术性质

(1)黏滞性。黏滞性是指沥青在外力作用下抵抗变形的能力，是沥青材料内部阻碍其相对流动的一种特性，是沥青材料软硬、稀稠程度的反映，并且是划分沥青牌号的主要技术指标。

各种石油沥青的黏滞性变化范围很大，其大小与石油沥青的组分及温度有关。当沥青质含量较高，同时又有适量树脂，而油分含量较少时，黏滞性较大；在一定温度范围内，当温度升高时，黏滞性随之降低；反之则增大。黏滞性的测试方法有针入度法和标准黏度计法。

1)针入度法。工程上常用相对黏度(条件黏度)来表示黏滞性，对于黏稠的石油沥青用针入度表示，针入度测定示意图如图 10-1 所示。针入度反映石油沥青抵抗剪切变形的能力。针入度值越小，沥青黏度越大，沥青越硬。针入度是在规定温度(25 ℃)条件下，以规定质量(100 g)的标准针，在规定时间(5 s)内贯入试样中的深度表示，以 1/10 mm 为 1 度。

2)标准黏度计法。我国现行标准《公路工程沥青及沥青混合料试验规程》(JTG E20—2011)规定，测定液体沥青等材料流动状态时的黏度，采用标准黏度计，标准黏度测定示意图如图 10-2 所示。该试验方法是：液体状态的沥青，在一定温度(20 ℃、25 ℃、30 ℃、50 ℃或 60 ℃)的条件下，通过一定孔径(3 mm、4 mm、5 mm 和 10 mm)的孔口流出 50 mL 所经历的时间(s)，即为其标准黏度。标准黏度表示为 $C_t^d T$，上标 $d$ 代表流孔的直径。下标 $t$ 代表试验温度，$T$ 代表流出时间。如 $C_{25}^5 55$ 即表示试验温度 25℃、流孔直径 5 mm、流出 50 mL 沥青的时间为 55 s。试验温度越高，流孔直径越大，流出时间越长，则沥青的黏度越大。

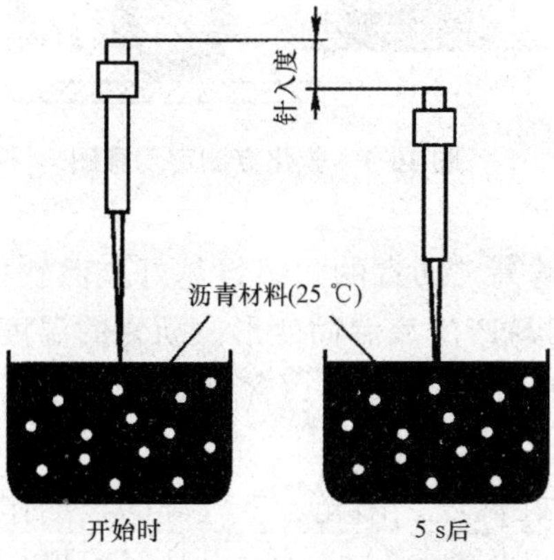


图 10-1　针入度测定示意图

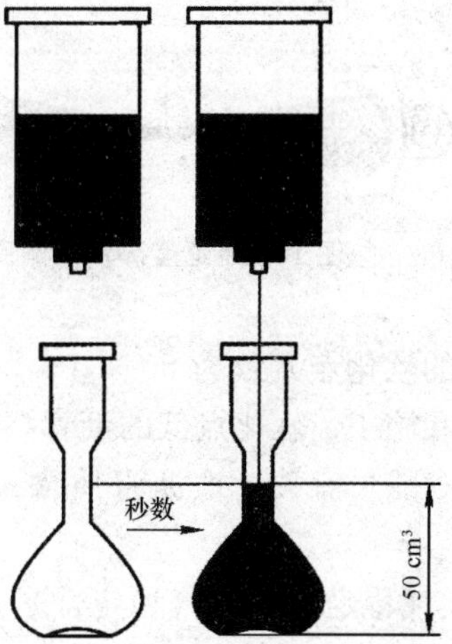


图 10-2　标准黏度测定示意图

(2)塑性。沥青的塑性是指沥青在受到外力作用时，产生变形而不破坏，去除外力后，仍保持变形后形状的性质。沥青中树脂含量高，则沥青的塑性较大。温度升高时，沥青的塑性增大。塑性小的沥青在低温或负温下易开裂。塑性大的沥青能随建筑物的变形而变形，不致开裂。塑性大的沥青在开裂后，由于其特有的黏塑性，裂缝可能会自行愈合，即塑性大的沥青具有自愈性。沥青的塑性是沥青作为柔性防水材料的原因之一。

沥青的塑性通常用延度(延伸度或延伸率)来表示。沥青的延度采用延伸度仪来测定，延度测定示意图如图 10-3 所示，将沥青试样制成 8 字形标准试件(最小断面 1 $cm^2$)，试验温度通常为 25 ℃或 15 ℃，在规定拉伸速度为 5 cm/min 条件下，拉断时的长度，以 cm 计。在研究中测定低温(0 ℃，4 ℃)的延度时，此时拉伸速度为 1 cm/min，应在报告中注明。延度值越大，沥青的塑性越大，防水性越好。

(3)温度敏感性。温度敏感性是指沥青在高温下，黏滞性随温度而变化的快慢程度。它是沥青性质的重要指标之一。变化程度越大，沥青的温度敏感性越差。

沥青是一种没有一定熔点的高分子非晶体态热塑性物质，石油沥青的温度敏感性与地沥青质含量和蜡含量有关。当地沥青质含量较多时，温度敏感性较小；当蜡含量较多时，温度敏感性较大。在相同的温度变化间隔，各种沥青的黏滞性和塑性变化幅度不同。

工程上要求沥青随温度变化而产生的黏滞性和塑性的变化幅度应较小，即温度敏感性要小。在使用时往往加入滑石粉、石灰料或其他矿物填料，以减小沥青的温度敏感性。建筑工程中宜选用温度稳定性较好的沥青。

温度敏感性用“软化点”指标来表示。软化点是指沥青材料由固态变为具有一定流动性的膏状体时对应的温度。通常用“环球法”测定软化点，如图 10-4 所示。将经过熬制已脱水的沥青试样装入规定尺寸的铜环中，试样上表面放置规定尺寸的钢球，放在盛水或甘油的容器中，以 5 ℃/min 的升温速度加热至沥青软化，下垂达 25.4 mm 时的温度，即为软化点。

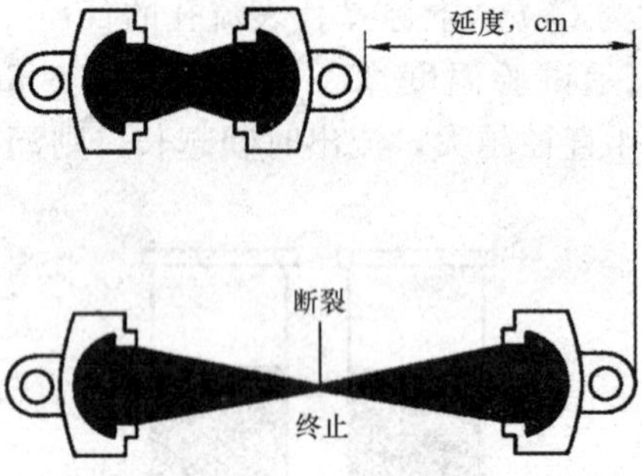


图 10-3　延度测定示意图

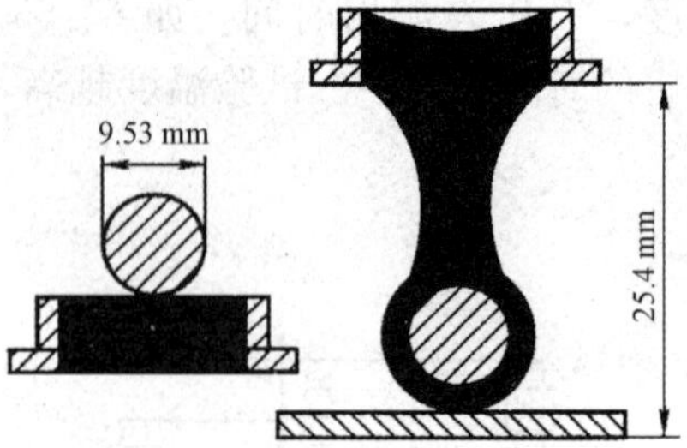


图 10-4　软化点测定示意图

沥青的软化点大致为 50～100 ℃。软化点越高，沥青的耐热性越好，但软化点过高，不易加工和施工；软化点低的沥青，夏季高温时易产生流淌而变形。沥青的温度敏感性与其组分和含蜡量有关，地沥青质含量越高，温度敏感性越小；含蜡量越高，温度敏感性越大。

(4)大气稳定性。大气稳定性是指石油沥青在温度、阳光、空气等的长期作用下技术性能的稳定程度。大气稳定性越好，沥青层的耐久性就越好，耐用时间就越长。造成沥青大气稳定性差的原因是：在长期的大气作用下，沥青中三大组分之间可以转化，即油分和树脂的相对含量减少，树脂向地沥青质转化，使地沥青质增加，引起沥青层塑性和韧性降低，脆性增加，这种现象称为沥青的“老化”。发生老化的沥青防水层因为开裂而失去防水效果。

石油沥青的大气稳定性用“蒸发损失率”或“针入度比”指标表示。蒸发损失率是将石油沥青试样加热到 160 ℃，恒温 5 h，测得蒸发前后的质量损失率。针入度比是指蒸发后的针入度与蒸发前的针入度的比值。要求石油沥青的蒸发损失率不超过 1%，建筑石油沥青的针入度比不小于 75%。

(5)其他技术指标。

1)脆点。在温度下降过程中，当沥青材料由黏塑性状态转变为弹脆性状态的温度，称为脆点。

2)溶解度。沥青可溶于苯、四氯化碳、三氯乙烯等有机溶剂，当沥青中存在无机杂质时，这些组分不能溶于上述溶剂。因此，溶解度指标可用来检查生产过程是否正常，以及沥青中是否混入无机杂质。

3)闪点和燃点。沥青加热时，轻质油分挥发的蒸汽与周围空气组成混合气体。油分蒸发的浓度随沥青加热温度升高而增大。邻近沥青表面的混合气体遇火后发生闪火时的沥青温度即为闪点。若温度继续升高，遇火后沥青将开始燃烧，燃点是火焰能延续燃烧 5 s 时的沥青温度。沥青的闪点一般为 240～330 ℃，燃点比闪点高 3～6 ℃。沥青加热温度应控制在闪点以下，以防止火灾，保证安全生产。

**3. 石油沥青的技术标准和选用**

(1)石油沥青的技术标准。石油沥青按用途不同可分为道路石油沥青、建筑石油沥青和普通石油沥青。由于其应用范围不同，分别制定了不同的技术标准。石油沥青的技术标准有《建筑石油沥青》(GB/T 494—2010)和《道路石油沥青》(NB/SH/T 0522—2010)。石油沥青牌号主要根据以针入度指标范围及相应的软化点和延伸度来划分，见表 10-1。

**表 10-1　道路石油沥青和建筑石油沥青技术标准**

| 项　　目 | 道路石油沥青 (NB/SH/T 0522—2010) | | | | | 建筑石油沥青 (GB/T 494—2010) | | |
|---|---|---|---|---|---|---|---|---|
| | 200 号 | 180 号 | 140 号 | 100 号 | 60 号 | 10 号 | 30 号 | 40 号 |
| 针入度(25 ℃，100 g，5 s)/(1/10 mm) | 200～300 | 150～200 | 110～150 | 80～110 | 50～80 | 10～25 | 26～35 | 36～50 |
| 延度(25 ℃，5 cm/min)/cm　≥ | 20 | 100 | 100 | 90 | 70 | 1.5 | 2.5 | 3.5 |
| 软化点(环球法)/℃　≥ | 30～48 | 35～48 | 38～51 | 42～55 | 45～58 | 95 | 75 | 60 |
| 溶解度(三氯乙烯、四氯化碳或苯)/%　≥ | 99.0 | | | | | 99.0 | | |
| 蒸发后质量变化(163 ℃，5 h)/%　≤ | 1.3 | 1.3 | 1.3 | 1.2 | 1.0 | 1 | | |
| 蒸发后 25 ℃针入度比/%　≥ | 报告 | | | | | 65 | | |
| 闪点(开口)/℃　≥ | 180 | 200 | 230 | 230 | 230 | 260 | | |

(2)石油沥青的选用原则。根据工程特点、使用部位和环境条件的要求，对照石油沥青的技术性质指标，在满足使用部位要求的前提下，尽量选用较大牌号的品种，以保证正常环境条件下能满足较长的使用年限，降低维修成本。

道路石油沥青黏性差，塑性好，容易浸透和乳化，但弹性、耐热性和温度稳定性较差，可用来拌制沥青混凝土或砂浆，用于修筑路面和各种防渗、防护工程，还可用来配制填缝材料、粘结剂和防水材料。建筑石油沥青具有良好的防水性、粘结性、耐热性及温度稳定性，但黏度大，延伸变形性能较差，主要用于屋面和各种防水工程，并用来制造防水卷材，配制沥青胶和沥青涂料。普通石油沥青性能较差，一般较少单独使用，可以作为掺配材料，用于改善建筑石油沥青的技术性能。

选用时，应根据具体工程的条件及环境特点，确定沥青的主要技术要求。一般情况下，屋面沥青防水层由于承受阳光照射、环境温差变化较大，要求具有较好的粘结性、温度敏感性和大气稳定性。因此，要求沥青的软化点应高于当地历年来达到的最高气温 20 ℃以上，以保证夏季高温不流淌；同时要求具有耐低温能力，以保证冬季低温不脆裂。用于地下防潮、防水工程的沥青，因为会随结构变形而变形，要求黏性大，塑性和韧性好，但对其软化点要求不高，以保证沥青层与基层粘结牢固，并能适应结构的变形，抵抗尖锐物的刺入，保持防水层完整，不被破坏。

在施工现场，应掌握沥青质量、牌号的鉴别方法，以便正确使用，见表 10-2。

**表 10-2　石油沥青质量及牌号的鉴别**

| 项　目 | | 鉴别方法 |
|---|---|---|
| 沥青形态 | 固态 | 敲碎，检查其断口，色黑而发亮的质好；暗淡的质差 |
| | 半固态 | 为膏状体，取少许，拉成细丝，丝越长越好 |
| | 液体 | 黏性强，有光泽、没有沉淀和杂质的较好；也可用一小木条插入液体中，轻轻搅动几下，提起，丝越长越好 |
| 沥青牌号 | 140～100 | 质软 |
| | 60 | 用铁锤敲，不碎，只出现凹坑而变形 |
| | 30 | 用铁锤敲，成为较大的碎块 |
| | 10 | 用铁锤敲，成为较小的碎块，表面色黑有光 |

#### 4. 石油沥青的掺配

当单独使用一种牌号沥青不能满足工程的耐热性要求时，可用两种或三种沥青进行掺配，但不能与煤沥青相掺。掺配量用下式计算：

$$\text{较软沥青掺量}(\%)=\frac{\text{较硬沥青的软化点}-\text{要求沥青的软化点}}{\text{较硬沥青的软化点}-\text{较软沥青的软化点}}\times 100\%$$

$$\text{较硬沥青掺量}(\%)=(1-\text{较软沥青掺量})\times 100\%$$

按确定的掺配比例进行试配，测定掺配后沥青的软化点，最终掺量以试配结果(掺量－软化点曲线)来确定满足符合要求软化点的配比。如用三种沥青进行掺配，可先计算两种的掺量，然后再与第三种沥青进行掺配。

**【例 10-1】** 某工程需用软化点为 70 ℃的石油沥青，现有 10 号(软化点为 95 ℃)和 60 号(软化点为 45 ℃)两种石油沥青。计算这两种石油沥青的掺配量。

**【解】** 60 号石油沥青的掺配量$=\frac{95-70}{95-45}\times 100\%=50\%$

10 号石油沥青的掺配量$=100\%-50\%=50\%$

不同牌号的石油沥青掺配后要进行适配调整，按照计算的掺配比例和其他邻近的比例(5%～10%)进行试配(混合熬至均匀)，测定掺配后沥青的软化点，然后绘制产配比-软化点曲线，即可根据曲线变化来初步确定所要求的掺配比例。

### 二、煤沥青

煤沥青是指烟煤炼焦炭或制煤气时，将干馏挥发物中冷凝得到的煤焦油继续蒸馏出轻油、中油、重油后所剩的残渣。煤沥青可分为软煤沥青和硬煤沥青两种。软煤沥青中含有较多的油分，呈黏稠状或半固体状。硬煤沥青是蒸馏出全部油分后的固体残渣，质硬脆，性能不稳定。建筑上采用的煤沥青多为黏稠或半固体的软煤沥青。

煤沥青与石油沥青的主要区别，见表10-3。煤沥青中含有酚，有毒，但防腐性好，适用于地下防水层或做防腐蚀材料。

**表10-3 石油沥青与煤沥青的主要区别**

| 性能 | 石油沥青 | 煤沥青 |
|---|---|---|
| 密度/(g/cm³) | 近于1.0 | 1.25～1.28 |
| 锤击 | 韧性较好 | 韧性差，较脆 |
| 颜色 | 灰亮褐色 | 浓黑色 |
| 溶解 | 易溶于汽油、煤油中，呈棕黑色 | 难溶于汽油、煤油中，呈黄绿色 |
| 温度敏感性 | 较好 | 较差 |
| 燃烧 | 烟少无色，有松香味，无毒 | 烟多，黄色，臭味大，有毒 |
| 防水性 | 好 | 较差(含酚，能溶于水) |
| 大气稳定性 | 较好 | 较差 |
| 抗腐蚀性 | 差 | 较好 |

煤沥青具有很好的防腐能力和良好的粘结能力，因此，可用于木材防腐，路面铺设，配制防腐涂料、胶粘剂、防水涂料、油膏以及制作油毡等。

## 三、改性沥青

对沥青进行氧化、乳化、催化，或者掺入橡胶、树脂、矿物料等物质，使沥青的性质得到不同程度的改善，所得到的产品称为改性沥青。建筑上使用的沥青要求具有一定的物理性质和黏附性，即低温下有弹性和塑性，高温下有足够的强度和稳定性；加工和使用条件下有抗老化能力；与各种矿料和结构表面有较强的黏附力；具有对构件变形的适应性和耐疲劳性。通常石油加工厂制备的沥青不能满足这些要求。为此，常采用以下方法对石油沥青进行改性。

### 1. 橡胶改性沥青

橡胶改性沥青中掺有橡胶(天然橡胶、丁基橡胶、氯丁橡胶、丁苯橡胶、再生橡胶)，具有一定的橡胶特性，其气密性、低温柔性、耐化学腐蚀性、耐光性、耐气候性、耐燃烧性均有改善，可制作卷材、片材、密封材料或涂料。

### 2. 树脂改性沥青

树脂改性沥青可以提高沥青的耐寒性、耐热性、粘结性和不透水性，常用树脂有聚乙烯树脂、聚丙烯树脂、酚醛树脂等。

### 3. 橡胶和树脂改性沥青

橡胶和树脂改性沥青中同时掺有橡胶和树脂，可使沥青同时具有橡胶和树脂的特性，性能更优良，主要用于制作片材、卷材、密封材料、防水涂料。

### 4. 矿物填充料改性沥青

矿物填充料改性沥青是指为了提高沥青的粘结力和耐热性，降低沥青的温度敏感性，扩大沥青的使用范围，加入一定数量的矿物填充料(滑石粉、石灰粉、云母粉、硅藻土等)的沥青。

橡胶、树脂和沥青在加热熔融状态下，沥青与高分子聚合物之间发生相互侵入和扩散，沥青分子填充在聚合物大分子的间隙内，同时，聚合物分子的某些链节扩散进入沥青分子中，形成凝聚的网状混合结构，故可以得到较优良的性能。配制时，采用的原材料品种、配合比、制作工艺不同，可以得到很多性能各异的产品，主要有卷材、片材、密封材料、防水涂料等。

## 第二节　防水卷材

防水卷材是一种可卷曲的片状防水材料，是建筑防水材料的重要品种。目前，防水卷材的主要品种为沥青防水卷材、高聚物改性沥青防水卷材和合成高分子防水卷材三大类。

### 一、沥青防水卷材

凡用原纸或玻璃布、石棉布、棉麻织品等胎料浸渍石油沥青(或焦油沥青)制成的卷状材料，均称为浸渍卷材(有胎卷材)。将石棉、橡胶粉等掺入沥青材料中，经碾压制成的卷状材料称为辊压卷材(无胎卷材)。这两种卷材通称为沥青防水卷材。

#### 1. 石油沥青纸胎油毡

石油沥青纸胎油毡是采用低软化点石油沥青浸渍原纸，然后用高软化点石油沥青涂盖油纸两面，再涂或撒隔离材料所制成的一种纸胎防水卷材。《石油沥青纸胎油毡》(GB 326—2007)规定：石油沥青纸胎油毡按卷重和物理性能分为Ⅰ型、Ⅱ型、Ⅲ型。

纸胎油毡防水卷材存在一定缺点，如抗拉强度及塑性较低，吸水率较大，不透水性较差，并且原纸由植物纤维制成，易腐烂、耐久性较差，另外，原纸的原料来源也较困难。目前，已经大量使用玻璃纤维布及玻纤毡为胎基生产沥青卷材。

#### 2. 有胎沥青防水卷材

有胎沥青防水卷材主要有麻布油毡、石棉布油毡、玻璃纤维布油毡、合成纤维布油毡等。这些油毡的制法与纸胎油毡相同，但抗拉强度、耐久性等都比纸胎油毡好得多，适用于防水性、耐久性和防腐性要求较高的工程。

#### 3. 铝箔防水卷材

铝箔防水卷材是采用玻纤毡为胎基，浸涂氧化沥青，其表面用压纹铝箔贴面，底面撒以细颗粒矿物料或覆盖聚乙烯膜所制成的一种具有热反射和装饰功能的新型防水卷材。

该防水卷材幅宽 1 000 mm，按每卷标称质量(kg)分为 30、40 两种标号；按物理性能分为优等品、一等品和合格品三个等级。30 号适用于多层防水工程的面层，40 号适用于单层或多层防水工程的面层。

### 二、高聚物改性沥青防水卷材

高聚物改性沥青防水卷材是以合成高分子聚合物改性沥青为涂盖层，纤维织物或纤维毡为胎体，粉状、粒状、片状或薄膜材料为覆面材料制成的可卷曲片状防水材料。

高聚物改性沥青防水卷材克服了传统沥青防水卷材温度稳定性差、延伸率小的不足，具有高温不流淌、低温不脆裂、拉伸强度高、延伸率较大等优异性能，且价格适中，在我国属中高档防水卷材。常见的有弹性体改性沥青防水卷材和塑性体改性沥青防水卷材。

**1. 弹性体改性沥青防水卷材**

(1)弹性体改性沥青防水卷材的特性。弹性体改性沥青防水卷材(简称 SBS 防水卷材)是以热塑性弹性体为改性剂，将石油沥青改性后作为浸渍涂盖材料，以玻纤毡或聚酯毡等增强材料为胎体，以塑料薄膜、矿物粒、片料等作为防粘隔离层，经过选材、配料、共熔、浸渍、辊压、复合成型、卷曲、检验、分卷、包装等工序加工而成的一种柔性中、高档的可卷曲的片状防水材料，属弹性体沥青防水卷材中有代表性的品种。

SBS 防水卷材具有低温不脆裂、高温不流淌、塑性好、稳定性好、使用寿命长的特点，而且价格适中。

(2)弹性体改性沥青防水卷材的技术要求。根据《弹性体改性沥青防水卷材》(GB 18242—2008)的规定，弹性体改性沥青防水卷材的技术要求如下：

1)SBS 防水卷材单位面积质量、面积及厚度应符合表 10-4 的规定。

**表 10-4　SBS、APP 防水卷材单位面积质量、面积及厚度**

| 序号 | 规格(公称厚度)/mm | | 3 | | | 4 | | | 5 | | |
|---|---|---|---|---|---|---|---|---|---|---|---|
| 1 | 上表面材料 | | PE | S | M | PE | S | M | PE | S | M |
| 2 | 下表面材料 | | PE | PE、S | | PE | PE、S | | PE | PE、S | |
| 3 | 面积/$(m^2 \cdot 卷^{-1})$ | 公称面积 | 10、15 | | | 10、7.5 | | | 7.5 | | |
| | | 偏　差 | ±0.10 | | | ±0.10 | | | ±0.10 | | |
| 4 | 单位面积质量/$(kg \cdot m^{-2})$ ≥ | | 3.3 | 3.5 | 4.0 | 4.3 | 4.5 | 5.0 | 5.3 | 5.5 | 6.0 |
| 5 | 厚度/mm | 平均值 ≥ | 3.0 | | | 4.0 | | | 5.0 | | |
| | | 最小单值 | 2.7 | | | 3.7 | | | 4.7 | | |

2)SBS 防水卷材外观要求见表 10-5。

**表 10-5　SBS 防水卷材外观要求**

| 序号 | 项　目 | 外　观　要　求 |
|---|---|---|
| 1 | 卷材规整度 | 成卷卷材应卷紧卷齐，端面里进外出不得超过 10 mm |
| 2 | 卷材展形 | 成卷卷材在 4～50 ℃任一产品温度下展开，在距卷芯 1 000 mm 长度外不应有 10 mm 以上的裂纹或粘结 |
| 3 | 胎　基 | 胎基应浸透，不应有未被浸渍处 |
| 4 | 卷材表面 | 卷材表面应平整，不允许有孔洞、缺边和裂口、疙瘩，矿物粒料粒度应均匀一致并紧密地黏附于卷材表面 |
| 5 | 卷材接头 | 每卷卷材接头处不应超过一个，较短的一段长度不应少于 1 000 mm，接头应剪切整齐，并加长 150 mm |

3)SBS 防水卷材材料性能应符合表 10-6 的要求。

**表 10-6　SBS 防水卷材材料性能**

| 序号 | 项目 | | 指标 | | | | |
|---|---|---|---|---|---|---|---|
| | | | I | | H | | |
| | | | PY | G | PY | G | PYG |
| 1 | 可溶物含量/(g·m$^{-2}$) ≥ | 3 mm | 2 100 | | | | — |
| | | 4 mm | 2 900 | | | | — |
| | | 5 mm | 3 500 | | | | |
| | | 试验现象 | — | 胎基不燃 | — | 胎基不燃 | — |
| 2 | 耐热性 | ℃ | 90 | | 105 | | |
| | | mm ≤ | 2 | | | | |
| | | 试验现象 | 无流淌、滴落 | | | | |
| 3 | 低温柔性/℃ | | −20 | | −25 | | |
| | | | 无裂缝 | | | | |
| 4 | 不透水性 30 min /MPa | | 0.3 | 0.2 | 0.3 | | |
| 5 | 拉力 | 最大峰拉力/(N·50 mm$^{-1}$) ≥ | 500 | 350 | 800 | 500 | 900 |
| | | 次高峰拉力/(N·50 mm$^{-1}$) ≥ | — | — | — | — | 800 |
| | | 试验现象 | 拉伸过程中，试件中部无沥青涂盖层开裂或与胎基分离现象 | | | | |
| 6 | 延伸率 | 最大峰时延伸率/% ≥ | 30 | — | 40 | — | — |
| | | 第二峰时延伸率/% ≥ | — | | — | | 15 |
| 7 | 浸水后质量增加/% ≤ | PE、S | 1.0 | | | | |
| | | M | 2.0 | | | | |
| 8 | 热老化 | 拉力保持率/% ≥ | 90 | | | | |
| | | 延伸率保持率/% ≥ | 80 | | | | |
| | | 低温柔性/℃ | −15 | | −20 | | |
| | | | 无裂缝 | | | | |
| | | 尺寸变化率/% ≤ | 0.7 | — | 0.7 | — | 0.3 |
| | | 质量损失/% ≤ | 1.0 | | | | |
| 9 | 渗油性 | 张数 ≤ | 2 | | | | |
| 10 | 接缝剥离强度/(N·mm$^{-1}$) ≥ | | 1.5 | | | | |
| 11 | 钉杆撕裂强度①/N ≥ | | — | | | | 300 |
| 12 | 矿物粒料黏附性②/g ≤ | | 2.0 | | | | |
| 13 | 卷材下表面沥青涂盖层厚度③/mm ≥ | | 1.0 | | | | |
| 14 | 人工气候加速老化 | 外观 | 无滑动、流淌、滴落 | | | | |
| | | 拉力保持率/% ≥ | 80 | | | | |
| | | 低温柔性/℃ | −15 | | −20 | | |
| | | | 无裂缝 | | | | |

① 仅适用于单层机械固定施工方式的卷材。

② 仅适用于矿物粒料表面的卷材。

③ 仅适用于热熔施工的卷材。

(3)弹性体改性沥青防水卷材的应用。弹性体改性沥青防水卷材适用于工业与民用建筑的屋面及地下防水工程，尤其适用于较低气温环境的建筑防水。

**2. 塑性体改性沥青防水卷材**

(1)塑性体改性沥青防水卷材的特性。塑性体沥青防水卷材(简称 APP 防水卷材)是以纤维毡或纤维织物为胎体，浸涂 APP(无规聚丙烯)改性沥青，上表面撒布矿物粒、片料或覆盖聚乙烯膜，经一定生产工艺加工制成的一种可卷曲片状的中、高档改性沥青防水卷材。

APP 防水卷材具有低温不脆裂、高温不流淌、耐紫外线照射性能好、耐候性好、寿命长的特点，而且价格适中。

(2)塑性体改性沥青防水卷材的技术要求。根据《塑性体改性沥青防水卷材》(GB 18243—2008)的规定，塑性体改性沥青防水卷材的技术要求如下：

1)APP 防水卷材单位面积质量、面积及厚度应符合表 10-4 的规定。

2)塑性体改性沥青防水卷材外观要求见表 10-7。

**表 10-7 塑性体改性沥青防水卷材外观要求**

| 序号 | 项　　目 | 外　观　要　求 |
|---|---|---|
| 1 | 卷材规整度 | 成卷卷材应卷紧卷齐，端面里进外出不得超过 10 mm |
| 2 | 卷材展开 | 成卷卷材在 4～60 ℃任一产品温度下展开，在距卷芯 1 000 mm 长度外不应有 10 mm 以上的裂纹或粘结 |
| 3 | 胎基 | 胎基应浸透，不应有未被浸渍处 |
| 4 | 卷材表面 | 卷材表面应平整，不允许有孔洞、缺边和裂口、疙瘩，矿物粒料粒度应均匀一致并紧密地黏附于卷材表面 |
| 5 | 卷材接头 | 每卷卷材接头处不应超过一个，较短的一段长度不应少于 1 000 mm，接头应剪切整齐，并加长 150 mm |

3)塑性体改性沥青防水卷材的材料性能应符合表 10-8 的要求。

**表 10-8 塑性体改性沥青防水卷材材料性能**

<table>
<tr><th rowspan="3">序号</th><th rowspan="3" colspan="2">项　　目</th><th colspan="5">指　　标</th></tr>
<tr><th colspan="2">Ⅰ型</th><th colspan="3">Ⅱ型</th></tr>
<tr><th>PY</th><th>G</th><th>PY</th><th>G</th><th>PYG</th></tr>
<tr><td rowspan="4">1</td><td rowspan="4">可溶物含量/(g·m<sup>−2</sup>)　≥</td><td>3 mm</td><td colspan="4">2 100</td><td>—</td></tr>
<tr><td>4 mm</td><td colspan="4">2 900</td><td>—</td></tr>
<tr><td>5 mm</td><td colspan="5">3 500</td></tr>
<tr><td>试验现象</td><td>—</td><td>胎基不燃</td><td>—</td><td>胎基不燃</td><td>—</td></tr>
<tr><td rowspan="3">2</td><td rowspan="3">耐热性</td><td>℃</td><td colspan="2">110</td><td colspan="3">130</td></tr>
<tr><td>mm，≤</td><td colspan="5">2</td></tr>
<tr><td>试验现象</td><td colspan="5">无流淌、滴落</td></tr>
<tr><td rowspan="2">3</td><td rowspan="2" colspan="2">低温柔性/℃</td><td colspan="2">−7</td><td colspan="3">−15</td></tr>
<tr><td colspan="5">无裂缝</td></tr>
<tr><td>4</td><td colspan="2">不透水性 30 min　/MPa</td><td>0.3</td><td>0.2</td><td colspan="3">0.3</td></tr>
</table>

续表

<table>
<tr><th rowspan="3">序号</th><th rowspan="3" colspan="3">项　目</th><th colspan="5">指　标</th></tr>
<tr><th colspan="2">Ⅰ型</th><th colspan="3">Ⅱ型</th></tr>
<tr><th>PY</th><th>G</th><th>PY</th><th>G</th><th>PYG</th></tr>
<tr><td rowspan="3">5</td><td rowspan="3">拉力</td><td>最大峰拉力/(N·50 mm⁻¹)</td><td>≥</td><td>500</td><td>350</td><td>800</td><td>500</td><td>900</td></tr>
<tr><td>次高峰拉力/(N·50 mm⁻¹)</td><td>≥</td><td>—</td><td>—</td><td>—</td><td>—</td><td>800</td></tr>
<tr><td colspan="2">试验现象</td><td colspan="5">拉伸过程中，试件中部无沥青涂盖层开裂或与胎基分离现象</td></tr>
<tr><td rowspan="2">6</td><td rowspan="2">延伸率</td><td>最大峰时延伸率/%</td><td>≥</td><td>25</td><td rowspan="2">—</td><td>40</td><td rowspan="2">—</td><td>—</td></tr>
<tr><td>第二峰时延伸率/%</td><td>≥</td><td>—</td><td>—</td><td>15</td></tr>
<tr><td rowspan="2">7</td><td colspan="2" rowspan="2">浸水后质量增加/%　≤</td><td>PE、S</td><td colspan="5">1.0</td></tr>
<tr><td>M</td><td colspan="5">2.0</td></tr>
<tr><td rowspan="6">8</td><td rowspan="6">热老化</td><td>拉力保持率/%</td><td>≥</td><td colspan="5">90</td></tr>
<tr><td>延伸率保持率/%</td><td>≥</td><td colspan="5">80</td></tr>
<tr><td rowspan="2">低温柔度/℃</td><td rowspan="2"></td><td colspan="2">−2</td><td colspan="3">−10</td></tr>
<tr><td colspan="5">无裂缝</td></tr>
<tr><td>尺寸变化率/%</td><td>≤</td><td>0.7</td><td>—</td><td>0.7</td><td>—</td><td>0.3</td></tr>
<tr><td>质量损失率/%</td><td>≤</td><td colspan="5">1.0</td></tr>
<tr><td>9</td><td colspan="2">接缝剥离强度/(N·mm⁻¹)</td><td>≥</td><td colspan="5">1.0</td></tr>
<tr><td>10</td><td colspan="2">钉杆撕裂强度①/N</td><td>≥</td><td colspan="4">—</td><td>300</td></tr>
<tr><td>11</td><td colspan="2">矿物粒料黏附性②/g</td><td>≤</td><td colspan="5">2.0</td></tr>
<tr><td>12</td><td colspan="2">卷材下表面沥青涂盖层厚度③/mm</td><td>≥</td><td colspan="5">1.0</td></tr>
<tr><td rowspan="4">13</td><td rowspan="4">人工气候加速老化</td><td>外观</td><td></td><td colspan="5">无滑动、流淌、滴落</td></tr>
<tr><td>拉力保持率/%</td><td>≥</td><td colspan="5">80</td></tr>
<tr><td rowspan="2">低温柔性/℃</td><td rowspan="2"></td><td colspan="2">−2</td><td colspan="3">−10</td></tr>
<tr><td colspan="5">无裂缝</td></tr>
<tr><td colspan="9">① 仅适用于单层机械固定施工方式的卷材。<br>② 仅适用于矿物粒料表面的卷材。<br>③ 仅适用于热熔施工的卷材。</td></tr>
</table>

(3)塑性体改性沥青防水卷材的应用。塑性体改性沥青防水卷材适用于工业与民用建筑的屋面和地下防水工程。玻纤增强聚酯毡卷材可用于机械固定单层防水，但需通过抗风荷载试验。玻纤毡卷材适用于多层防水中的底层防水。外露使用应采用上表面隔离材料为不透明的矿物粒料的防水卷材。地下工程防水应采用表面隔离材料为细砂的防水卷材。

## 三、合成高分子防水卷材

合成高分子防水卷材是以合成树脂、合成橡胶或橡胶-塑料共混体等为基料，加入适量的化学助剂和添加剂，经过混炼(塑炼)压延或挤出成形、定形、硫化等工序制成的防水卷材。其技术性能好，耐久性好，但是价格高昂，适用于单层防水的重要工程中。

合成高分子防水卷材常用的有三元乙丙(EPDM)防水卷材、聚氯乙烯(PVC)防水卷材、氯化聚乙烯(CPE)防水卷材、氯化聚乙烯-橡胶共混(CPE 共混)防水卷材、氯磺化聚乙烯

(CSPE)防水卷材、聚乙烯丙纶复合(PE)防水卷材、高密度聚乙烯(HDPE)防水卷材、低密度聚乙烯(LDPE)及 EVA 防水卷材、热塑性聚烯烃 TPO 防水卷材。

**1. 三元乙丙橡胶防水卷材(EPDM)**

该种卷材是以三元乙丙橡胶或掺入适量丁基橡胶为基料，加入各种添加剂而制成的高弹性防水卷材。

三元乙丙卷材的耐老化性能好，使用寿命长(30～50 年)，耐紫外线、耐氧化，弹性好，拉伸性能、抗裂性优异，耐高、低温性好，能在严寒或酷热环境中使用，可以采用单层施工和冷施工。该卷材按其物理性能分为合格品、一等品两个等级，是一种重点发展的高档防水卷材。

三元乙丙卷材在工业及民用建筑的屋面工程中，适用于外露防水层的单层或多层防水，如易受振动、易变形的建筑防水工程，有刚性保护层或倒置式屋面及地下室、桥梁、隧道的防水工程。

**2. 聚氯乙烯防水卷材(PVC 卷材)**

该种卷材是以聚氯乙烯树脂为主要基料，掺加适量添加剂，加工而成的防水材料，属于非硫化型高档弹塑性防水材料。

PVC 卷材的抗拉强度高，断后伸长率大，对基层的伸缩和开裂变形适应性强；卷材幅面宽，可焊接性好；具有良好的水蒸气扩散性，冷凝物容易排出；耐穿透、耐腐蚀、耐老化，低温柔性和耐热性好。其可用于各种屋面防水、地下防水及旧屋面维修工程。

**3. 氯化聚乙烯-橡胶共混(CPE 共混)防水卷材**

该种卷材以氯化聚乙烯树脂和丁苯橡胶的混合体为基料，加入各种添加剂加工而成，简称共混卷材，属硫化型高档防水卷材。其伸长率高、强度高，耐臭氧性能和耐低温性能好，耐老化性、耐水和耐腐蚀性强，性能优于单一的橡胶类或树脂类卷材，对结构基层的变形适应能力大，适用于屋面的外露和非外露防水工程，地下室防水工程，及水池、土木建筑的防水工程等。

**4. 热塑性聚烯烃(TPO)防水卷材**

热塑性聚烯烃(TPO)防水卷材是一种以乙烯树脂为基料，采用先进聚合技术和特定配方制成的片状热橡塑弹性防水材料，是近几年在美国和欧洲盛行的一种新材料，配料中不含增塑剂，不存在增塑剂迁移而变脆。

这类高分子卷材具有抗拉强度大、耐穿性好，抗紫外线强，表面光滑、高光谱反射比且耐污染，易加工，可焊接、施工方便等综合特点，完全回收，是绿色环保的新型防水材料，可广泛应用于屋面、地下室、地铁、堤坝、水利工程、隧道、垃圾掩埋厂等各种防水、防渗工程。

## 第三节　防水涂料与密封材料

### 一、防水涂料

防水涂料是以沥青、合成高分子等为主体，在常温下呈无定形流态或半固态，涂布在构筑物表面，通过溶剂挥发或反应固化后能形成坚韧防水膜的材料的总称。

防水涂料按主要成膜物质可分为沥青类、高聚物改性沥青类、合成高分子类、水泥类四种；按涂料的液态类型可分为溶剂型、水乳型、反应型三种；按涂料的组分可分为单组分和双组分两种。

**1. 沥青类防水涂料**

沥青类防水涂料的主要成膜物质是沥青，包括溶剂型和水乳型两种，主要品种有冷底子油、沥青胶、水性沥青基防水涂料。

(1)冷底子油。冷底子油是将建筑石油沥青(30 号、40 号或 60 号)加入汽油、柴油，或将煤沥青(软化点为 50 ℃～70 ℃)加入苯，溶解而成的沥青溶液。一般不单独作为防水材料使用，作为打底材料与沥青胶配合使用，增加沥青胶与基层的粘结力。常用配合比为：①石油沥青∶汽油＝30∶70；②石油沥青∶煤油或柴油＝40∶60。一般现用现配，用密闭容器储存，以防溶剂挥发。

(2)沥青胶(玛琋脂)。沥青胶是为了提高沥青的耐热性、降低沥青层的低温脆性，在沥青材料中加入填料进行改性而制成的液体。粉状填料有石灰石粉、白云石粉、滑石粉、膨润土等。纤维状填料有木质纤维、石棉屑等。该产品主要有耐热度、粘结力、柔韧性三种技术指标，见表 10-9。

**表 10-9　沥青胶的技术指标**

| 项　目 | 标　号 | | | | | |
|---|---|---|---|---|---|---|
| | S—60 | S—65 | S—70 | S—75 | S—80 | S—85 |
| 耐热度 | 用 2 mm 厚沥青胶粘合两张沥青油纸，在不低于下列温度(℃)下，于 45°的坡度上，停放 5 h，沥青胶结料不应流出，油纸不应滑动 | | | | | |
| | 60 | 65 | 70 | 75 | 80 | 85 |
| 粘结力 | 将两张用沥青胶粘贴在一起的油纸揭开时，若被撕开的面积超过粘贴面积的一半，则被认为不合格；否则认为合格 | | | | | |
| 柔韧性 | 涂在沥青油纸上的厚沥青胶层，在(18±2)℃时为下列直径(mm)的圆棒以 5 s 时间且匀速弯曲成半周，沥青胶结料不应有开裂 | | | | | |
| | 10 | 15 | 15 | 20 | 25 | 30 |

沥青胶的标号应根据屋面的历年最高温度及屋面坡度进行选择。沥青与填充料应混合均匀，不得有粉团、草根、树叶、砂土等杂质。施工方法有冷用和热用两种。热用比冷用的防水效果好；冷用施工方便，不会烫伤，但耗费溶剂。沥青胶主要用于沥青或改性沥青类卷材的粘结、沥青防水涂层和沥青砂浆层的底层。

(3)水性沥青基防水涂料。水性沥青基防水涂料是指以水为介质，采用化学乳化剂和(或)矿物乳化剂制得的水乳型沥青防水涂料，主要用于一般建筑的屋面防水及厕浴间、厨房防水。根据《水乳型沥青防水涂料》(JC/T 408—2005)规定，水乳型沥青防水涂料按产品性能分为 L 型和 H 型，其物理力学性能见表 10-10。

**表 10-10　水乳型沥青防水涂料的物理性能**

| 序号 | 项　目 | | L 型 | H 型 |
|---|---|---|---|---|
| 1 | 固体含量/% | ≥ | 45 | |

续表

| 序号 | 项目 | | L型 | H型 |
|---|---|---|---|---|
| 2 | 耐热度/℃ | | 80±2 | 110±2 |
| | | | 无流淌、滑动、滴落 | |
| 3 | 不透水性 | | 0.10 MPa，30 min无渗水 | |
| 4 | 粘结强度/MPa ≥ | | 0.30 | |
| 5 | 表干时间/h ≤ | | 8 | |
| 6 | 实干时间/h ≤ | | 24 | |
| 7 | 低温柔度/℃ | 标准条件 | −15 | 0 |
| | | 碱处理 | −10 | 5 |
| | | 热处理 | | |
| | | 紫外线处理 | | |
| 8 | 断裂伸长率/% ≥ | 标准条件 | 600 | |
| | | 碱处理 | | |
| | | 热处理 | | |
| | | 紫外线处理 | | |

这类材料的质量检验项目有固体含量、耐热度、不透水性、粘结强度、表干时间、实干时间、低温柔度和断裂伸长率等指标，经检验合格后才能用于工程中。

**2. 高聚物改性沥青类防水涂料**

高聚物改性沥青类防水涂料是以高聚物改性沥青为基料，制成的水乳型或溶剂型防水涂料，有再生胶改性沥青防水涂料、氯丁橡胶改性沥青防水涂料等。

(1)再生胶改性沥青防水涂料。再生胶改性沥青防水涂料分为JG—1型和JG—2型两类。

1)JG—1型是溶剂型再生胶改性沥青防水胶粘剂。以渣油(200号或60号道路石油沥青)与废开司粉(废轮胎里层带线部分磨成的细粉)加热熬制，加入高标号的汽油制成。

2)JG—2型是水乳型的双组分防水冷胶料，属反应固化型。A液为乳化橡胶，B液为阴离子型乳化沥青，分别包装，现用现配，在常温下施工，维修简单，具有优良的防水、抗渗性能。温度稳定性好，但涂层薄，需多道施工(低于5 ℃不能施工)，加衬中碱玻璃丝或无纺布可做防水层。

(2)氯丁橡胶改性沥青防水涂料。氯丁橡胶改性沥青防水涂料有溶剂型和水乳型两类，可用于Ⅰ、Ⅱ级屋面防水。

1)溶剂型氯丁橡胶改性沥青防水涂料是将氯丁橡胶和石油沥青溶于芳烃溶剂(苯或二甲苯)中形成一种混合胶体溶液。具有较好的耐高、低温性能，粘结性好，干燥成膜速度快，按抗裂性及低温柔性可分为一等品和合格品。

2)水乳型氯丁橡胶改性沥青防水涂料是以阳离子氯丁胶乳和阴离子沥青乳液混合而成。涂膜层强度高，耐候性好，抗裂性好。以水代替溶剂，成本低，无毒。

(3)检验及应用。高聚物改性沥青类防水涂料适用于民用及工业建筑的屋面工程、厕浴间、厨房的防水，地下室、水池的防水、防潮工程，以及旧油毡屋面的维修。在实际使用时应检验涂料的固体含量、延伸性、柔韧性、不透水性、耐热性等技术指标合格后才能用于工程中。

**3. 合成高分子类防水涂料**

合成高分子类防水涂料是以合成橡胶或合成树脂为主要成膜物质，加入其他辅料配成的单组分或多组分防水涂料，主要有聚氨酯(单、多组分)、硅橡胶、水乳型、丙烯酸酯、聚氯乙烯、水乳型三元乙丙橡胶防水涂料等。

(1)聚氨酯防水涂料。又称聚氨酯涂膜防水涂料，按组分分为单组分(S)、多组分(M)两种；按拉伸性能分为Ⅰ、Ⅱ两类。该涂膜有透明、彩色、黑色等品种，具有耐磨、装饰及阻燃等性能。多组分聚氨酯涂膜防水涂料的技术性能应符合《聚氨酯防水涂料》(GB/T 19250—2013)的规定。其在实际工程中应检验其涂膜表干时间、含固量、常温断裂延伸率及断裂强度、粘结强度和低温柔性等指标，合格后方可使用。主要用于防水等级为Ⅰ级的非外露屋面、墙体及卫生间的防水防潮工程，地下围护结构的迎水面防水，地下室、储水池、人防工程等的防水。是一种常用的中高档防水涂料。

(2)丙烯酸酯防水涂料。以纯丙烯酸共聚物、改性丙烯酸或纯丙烯酸乳液为主要成分，加入适量填料、助剂及颜料等配制而成。属合成树脂类单组分防水涂料。这类防水涂料的最大优点是具有优良的耐候性、耐热性和耐紫外线性，在－30 ℃～80 ℃范围内性能基本无太大变化。延伸性好，能适应基层的开裂变形。装饰层具有装饰和隔热效果。

施工工程中的检验项目与聚氨酯防水涂料相同，主要用于防水等级为Ⅰ级的屋面和墙体的防水防潮工程、黑色防水屋面的保护层、厕浴间的防水。

**4. 聚合物水泥基防水涂料(JS 复合防水涂料)**

聚合物水泥基防水涂料是以丙烯酸酯等聚合物乳液和水泥为主要原料，加入其他外加剂制得的双组分水性防水涂料，分为Ⅰ型和Ⅱ型两种。Ⅰ型是以聚合物为主的防水涂料，用于非长期浸水环境下的建筑防水工程；Ⅱ型是以水泥为主的防水涂料，适用于长期浸水环境下的建筑防水工程。

涂料的含固量、表干时间、实干时间、低温柔性、常温拉伸断裂延伸率及强度、不透水性和粘结性等指标应符合《聚合物水泥防水涂料》(GB/T 23445—2009)的规定。适用于工业及民用建筑的屋面工程，厕浴间、厨房的防水防潮工程，地面、地下室、游泳池、灌槽的防水。

**5. 防水涂料的储运及保管**

防水涂料的包装容器必须密封严实，容器表面应标明涂料名称、生产厂名、生产日期和产品有效期；储运及保管的环境温度不得低于 0 ℃；严防日晒、碰撞、渗漏；应存放于干燥、通风、远离火源的室内，料库内应配有专门扑灭有机溶剂燃烧的消防措施；运输时，运输工具、车轮应有接地措施，以防止静电起火。

## 二、密封材料

**1. 沥青嵌缝油膏**

沥青嵌缝油膏是以石油沥青为基料，加入改性材料、稀释剂及填充料混合制成的密封膏。改性材料有废橡胶粉和硫化鱼油；稀释剂有松焦油、松节重油和机油；填充料有石棉绒和滑石粉等。

沥青嵌缝油膏主要用作屋面、墙面、沟和槽的防水嵌缝材料。使用沥青嵌缝油膏嵌缝时，缝内应洁净、干燥，先刷涂冷底子油一道，待其干燥后即嵌填油膏。油膏表面可加石油沥青、油毡、砂浆、塑料为覆盖层。

**2. 聚氯乙烯接缝膏和塑料油膏**

聚氯乙烯接缝膏是以煤焦油和聚氯乙烯(PVC)树脂粉为基料，按一定比例加入增塑剂、稳定剂及填充料等，在 140 ℃温度下塑化而成的膏状密封材料，简称 PVC 接缝膏。

塑料油膏是用废旧聚氯乙烯(PVC)塑料代替聚氯乙烯树脂粉，其他原料和生产方法同聚氯乙烯接缝膏。塑料油膏成本较低 PPVXX 接缝膏和塑料油膏有良好的粘结性、防水性、弹塑性，耐热、耐寒、耐腐蚀和抗老化性能也较好，可以热用，也可以冷用。热用时，将聚氯乙烯接缝膏或塑料油膏用文火加热，加热温度不得超过 140 ℃，达到塑化状态后，应立即浇灌于清洁干燥的缝隙或接头等部位。冷用时，加溶剂稀释。

这种油膏适用于各种屋面嵌缝或表面涂布作为防水层，也可用于水渠、管道等接缝，用于工业厂房自防水屋面嵌缝、大型墙板嵌缝等的效果也很好。

**3. 丙烯酸类密封膏**

丙烯酸类密封膏是以丙烯酸树脂掺入增塑剂、分散剂、碳酸钙、增量剂等配制而成，有溶剂型和水乳型两种，通常为水乳型。

丙烯酸类密封膏在一般建筑基底上不产生污渍。它具有优良的抗紫外线性能，尤其是对透过玻璃的紫外线。它的延伸率很好，初期固化阶段为 200%～600%，经过热老化、气候老化试验后达到完全固化时为 100%～350%。在－34 ℃～80 ℃温度范围内具有良好的性能。丙烯酸类密封膏比橡胶类密封膏便宜，属于中等价格及性能的产品。

丙烯酸类密封膏主要用于屋面、墙板、门、窗嵌缝，但它的耐水性能不算太好，所以不宜用于经常泡在水中的工程，如不宜用于广场、公路、桥面等有交通来往的接缝中，也不用于水池、污水处理厂、灌溉系统、堤坝等水下接缝中。丙烯酸类密封膏一般在常温下用挤枪嵌填于各种清洁、干燥的缝内。为节省材料，缝宽不宜太大，一般为 9～15 mm。

**4. 聚氨酯密封膏**

聚氨酯密封膏一般用双组分配制，甲组分是含有异氰酸酯基的预聚体，乙组分是含有多羟基的固化剂与增塑剂、填充料、稀释剂等。使用时，将甲、乙两组分按比例混合，经固化反应成弹性体。

聚氨酯密封膏的弹性、粘结性及耐气候老化性能特别好，与混凝土的粘结性也很好，同时不需要打底。所以，聚氨酯密封材料可以作屋面、墙面的水平或垂直接缝，尤其适用于游泳池工程。它还是公路及机场跑道补缝、接缝的好材料，也可用于玻璃、金属材料的嵌缝。

**5. 聚硫建筑密封膏**

聚硫建筑密封膏是以液态聚硫橡胶为主剂，以金属过氧化物(多数以二氧化铅)为固化剂的双组分密封材料。按伸长率和模量分为高模量低伸长率的聚硫密封膏和高伸长率低模量的聚硫密封膏。按流变性分为 N 型(用于立缝或斜缝而不坍落的非下垂型)和 L 型(用于水平接缝能自动流平形成光滑平整表面的自流平型)。拉伸-压缩循环性能级别按试验温度及拉伸压缩百分率分为 9030、8020、7010 三种。

聚硫建筑密封膏具有良好的耐候性、耐油、耐湿热、耐水、耐低温等性能；能承受持续和明显的循环位移；抗撕裂性强，对金属(钢、铝等)和非金属(混凝土、玻璃、木材等)材质均具有良好的粘结力，可在常温下或加温条件下固化。其可用于高层建筑接缝及窗框周围防水、防尘密封，中空玻璃的周边密封，建筑门窗玻璃装嵌密封，游泳池、储水槽、上下管道、冷藏库等接缝的密封，特别适用于自来水厂、污水厂处理等。

**6. 硅酮建筑密封胶**

硅酮建筑密封胶是以聚硅氧烷为主剂，加入硫化剂、硫化促进剂、填料和颜料等组成的高分子非定形密封材料。

硅酮建筑密封胶可分为单组分和双组分，单组分应用较多。按固化机理可分为脱酸(酸性)和脱醇(中性)两种类型；按用途可分为镶装玻璃用和建筑接缝用两种类别；按位移能力可分为25、20两个级别；按拉伸模量可分为高模量(HM)和低模量(LM)两个次级别。

硅酮建筑密封胶具有优异的耐热、耐寒性及较好的耐候性，良好的疏水性能等优点。

高模量有机硅密封胶主要用于建筑物的结构型密封部位，如玻璃幕墙、门窗等；低模量有机硅密封胶主要用于建筑物的非结构型密封部位，如预制混凝土墙板、水泥板、大理石板、花岗石的外墙板缝、混凝土与金属框架的粘结以及卫生间和高速公路等接缝的防水密封等。

## 第四节　建筑防水等级与防水材料的选用

防水材料品种繁多，形态各异，性能各不相同，价格也相差悬殊，因此，应本着因地制宜，按需选材的原则进行选用。选用时应从以下几点考虑：

### 一、按屋面防水等级和设防要求进行选择

屋面防水工程应根据建筑物的类别、重要程度、使用功能要求确定防水等级，并应按相应等级进行防水设防；对防水有特殊要求的建筑屋面，应进行专项防水设计。根据现行国家标准《屋面工程技术规范》(GB 50345—2012)的规定，屋面防水等级和设防要求应符合表10-11的规定，卷材、涂膜层面防水等级和防水做法见表10-12。

**表 10-11　屋面防水等级和设防要求**

| 防水等级 | 建筑类别 | 设防要求 |
|---|---|---|
| Ⅰ级 | 重要建筑和高层建筑 | 两道防水设防 |
| Ⅱ级 | 一般建筑 | 一道防水设防 |

**表 10-12　卷材、涂膜屋面防水等级和防水做法**

| 防水等级 | 防 水 做 法 |
|---|---|
| Ⅰ级 | 卷材防水层和卷材防水层、卷材防水层和涂膜防水层、复合防水层 |
| Ⅱ级 | 卷材防水层、涂膜防水层、复合防水层 |

屋面工程应该具有良好的排水功能和阻止水入侵建筑物内的作用，所采用的防水材料应符合环境保护的有关规定，不得使用国家明令禁止和淘汰的材料。

### 二、按气候作用强度进行选择

气候作用强度是指屋面最高温度与最低温度之差。我国气候作用强度有强作用区(温差

高于 65 ℃)、较强作用区(温差为 55 ℃～65 ℃)、中作用区(温差为 45 ℃～55 ℃)和弱作用区(温差低于 45 ℃)之分。应根据当地历年最高气温、最低气温、屋面坡度和使用条件等因素，选择耐热度、低温柔性相适应的防水材料。对极端温差大的地区，应选择耐高低温性能优良和延伸率大的防水材料，使防水层适应温差引起的热胀冷缩变化，防止防水层破坏而渗漏。

### 三、按建筑结构特点和施工条件进行选择

应根据地基变形程度、结构形式和震动等因素，选择拉伸性能相适应的防水材料。结构特点和施工条件包括屋面结构是现浇混凝土还是预制构件；是保温屋面还是非保温屋面；顶层结构各跨是否均匀；设备管道多少以及建筑物受震动状况；使用环境是否有腐蚀性介质等。对屋面截面大、设备管道多的应选择防水涂料，以方便施工。对受震动大的应选用抗拉强度高、延伸率大的防水卷材，当使用环境中有腐蚀性介质时，选用的防水材料应有相应的耐腐蚀能力。

### 四、按防水层的暴露程度进行选择

外露防水层应根据屋面卷材的暴露程度，选择耐紫外线、耐老化、耐霉烂相适应的防水材料。

地下室防水工程的防水等级按其工程重要性和使用要求分为四级：一级不允许漏水，结构表面无湿渍；二级不允许漏水，结构表面允许有少量湿渍；三级允许有少量漏水点，但不得有线流和漏泥砂；四级允许有漏水点，但不得有线流和漏泥砂。地下室所用防水材料的选用原则同屋面防水工程。

## 本章小结

本章重点介绍了沥青材料、防水卷材的技术要求、主要类型及应用，并简单介绍了防水涂料、建筑密封材料的性能及应用，以及根据建筑工程防水等级、环境特点和工程部位合理选用防水材料的相关知识。

## 思考与练习

### 一、填空题

1. 依据石油沥青用途的不同，可以分为__________、__________、__________三种胶体状态。

2. 从组成来看，改性沥青主要有__________、__________、__________和__________等。

3. 目前防水卷材的主要品种有__________、__________和__________三大类。

4. 沥青防水涂料按主要成膜物质可分为__________和__________；按液态类型可分为__________和__________。

5. 常用的防水油膏有__________、__________、__________、__________、__________和__________等。

## 二、选择题(单选或多选)

1. 当沥青中油分含量多时，沥青的(　　)。

A. 温度稳定性差　　B. 延伸度降低　　C. 针入度降低　　D. 大气稳定性差

2. (　　)是指加热沥青产生的气体和空气的混合物，与火焰接触能持续燃烧 5 s 以上时沥青的温度。

A. 闪点　　B. 燃点　　C. 熔点　　D. 沸点

3. 石油沥青中常含有一定量的固体石蜡，它会降低沥青的(　　)。

A. 粘结性　　B. 塑性　　C. 温度稳定性　　D. 耐热性

4. 石油沥青的选用原则是在满足使用要求的前提下，尽量选用(　　)的品种，以保证正常使用条件下具有较长的使用年限。

A. 不同牌号　　B. 中间牌号　　C. 较小牌号　　D. 较大牌号

5. SBS 改性石油沥青属于(　　)。

A. 矿物填充料改性沥青　　B. 树脂改性石油沥青

C. 橡胶改性沥青　　D. 橡胶-树脂改性沥青

6. 选用石油沥青材料时，应根据(　　)来选用不同品种和牌号的沥青。

A. 工程性质　　B. 当地气候条件

C. 施工进度　　D. 所处工程部位

7. 各类防水卷材应有良好的(　　)和抗断裂能力。

A. 耐水性　　B. 温度稳定性　　C. 抗老化性　　D. 柔韧性

8. 乳化沥青的储存期不能过长，一般为(　　)个月左右，否则容易引起凝聚分层而变质。

A. 二　　B. 三　　C. 四　　D. 五

## 三、简答题

1. 石油沥青的技术指标主要包括哪些方面?
2. 要满足防水工程的需要，防水卷材应具备哪些方面的性能?
3. 什么是沥青? 按用途可分为哪几类?
4. 什么是防水卷材? 如何分类? 各类卷材的主要品种及其特性、用途是什么?

# 第十一章　建筑塑料、涂料和胶粘剂合成高分子材料

知识目标

掌握建筑塑料、涂料、胶粘剂的组成、特点、分类及应用。

技能目标

通过本章的学习，能够根据实际情况对建筑塑料、建筑涂料、胶粘剂正确选用。

高分子材料可分为天然的和合成的两大类。高分子材料具有密度小、比强度高、耐水性及耐化学腐蚀性强、抗渗性及防水性好、耐磨性强、绝缘性好、易加工等优点；但其易老化，具有可燃性。建筑塑料、建筑涂料和建筑胶粘剂均属有机高分子材料。

## 第一节　建筑塑料与建筑涂料

### 一、建筑塑料

建筑塑料是指用于建筑工程的各种塑料及制品。

**1. 建筑塑料的组成**

塑料由合成树脂及填充剂、增塑剂、稳定剂、固化剂、润滑剂、着色剂等添加剂组成。

(1)合成树脂是人工合成的高分子聚合物，按受热时发生的变化不同分为热塑性树脂和热固性树脂两种。热塑性树脂的受热软化、冷却硬化过程可反复进行；热固性树脂只能塑制一次。合成树脂是塑料的基本组成成分，主要起胶结作用。塑料的名称就是按其所含树脂的名称来命名的。

(2)添加剂是指塑料配混时，少量加入到合成树脂或其配混料中，以改善成型加工或赋予制品某种性能的一类化学物质。塑料添加剂包括填充剂、增塑剂、稳定剂、固化剂、润滑剂、着色剂等，这类物质分散在合成树脂或其配混料中，不影响合成树脂的分子结构。

1)填充剂主要调节塑料的物理化学性能，例如，加入玻璃纤维可以提高塑料的机械强度等。

2)增塑剂可增加塑料的可塑性、流动性，改善塑料的低温脆性。例如，生产聚氯乙烯塑料时，加入较多增塑剂可得到软质聚氯乙烯塑料。

3)稳定剂可使塑料长期保持原有的工作性质，延长使用寿命。例如，聚丙烯在成型加

工和使用时加入炭黑，能显著提高其耐候性。

4)固化剂的作用是在聚合物中生成横跨键，使分子交联，由受热可塑的线型结构，变成热稳定的网状结构。

**2. 建筑塑料的特点**

建筑塑料具有比强度高、导热性低、加工性能优良、装饰性好、多功能性强等优点；但同时也存在耐热性差、易燃、易老化、刚度小等缺点。具体分析如下：

(1)建筑塑料的优点。建筑塑料与传统建筑材料相比，具有以下一些优良的特性：

1)优良的加工性能。塑料可采用比较简单的方法制成各种形状的产品，如薄板、薄膜、管材、异型材料等，并可采用机械化的大规模生产。

2)比强度高。塑料的密度为 0.8～2.2 $g/m^3$，是钢材的 1/5、混凝土的 1/3，与木材相近。塑料的强度较高，比强度(强度与表观密度的比值)接近或超过钢材，为混凝土的 5～15 倍，是一种优良的轻质高强材料。

3)绝热性和吸声、隔声性好。塑料制品的热导率小，其热导能力为金属的 1/600～1/500、混凝土的 1/40、砖的 1/20，泡沫塑料的热导率与空气相当，是理想的绝热材料。塑料(特别是泡沫塑料)可减小震动、降低噪声，是良好的吸声材料。

4)装饰性好。塑料制品不仅可以着色，而且色泽鲜艳持久、图案清晰。可通过照相制版印刷，模仿天然材料的纹理达到以假乱真的效果；还可通过电镀、热压、烫金制成各种图案和花形，使其表面具有立体感和金属的质感。

5)耐水性和耐水蒸气性强。塑料属憎水性材料，一般吸水率和透气性很低，可用于防水、防潮工程。

6)耐化学腐蚀性和电绝缘性好。

7)经济性好。塑料制品是消耗能源低、使用价值高的材料，节省能源十分可观。因此，广泛使用塑料及其制品有明显的经济效益和社会效益。

塑料制品对酸、碱、盐等有较好的耐腐蚀性，特别是合作化工厂的门窗、地面、墙壁等。塑料一般是电的不良导体，电绝缘性可与陶瓷、橡胶媲美。

(2)建筑塑料的缺点。建筑塑料作为建筑材料使用也存在一些缺点，有待进一步改进。塑料的主要缺点有以下几点：

1)耐热性差，易燃烧，且燃烧时放出对人体有害的气体。

2)刚度小，易变形。

3)在日光、大气、热等外界因素作用下，塑料容易产生老化，性能发生变化。

(3)常用的建筑塑料。按树脂受热时发生的变化不同，把建筑塑料分为热塑性塑料和热固性塑料。

1)热塑性塑料具有比热固性塑料质轻、耐磨、润滑性好、着色力强、加工方法多等特点，但耐热性差、尺寸稳定性差、易老化。主要品种有聚氯乙烯(PVC)塑料、聚乙烯(PE)塑料、聚丙烯(PP)塑料和聚苯乙烯(PS)塑料等。

2)热固性塑料比热塑性塑料的耐热性好、刚性大、制品尺寸稳定性好，主要品种有酚醛(PF)塑料、聚氨酯(UP)塑料、环氧树脂(EP)塑料、有机硅(SI)塑料和玻璃钢(GRP)等。

常用建筑塑料的特性与用途见表 11-1。

**表 11-1 常用建筑塑料的特性与用途**

| 名称 | 特性 | 用途 |
| --- | --- | --- |
| 聚氯乙烯(PVC) | 耐化学腐蚀性和电绝缘性优良，力学性能较好，难燃，但耐热性差 | 有硬质、软质、轻质发泡制品，可制作管道、门窗、装饰板等，是建筑工程中应用最广泛的一种塑料 |
| 聚乙烯(PE) | 柔韧性好，耐化学腐蚀性好，成型工艺好，但刚性差，易燃烧 | 主要用于防水材料、给排水管道、绝缘材料等 |
| 聚丙烯(PP) | 耐化学腐蚀性好，力学性能和刚性超过聚乙烯，但收缩率大，低温脆性大 | 用于管道、容器、卫生洁具等 |
| 聚苯乙烯(PS) | 透明度高，机械强度高，电绝缘性好，但脆性大，耐冲击性和耐热性差 | 主要用来制作泡沫隔热材料，也可用来制造灯具平顶板等 |
| 改性聚苯乙烯(ABS) | 具有韧、硬、刚相均衡的力学性能，电绝缘性和耐化学腐蚀性好，尺寸稳定，但耐热性和耐候性较差 | 主要用于生产建筑五金和各种管材、模板、异性板等 |
| 有机玻璃(PMMA) | 有较好的弹性、韧性、耐老化性，耐低温性好、透明度高、易燃 | 主要用作采光材料，可代替玻璃，但性能优于玻璃 |
| 酚醛树脂(PF) | 绝缘性和力学性能良好，耐水性、耐酸性好，坚固耐用，尺寸稳定，不易变形 | 用于生产各种层压板、玻璃钢制品、涂料和胶粘剂 |
| 不饱和聚酯树脂(UP) | 可在低温下固化成型，耐化学腐蚀性和电绝缘性好，但固化收缩率较大 | 主要用于生产玻璃钢、涂料和聚酯装饰板等 |
| 环氧树脂(EP) | 粘结性和力学性能优良，电绝缘性好，固化收缩率低，可在室温下固化成型 | 主要用于生产玻璃钢、涂料和胶粘剂等产品 |
| 有机硅树脂(SI) | 耐高温、低温，耐腐蚀，稳定性好，绝缘性好 | 用于高级绝缘材料和防水材料 |
| 玻璃纤维增强塑料(GRP) | 强度特别高，质轻，成型工艺简单，除刚度不如钢材外，各种性能均很好 | 在建筑工程中应用广泛，可用作屋面材料、墙体材料、排水管、卫生器具等 |

## 二、建筑涂料

涂料是一种可涂刷于基体表面，能与基体材料很好粘结并形成完整而坚韧保护膜的材料。建筑涂料是指用于建筑物(墙面和地面)的涂料，主要起装饰和保护作用。

**1. 建筑涂料的组成**

涂料是一种由多种不同物质经混合、溶解、分散而制成的胶体溶液，建筑涂料按各种成分作用的不同，可分为主要成膜物质、次要成膜物质和辅助成膜物质三大部分。

(1)主要成膜物质又称基料或粘结剂，是涂料的基础物质，可以粘结次要成膜物质，使涂料在干燥或固化后共同形成连续的涂膜。最常见的主要成膜物质是合成树脂。

(2)次要成膜物质是指涂料中的各种颜料和填料，其不具单独成膜能力，须与主要成膜物质配合使用构成涂膜。颜料一般分着色颜料、体质颜料和防锈颜料三大类。

(3)辅助成膜物质是指涂料中的溶剂和各种助剂，其本身不构成涂膜，但对涂料的成膜过程起关键作用。

### 2. 建筑涂料的分类

建筑涂料按主要成膜物质的化学组成，可分为有机涂料、无机涂料及复合涂料；按建筑物的使用部位，可分为外墙涂料、内墙涂料、地面涂料等；按涂料的状态，可分为溶剂型涂料、水乳型涂料和水溶性涂料；按涂料的特殊性能，可分为防水涂料、防火涂料、防霉涂料等；按涂膜厚度分类，厚度小于 1 mm 的建筑涂料称为薄质涂料，厚度为 1～5 mm 的建筑涂料称为厚质涂料；按涂膜形状与质感，可分为平壁状涂层涂料、砂壁状涂层涂料、凹凸立体花纹涂料。

### 3. 常用的建筑涂料

(1)外墙涂料的主要功能是美化建筑和保护建筑物的外墙面，要求其具有丰富的色彩和质感，装饰效果好；耐水性和耐久性好，能经受日晒、风吹、雨淋和冰冻等侵蚀；耐污染，易清洗。主要品种有溶剂型的丙烯酸酯和聚氨酯外墙涂料、乳液型的苯-丙乳液和乙-丙乳液外墙涂料、彩色砂壁状外墙涂料、复层外墙涂料、无机外墙涂料等。

(2)内墙涂料的主要功能是装饰和保护内墙墙面及顶棚，要求其色彩丰富、细腻、和谐，耐碱性、耐酸性、耐水性、耐粉化性良好，耐擦洗，透气性好，易涂刷。内墙涂料有乳胶漆、溶剂型内墙涂料、多彩内墙涂料、幻彩涂料等。

(3)地面涂料的主要功能是装饰与保护室内地面，要求其具有耐碱性好、粘结力强、耐水性好、耐磨性好、抗冲击力强、涂刷施工方便及价格合理等特点。主要品种有过氯乙烯水泥地面涂料、聚氨酯地面涂料、环氧树脂厚质地面涂料、聚醋酸乙烯水泥地面涂料等。

# 第二节　建筑胶粘剂

胶粘剂又称粘合剂、粘结剂，是一种能将两个物体牢固粘结在一起的材料。

## 一、建筑胶粘剂的组成

胶粘剂通常由主体材料和辅助材料配制而成。主体材料主要是指粘料，是胶粘剂中起粘结作用并赋予胶层一定机械强度的物质，如各种树脂、橡胶、沥青等合成或天然高分子材料以及硅溶胶、水玻璃等无机材料。辅助材料是胶粘剂中用以完善主体材料性能的物质，如常用的固化剂、稀释剂、填充料和助剂等。

## 二、建筑胶粘剂的分类

建筑胶粘剂按化学成分分为无机胶粘剂、有机胶粘剂；按强度特性分为结构型胶粘剂、非结构型胶粘剂、次结构型胶粘剂；按固化形式分为溶剂型胶粘剂、反应型胶粘剂、热熔型胶粘剂；按外观形态分为溶液型胶粘剂、乳液型胶粘剂、膏糊型胶粘剂、粉末型胶粘剂、薄膜型胶粘剂、固体型胶粘剂；按使用功能分为通用胶和特种胶。

## 三、常用的建筑胶粘剂

建筑上常用的胶粘剂主要有聚醋酸乙烯胶粘剂、聚乙烯醇缩甲醛胶粘剂、丙烯酸酯胶粘剂、聚氨酯胶粘剂、环氧树脂胶粘剂等。

### 四、胶粘剂的选用原则

(1)根据胶结材料的种类性质，选用与被粘材料相匹配的胶粘剂，通常极性材料要选用极性胶粘剂，非极性材料要选非极性胶粘剂。

(2)根据胶结材料的使用要求，如导热、导电、高低温等，选用满足特种要求的胶粘剂。

(3)根据胶结材料的环境条件，如气候、光、热、水分等，选用耐环境性好的胶粘剂。

(4)在满足使用性能的前提下，应考虑性能与价格的均衡，尽可能使用经济的胶粘剂。

## 本章小结

本章主要阐述建筑工程中常用的塑料制品、胶粘剂的品种、性质及应用，塑料制品、常用建筑塑料、建筑涂料以及常用建筑胶粘剂的选用。

## 思考与练习

### 一、选择题(单选或多选)

1. 胶粘剂通常是由主体材料和辅助材料配制而成，其中，辅助材料是用以完善主体材料的性能而加入的物质。下列属于辅助材料的是(　　)。

A. 固化剂　　B. 稀释剂　　C. 填充料　　D. 助剂

2. 热固性塑料与热塑性塑料相比，其(　　)。

A. 耐热好　　B. 刚性大

C. 制品尺寸稳定性好　　D. 装饰性好

3. 建筑塑料具有某些传统建材无法比拟的优异性能，其优点包括(　　)。

A. 不易老化　　B. 比强度高

C. 多功能性强　　D. 装饰性好

4. 在塑料成型加工中加入(　　)可使老化性能得以改善，能够长期保持原有的工作性质，延长使用寿命。

A. 固化剂　　B. 增塑剂　　C. 稳定剂　　D. 润滑剂

5. 按树脂在受热时所发生的变化不同，把建筑塑料分为(　　)。

A. 热塑性塑料和热固性塑料　　B. 热塑性塑料和冷固性塑料

C. 冷塑性塑料和热固性塑料　　D. 冷塑性塑料和冷固性塑料

### 二、简答题

1. 建筑塑料有哪些优缺点？

2. 高分子材料具有哪些优点及不足？

3. 外墙涂料的主要功能是什么？它应具备哪些性能特点？它的主要种类有哪些？

# 第十二章　绝热材料和吸声材料

知识目标

了解绝热材料和吸声材料的主要类型、性能特点及应用。

技能目标

通过本章的学习，能够根据工程实际情况选择绝热材料和吸声材料。

绝热材料和吸声材料都是功能性材料的重要品种。建筑节能的主要途径，是采用保温绝热材料。有效地运用吸声材料，可以保持室内良好的声环境和减少噪声污染。绝热材料和吸声材料的应用，对提高人们的生活质量有着非常重要的作用。

## 第一节　绝热材料

在建筑学中，将用于控制室内热量外流的材料称为保温材料；把阻止室外热量进入室内的材料称为隔热材料；保温、隔热材料统称为绝热材料。建筑物选择合适的绝热材料，既可以保证室内有适宜的温度，为人们构筑一个温暖、舒适的环境，从而提高人们的生活质量，又可以减少建筑物的采暖和空调能耗而节约能源。

据统计，具有良好绝热功能的建筑，其能源可节省25%～50%。因此，在建筑工程中，合理选择和使用绝热材料具有重要意义。

### 一、绝热材料的类型

**1. 多孔型**

对于多孔材料，当热量从高温面向低温面传递时，固相中的导热方向垂直于材料平面；当碰到气孔后，固相导热的方向发生变化，总的传热路线大大增加，从而使传热速度减慢。另外由于气孔壁面存在着温差，也会发生传热，但由于空气的导热率远远小于固体的导热系数，所以热量通过气孔传递的阻力较大，使传热速度大大减缓。

**2. 纤维型**

纤维型绝热材料的传热机理基本上和多孔材料的情况相似。平行于纤维方向的传热量要大于垂直于纤维方向的传热量。

**3. 反射型**

反射型是具有反射性的材料，由于大量热辐射在表面被反射掉，使通过材料的热量大大减少，从而达到了绝热的目的。材料反射率越大，绝热性越好。

## 二、材料的导热性

材料的导热性是指通过材料本身进行传导热量的一种能力，用导热系数$\lambda$表示。导热系数$\lambda$值越小，材料的保温隔热性能就越好。导热系数是评定材料隔热性能的重要指标。

不同的建筑材料具有不同的保温隔热性能。保温隔热性能良好的材料常是多孔的。不同的建筑材料具有不同的保温隔热性能，衡量材料隔热性能的主要指标是导热性。

## 三、影响材料导热性的主要因素

### 1. 材料的性质

不同的材料导热系数是不同的，导热系数值以金属最大，非金属次之，液体较小，气体最小。对于同一种材料，内部结构不同，导热系数也不同，一般结晶结构最大，微晶体结构次之，玻璃体结构最小。

### 2. 表观密度与孔隙特征

由于材料中固体物质的导热能力比空气要大得多，故表观密度小的材料，因其孔隙率大，导热系数就小，即导热系数随孔隙率的增大而减小。对于松散纤维状材料，当表观密度低于某一极限时，导热系数反而会增大，这是由于孔隙增大而且互相连通的孔隙大大增多，而使对流作用加强的结果。

### 3. 温度与湿度

材料的导热系数随温度的升高而增大，因为温度升高时，材料固体分子的热运动增强，但这种影响在温度 0 ℃～50 ℃时并不明显，只有对处于高温或负温下的材料，才考虑温度的影响。

材料吸湿受潮后，其导热系数增大，在多孔材料中最为明显。这是由于受潮后材料的孔隙中有了水分，而水的导热系数$\lambda=0.58$ W/(m·K)比空气的导热系数$\lambda=0.029$ W/(m·K)大 20 倍左右。如孔隙中的水结成冰，冰的导热系数$\lambda=2.33$ W/(m·K)，则导热率会更大。故绝热材料在应用时，必须注意防水避潮。

### 4. 热流方向

对于各向异性的材料(如木材等纤维质的材料)，当热流平行于纤维方向时，热流受到的阻力小；当热流垂直于纤维方向时，受到的阻力最大。

上述各项因素中以表观密度和湿度的影响最大，因此，在测定材料的导热系数时，必须测定材料的表观密度。至于湿度，多数绝热材料可取空气相对湿度为 80%～85%时材料的平衡湿度作为参考值，尽可能在这种湿度条件下来测定材料的导热系数。

在建筑上采用绝热保温材料，能提高建筑物的使用效能，减少基本建筑材料的用量，减轻围护结构的质量，提高建筑施工的工业化程度，大幅度节能降耗，对促进建筑业的发展，缓解能源紧张以及提高人民的居住水平具有重要意义。

## 四、建筑上常用的绝热保温材料

常用绝热保温材料的主要组成、特性和应用见表 12-1。

**表 12-1 常用绝热保温材料的主要组成、特性和应用**

| 品 种 | 主要组成材料 | 主 要 性 质 | 主 要 应 用 |
|---|---|---|---|
| 矿渣棉 | 熔融矿渣用离心法制成的纤维絮状物 | 体积密度为 110～130 $kg/m^3$，导热系数小于 0.044 W/(m·K)，最高使用温度为 600 ℃ | 绝热保温填充材料 |
| 岩 棉 | 熔融岩石用离心法制成的纤维絮状物 | 体积密度为 80～150 $kg/m^3$，导热系数小于 0.044 W/(m·K) | 绝热保温填充材料 |
| 沥青岩棉毡 | 以沥青粘结岩棉，经压制而成 | 体积密度为 130～160 $kg/m^3$，导热系数为 0.049～0.052 W/(m·K)，最高使用温度为 250 ℃ | 墙体、屋面、冷藏库等 |
| 岩棉板（管壳、毡、带等） | 以酚醛树脂粘结岩棉，经压制而成 | 体积密度为 80～160 $kg/m^3$，导热系数为 0.040～0.050 W/(m·K)，最高使用温度为 400～600 ℃ | 墙体、屋面、冷藏库、热力管道等 |
| 玻璃棉 | 熔融玻璃用离心法等制成的纤维絮状物 | 体积密度为 8～40 $kg/m^3$，导热系数为 0.040～0.050 W/(m·K)，最高使用温度为 400 ℃ | 绝热保温填充材料 |
| 玻璃棉毡（带、毯、管壳） | 玻璃棉、树脂胶等 | 体积密度为 8～120 $kg/m^3$，导热系数为 0.040～0.058 W/(m·K)，最高使用温度为 350～400 ℃ | 墙体、屋面等 |
| 膨胀珍珠岩 | 珍珠岩等经焙烧、膨胀而得 | 堆积密度为 40～300 $kg/m^3$，导热系数为 0.025～0.048 W/(m·K)，最高使用温度为 800 ℃ | 保温绝热填充材料 |
| 膨胀珍珠岩制品（块、板、管壳等） | 以水玻璃、水泥、沥青等胶结膨胀珍珠岩而成 | 体积密度为 200～500 $kg/m^3$，导热系数为 0.055～0.116 W/(m·K)，抗压强度为 0.2～1.2 MPa，以水玻璃膨胀珍珠岩制品的性能较好 | 屋面、墙体、管道等，但沥青珍珠岩制品仅适合在常温或负温下使用 |
| 膨胀蛭石 | 蛭石经焙烧、膨胀而得 | 堆积密度为 80～200 $kg/m^3$，导热系数为 0.046～0.070 W/(m·K)，最高使用温度为 1 000～1 100 ℃ | 保温绝热填充材料 |
| 膨胀蛭石制品（块、板、管壳等） | 以水泥、水玻璃等胶结膨胀蛭石而成 | 体积密度为 300～400 $kg/m^3$，导热系数为 0.076～0.105 W/(m·K)，抗压强度为 0.2～1.0 MPa | 屋面、管道等 |
| 泡沫玻璃 | 碎玻璃、发泡剂等经熔化、发泡而得，气孔直径为 0.1～5 mm | 体积密度为 150～600 $kg/m^3$，导热系数为 0.054～0.128 W/(m·K)，抗压强度为 0.8～15 MPa，吸水率小于 0.2%，抗冻性高、最高使用温度为 500 ℃，为高效保温绝热材料 | 墙体或冷藏库等 |
| 聚苯乙烯泡沫塑料 | 聚苯乙烯树脂、发泡剂等经发泡而得 | 体积密度为 15～50 $kg/m^3$，导热系数为 0.030～0.047 W/(m·K)，抗折强度为 0.15 MPa，吸水率小于 0.03 $g/cm^2$，耐腐蚀性高，最高使用温度为 80 ℃，为高效保温绝热材料 | 墙体、屋面、冷藏库等 |

续表

| 品　种 | 主要组成材料 | 主　要　性　质 | 主　要　应　用 |
| --- | --- | --- | --- |
| 硬质聚氨酯泡沫塑料 | 异氰酸酯和聚醚或聚酯等经发泡而得 | 体积密度为 30～45 $kg/m^3$，导热系数为 0.017～0.026 W/(m·K)，抗压强度为 0.25 MPa，耐腐蚀性高，体积吸水率小于 1%，使用温度 -60～120 ℃，可现场浇注发泡，为高效保温绝热材料 | 墙体、屋面、冷藏库、热力管道等 |
| 塑料蜂窝板 | 蜂窝状芯材两面各粘贴一层薄板而成 | 导热系数为 0.046～0.058 W/(m·K)，抗压强度与抗折强度高，抗震性好 | 围护结构 |

# 第二节　吸声材料

目前，我国城市噪声污染日趋严重，噪声污染控制与空气污染控制、水污染控制一起被列为21世纪环境污染控制的主要内容。通常当建筑物室内的声音大于50 dB，建筑师就应该考虑采取措施；声音大于120 dB，将危害人体健康。因此，采用隔声材料降低建筑物内的噪声至关重要。目前，人们已经普遍关注住宅、工厂、影剧院等的声学问题，在建筑内合理控制声音可以给人们提供一个安全、舒适的工作、生活、娱乐环境。

建筑声学材料通常分为吸声材料和隔声材料。

## 一、材料的吸声性能

### 1. 材料吸声的原理

物体因振动而发声，通过介质的共振产生声波而传播。声在传播中一部分逐渐扩散，一部分因空气分子的吸收而削弱，这种减弱现象在室外很明显，但在室内因空气分子的吸收而削弱的现象不起主要作用，主要是被材料表面所吸收。

当声波遇到材料表面时，一部分被反射，另一部分会穿透材料，其余部分则传递给材料。传递给材料的声波，进入材料孔隙中，引起其中空气分子与孔壁的摩擦和黏滞阻力，相当一部分声能转化为热能被吸收。

### 2. 材料吸声的系数

评定材料吸声性能的指标，通常采用吸声系数。它是指被材料吸收的声能量($E$)与传递给材料表面的全部声能($E_0$)之比，是评定材料吸声性能好坏的主要指标。吸声系数与声音的频率及声音的入射方向有关。因此，吸声系数用声音从各方向入射的吸收平均值表示，并应指出是对哪一频率的吸收。通常采用六个频率：125 Hz、250 Hz、500 Hz、1 000 Hz、2 000 Hz、4 000 Hz。任何材料对声音都能吸收，只是吸收程度有很大的不同。通常将对上述六个频率的平均吸声系数 $\alpha$ 大于 0.2 的材料，称为吸声材料。

吸声材料大多为疏松多孔的材料，如矿渣棉、玻璃棉等，这类多孔性吸声材料的吸声系数，一般从低频到高频逐渐增大，故对高频和中频的声音吸收效果较好。

为了改善声波在室内传播的质量，保持良好的音响效果和减少噪声的危害，在建筑中对不同的建筑结构应选用适当的吸声材料。

## 二、影响材料吸声性能的因素

任何材料都有一定的吸声能力，只是吸声能力的大小不同而已。材料的吸声性与材料的表观密度、孔隙特征、设置位置及厚度均有关。

一般来讲，坚硬、光滑、结构紧密和质量大的材料吸声能力差，而具有互相贯穿内外微孔的多孔材料吸声性能好，如矿渣棉、植物纤维、泡沫塑料、木丝板等。由于吸声机理是声波深入材料的孔隙，且孔隙多为内部互相连通的开口微孔，受到空气分子摩擦和阻力，细小的纤维做机械振动使声能变为热能。因此，吸声材料(结构)都具有粗糙及多孔的特性。

吸声材料可分为纤维状、颗粒状和多孔状等种类。

为了改善声波在室内传播的质量，保证良好的音响效果和减少噪声的危害，在音乐厅、电影院、大会堂、播音室及工厂噪声大的车间等内部的墙面、地面、顶棚等部位，应选用适当的吸声材料。

除采用多孔吸声材料吸声外，还可将材料组成不同的吸声结构，以达到更好的吸声效果。常用的吸声结构形式有薄板共振吸声结构和穿孔板吸声结构。薄板共振吸声结构是采用薄板钉牢在靠墙的木龙骨上，薄板与板后的空气层构成了板共振吸声结构；穿孔板吸声结构是用穿孔的胶合板、纤维板、金属板或石膏等为结构主体，与板后的墙面之间的空气层构成吸声结构。该结构吸声的频带较宽，对中频的吸声能力最强。

## 三、建筑上常用的吸声材料

建筑上常用吸声材料的主要性质与应用见表 12-2。表中主要为多孔吸声材料，同时也给出了穿孔板吸声结构常用的两种穿孔吸声板。

**表 12-2　建筑上常用吸声材料的主要性质与应用**

| 品　种 | 厚度/cm | 体积密度/(kg·m$^{-3}$) | 不同频率(Hz)下的吸声系数 | | | | | | 其他性质 | 装置情况 |
|---|---|---|---|---|---|---|---|---|---|---|
| | | | 125 | 250 | 500 | 1 000 | 2 000 | 4 000 | | |
| 石膏砂浆(掺有水泥、玻璃纤维) | 2.2 | | 0.24 | 0.12 | 0.09 | 0.30 | 0.32 | 0.83 | | 粉刷在墙上 |
| 水泥膨胀珍珠岩板 | 2 | 350 | 0.16 | 0.46 | 0.64 | 0.48 | 0.56 | 0.56 | 抗压强度为0.2～1.0 MPa | 贴实 |
| 岩棉板 | 2.5 | 80 | 0.04 | 0.09 | 0.24 | 0.57 | 0.93 | 0.97 | | 贴实 |
| | 2.5 | 150 | 0.07 | 0.10 | 0.32 | 0.65 | 0.95 | 0.95 | | |
| | 5.0 | 80 | 0.08 | 0.22 | 0.60 | 0.93 | 0.98 | 0.99 | | |
| | 5.0 | 150 | 0.11 | 0.33 | 0.73 | 0.90 | 0.80 | 0.96 | | |
| | 10 | 80 | 0.35 | 0.64 | 0.89 | 0.90 | 0.96 | 0.98 | | |
| | 10 | 150 | 0.43 | 0.62 | 0.73 | 0.82 | 0.90 | 0.95 | | |
| 矿渣棉 | 3.13 | 210 | 0.10 | 0.21 | 0.60 | 0.95 | 0.85 | 0.72 | | 贴实 |
| | 8.0 | 240 | 0.35 | 0.65 | 0.65 | 0.75 | 0.88 | 0.92 | | |
| 玻璃棉<br>超细玻璃棉 | 5.0 | 80 | 0.06 | 0.08 | 0.18 | 0.44 | 0.72 | 0.82 | | 贴实 |
| | 5.0 | 130 | 0.10 | 0.12 | 0.31 | 0.76 | 0.85 | 0.99 | | |
| | 5.0 | 20 | 0.10 | 0.35 | 0.85 | 0.85 | 0.86 | 0.86 | | |
| | 15.0 | 20 | 0.50 | 0.80 | 0.85 | 0.85 | 0.86 | 0.80 | | |

续表

| 品种 | 厚度/cm | 体积密度/(kg·m$^{-3}$) | 不同频率(Hz)下的吸声系数 | | | | | | 其他性质 | 装置情况 |
|---|---|---|---|---|---|---|---|---|---|---|
| | | | 125 | 250 | 500 | 1 000 | 2 000 | 4 000 | | |
| 脲醛泡沫塑料 | 5.0 | 20 | 0.22 | 0.29 | 0.40 | 0.68 | 0.95 | 0.94 | 抗压强度大于0.2 MPa | 贴实 |
| 软质聚氨酯泡沫塑料 | 2.0<br>4.0<br>6.0<br>8.0 | 30～40<br>30～40<br>30～40<br>30～40 | | | 0.11<br>0.24<br>0.40<br>0.63 | 0.17<br>0.43<br>0.68<br>0.93 | | 0.72<br>0.74<br>0.97<br>0.93 | | 贴实 |
| 吸声泡沫玻璃 | 4.0 | 120～180 | 0.11 | 0.32 | 0.52 | 0.44 | 0.52 | 0.33 | 开口孔隙率达40%～60%，吸水率高，抗压强度为0.8～4.0 MPa | 贴实 |
| 地毯 | 厚 | | 0.20 | | 0.30 | | 0.50 | | | 铺于木搁栅楼板上 |
| 帷幕 | 厚 | | 0.10 | | 0.50 | | 0.60 | | | 有折叠、靠墙装置 |
| ☆装饰吸声石膏板(穿孔板) | 1.2 | 750～800 | | 0.08～0.12 | 0.60 | 0.40 | 0.34 | | 防火性、装饰性好 | 后面有5～10 cm的空气层 |
| ☆铝合金穿孔板 | 0.1 | | | | | | | | 孔径为6 mm，孔距为10 mm，耐腐蚀、防火、装饰性好 | 后面有5～10 cm的空气层 |

注：1. 数值为驻波管法测得的结果。

2. 材料名称前有☆者为穿孔板吸声结构。

## 四、隔声材料

建筑上将主要起到隔绝声音作用的材料称为隔声材料，隔声材料主要用于外墙、门窗、隔墙、隔断、地面等。

隔声可分为隔绝空气声(通过空气传播的声音)和隔绝固体声(通过撞击或振动传播的声音)。两者的隔声原理截然不同。

对隔绝空气声，主要服从质量定律，即材料的体积密度越大，隔声性能越好，因此应选用密实的材料作为隔声材料，如砖、混凝土、钢板等。如采用轻质材料时，需辅以多孔吸声材料或采用夹层结构。

对隔绝固体声，主要采用具有一定柔性、弹性或弹塑性的材料。利用它们能够产生一定的变形来减小撞击声，并在构造上使之成为不连续结构。如在墙壁和承重梁之间、墙壁和楼板之间加设弹性垫层，或在楼板上铺设弹性面层。常用的弹性垫层材料有橡胶、毛毡、地毯等。

固体声的隔绝主要是吸收，这和吸声材料的原理是一致的。而空气声的隔绝主要是反射，隔声原理与材料的吸声原理不同。隔空气声材料的表面比较坚硬密实，对于入射其上的声波具有较强的反射，使投射的声波大大减少，从而起到隔声作用。而吸声材料的表面一般是多孔松软的，对入射其上的声波具有较强的吸收和投射，使反射的声波大大减少。这是吸声材料和隔声材料的主要区别，因此，吸声效果好的多孔材料的隔声效果也一定好。

## 本章小结

本章内容涉及功能性材料的重要品种——绝热材料和吸声材料。建筑节能的主要途径是采用保温绝热材料。有效地运用吸声材料，可以保持室内良好的音响效果和减少噪声污染。绝热材料和吸声材料的应用，对提高人们的生活质量有着非常重要的作用。

## 思考与练习

**一、填空题**

1. 建筑声学材料通常分为__________和__________。

2. 隔声可分为__________和__________两种。

3. 材料的导热性是指通过材料本身进行传导热量的一种能力，用__________表示。导热系数λ值越小，材料的保温隔热性能就越好。

**二、选择题(单选或多选)**

1. 下列材料中绝热性能最好的是(　　)。

A. 泡沫塑料　　B. 矿渣棉　　C. 泡沫玻璃　　D. 膨胀珍珠岩

2. 下列关于材料的吸声性能说法正确的是(　　)。

A. 材料的吸声性与材料的表观密度、孔隙特征、设置位置及厚度均有关

B. 坚硬、光滑、结构紧密和质量大的材料吸声能力好，而具有互相贯穿内外微孔的多孔材料吸声性能差

C. 吸声材料(结构)都具有粗糙及多孔的特性

D. 在音乐厅、电影院、大会堂、播音室及工厂噪声大的车间等内部的墙面、地面、顶棚等部位，应选用适当的吸声材料

3. 在墙壁和承重梁之间、墙壁和楼板之间加设弹性垫层是为了(　　)。

A. 防水　　B. 吸声　　C. 保温　　D. 隔声

4. 下列各因素影响材料导热性的是(　　)。

A. 材料的性质　　B. 表观密度与孔隙特征

C. 温度与湿度　　D. 热流方向

**三、简答题**

1. 影响材料导热性的主要因素有哪些？

2. 影响材料吸声性能的因素有哪些？

# 第十三章　建筑装饰材料

知识目标

了解建筑装饰材料的装饰性质、选用原则、污染及绿色装饰材料的特征；了解和掌握常用的装饰材料及其基本性质与应用。

技能目标

通过本章的学习，能够科学合理地选用各种装饰材料。

## 第一节　建筑装饰材料概述

### 一、建筑装饰材料的概念

建筑装饰材料是指用于建筑物构件表面主要起装饰作用的材料。建筑装饰材料是建筑材料中的一个分支，钢材、混凝土、水泥等结构材料搭起了建筑物的骨架，而装饰材料则是给建筑物披上了美丽的“外衣”。装饰材料是建筑装饰工程的物质基础，是决定装饰效果、工程质量及工程造价的重要因素。

建筑不仅仅是人类赖以生存的物质空间，更是人们进行文化交流和情感生活的重要精神空间。建筑留给人们最终的概念和印象，是通过建筑材料去实现的，尤其是通过建筑装饰材料来实现的。因此，了解常用的建筑装饰材料的特点和性能，并在具体建筑环境中合理地应用，显得十分重要。

### 二、建筑装饰材料的功能

**1. 美化建筑物与环境**

建筑物的室内外空间装饰效果主要是通过建筑装饰材料的色彩、质感、尺寸等来实现的。例如，陶瓷、塑料、玻璃、金属材料等新型装饰材料的大量应用，把现代建筑物装扮得富丽堂皇、绚丽多彩。材料的色彩、质感、表面线条的粗细和凹凸不平，对光线的吸收和反射程度的不同，会产生不同的感官效果。例如，涂料、天然花岗石、玻璃幕墙、不锈钢装饰板等，都以不同的质地表现出不同的外观效果；小块的马赛克、大块的石材、不同尺寸的外墙面砖，都以不同的尺寸或尺寸大小的对比起到装饰效果；彩色玻璃幕墙、彩色涂料、彩釉砖等彩色装饰材料，通过巧妙地运用，可取得良好的视觉效果。

**2. 保护建筑物，提高建筑物的耐久性**

建筑物在使用过程中会受到各种因素的影响，如受到阳光、风、雨雪、温度变化、湿度变化等自然条件的影响，受到水、腐蚀性气体及微生物的影响，受到外力、磨损、撞击等影响，这些都会影响建筑物的耐久性。在建筑物内外墙面、地面等各部位铺设装饰材料后，在取得良好装饰效果的同时，还要免除环境因素对建筑物结构层的影响，从而提高建筑物的耐久性，延长建筑物的使用寿命。

**3. 改善建筑物的使用功能**

许多建筑材料在取得良好装饰效果的同时，还具有采光、防火、保温隔热、隔声、防潮等功能。例如，现代建筑玻璃幕墙中大量采用热反射玻璃，可反射太阳热能的30%以上，具有良好的隔热性能，有利于建筑物的节能；中空玻璃能使进入室内的太阳辐射热减少40%～70%，不仅保温隔热、节能效果好，同时，还具有防结露和隔声等功能；在地面铺设木地板或地毯，不仅美观，而且还具有一定的弹性，使人行走舒适，同时，还具有保温隔热、隔声、防潮、吸声等功能；在影剧院、歌舞厅的顶棚和内墙铺装石膏、玻璃棉、矿物棉吸声板，可取得良好的音响效果；在地面铺设陶瓷锦砖（马赛克）或防滑陶瓷面砖，还能起到防滑作用。

## 三、建筑装饰材料的分类

建筑装饰材料的品种繁多，想要全面了解和掌握各种建筑装饰材料的性能、特点和用途，首先需要对其进行合理分类。

建筑装饰材料按使用功能可分为结构材料、保温材料、防水材料、吸声材料、装饰材料等。由此可知，建筑装饰材料是建筑多种功能材料中的一种，由于用于建筑外表面而格外受到人们的重视，因此，其对建筑的形象、特点、风格及总体功能等内容的体现起到了举足轻重的作用。

建筑装饰材料按其在建筑物中的使用部位可分为墙面材料、顶棚屋面材料、地面材料等。按化学成分分类见表13-1。建筑装饰材料按其品质与价格可分为高档材料、中档材料、低档材料。从绿色角度可分为节省能源与资源型材料、环保利废型材料、特殊环境（如超高强度、抗腐蚀、耐久等）型材料、安全舒适（如轻质高强度、防火、防水、保温、隔热、隔声、调温、调光、无毒害等）型材料、保健功能（如消毒、灭菌、防臭、防霉、抗静电、防辐射、吸附有害物质等）型材料等。

**表13-1　建筑装饰材料的化学成分分类**

| | | | |
|---|---|---|---|
| 无机材料 | 金属材料 | 黑色金属（钢、铁） | |
| | | 有色金属（铝与铝合金、铜与铜合金等） | |
| | 非金属材料 | 天然石材（花岗石、大理石等） | |
| | | 烧结制品与熔融制品（烧结砖、陶瓷及玻璃等制品） | |
| | | 胶凝材料 | 气硬性胶凝材料（石膏等） |
| | | | 水硬性胶凝材料（各种水泥） |
| | | 装饰混凝土与装饰砂浆、白色与彩色硅酸盐制品等 | |
| 有机材料 | 植物质材料（木材、竹材、藤材等） | | |
| | 合成高分子材料（建筑塑料、建筑涂料、胶粘剂等） | | |

续表

<table>
<tr><td rowspan="4">复合材料</td><td colspan="2">无机材料基复合材料(水泥基制品等)</td></tr>
<tr><td rowspan="2">有机材料基复合材料</td><td>树脂基人造石材、玻璃纤维增强塑料等</td></tr>
<tr><td>各种人造及复合木制品</td></tr>
<tr><td colspan="2">其他复合材料(涂塑钢板、涂塑铝合金板、钢塑复合门窗等)</td></tr>
</table>

## 四、建筑装饰材料的选用原则

建筑装饰材料的品种很多，性能和特点各异，用途也不尽相同。因此，在选择建筑装饰材料时，需考虑以下几个问题。

**1. 建筑物的类型和档次**

建筑类型不同，选择的建筑装饰材料必然有所不同；所装饰的建筑档次不同，选择的建筑装饰材料更应当有所区别。

**2. 建筑装饰材料对装饰效果的影响**

建筑装饰材料的质感、尺度、线型、纹理、色彩等，对装饰效果都将产生一定的影响。

**3. 建筑装饰材料的耐久性**

根据装饰工程的实践经验，对装饰材料的耐久性要求主要包括力学性能、物理性能、化学性能三个方面。

**4. 建筑装饰材料的经济性**

从经济角度考虑装饰材料的选择，应有一个总体的观念，既要考虑到工程装饰一次性投资的多少，也要考虑到日后的维修费用，还要考虑到装饰材料的发展趋势。有时在关键性的问题上，适当增大一些投资，减少使用中的维修费用，不致使装饰材料在短期内落后，是保证总体上经济性的重要措施。

**5. 建筑装饰材料的环保性**

不会散发有害气体，不会产生有害辐射，不会发生霉变锈蚀，遇火不会产生有害气体，对人体具有保健作用。

# 第二节　常用建筑装饰材料

## 一、建筑装饰石材

**1. 石材的分类**

(1)砌筑石材。用于建筑基础、墙体等。砌筑石材按加工外形可分为料石、平毛石和乱毛石。

1)料石是加工成较规则六面体及有准确规定尺寸、形状的天然石材。根据加工精细程度分为：

①细料石。经过细加工，外形规则，表面凸凹深度小于 2 mm。

②半细料石。外形规则，表面凹凸深度小于 10 mm。

③粗料石。开头规则的六面体，表面不加工或稍加修整。

2)平毛石是形状不规则，但大致有两个平行面的石材。

3)乱毛石是形状不规则，没有平行面的石材。

(2)饰面石材。天然饰面石材一般指的是用于建筑饰面上的大理石、花岗石及部分的板石。在商业中大理石、花岗石、板石既不指特定的矿物也不指特定的岩石，而是一种工艺上和商业上的名称。

1)大理石。该名称由大理岩引申过来。大理岩得名于云南大理市，该市广布此类岩石，应用较早。岩石学中，大理岩是一种含碳酸盐矿物大于 50%的变质岩。不论是石灰岩、白云岩，或是其经过变质后的大理岩，符合饰面石材要求的，其饰面产品统称为大理石。但其主要来自经过变质作用的大理岩，晶粒粗大，色彩鲜艳。硬度低是大理石普遍的特点，故又称软质石材。

2)花岗石。花岗石一词来自于花岗石，是花岗石的总称，因其最早是由花岗石加工而成得名。花岗石是岩浆岩中最坚固、最稳定、色彩最多的岩石，其性能不仅优于大理石，且优于其他岩石。把主要以岩浆岩类为原料制成的饰面石材，称为花岗石。花岗石属于脆性材料，但又有一定的弹性，加荷后产生挠度，卸荷后能回弹复原。花岗石的最大缺点是抗火性差，在受到 537 ℃的高温时，密度降低，体积发生剧烈膨胀。

3)板石。又称石板、片石、青(红)石板，学名为瓦板石，具有分剥成片的特征，是一种良好的盖瓦和铺地建筑材料。它具有质量轻、石质坚硬、耐酸碱、耐腐蚀、耐压、抗风化、隔热、隔水等特点，经久耐用、物美价廉、自然美观。

由于花岗石与大理石相比质地更坚硬且耐酸，因而在家居装饰装修中更适用于室外墙面、建筑幕墙、地面、桥梁、台阶、栏杆、柱子等，表面还可以采用磨光、火烧、剁斧、喷砂等进行表面加工，使其更具有装饰效果。由于自然界风、霜、雨、雪会使大理石很快失去光泽、粗糙多孔，出现褪色、裂缝、麻点等质量通病，因此大理石主要用于建筑物的室内地面、墙面、柱面、墙裙、窗台、踢脚以及电梯厅、楼梯间等部位的干燥环境中。当必须将大理石用于室外时，务必在其表面涂刷罩面材料进行保护。

(3)人造石材。

1)水泥型人造石材。它是以水泥为胶粘剂，砂为细集料，碎大理石、花岗石、工业废渣等为粗集料，经配料、搅拌、成型、加压蒸养、磨光、抛光等工序制成。通常所用的水泥为硅酸盐水泥，现在也用铝酸盐水泥做胶粘剂，用它制成的人造大理石具有表面光泽度高、花纹耐久、抗风化等特点，耐火性、防潮性都优于一般的人造大理石。这是因为铝酸盐水泥的主要矿物成分——铝酸一钙水化生成了氢氧化铝胶体，在凝结过程中，与光滑的模板表面接触，形成氢氧化铝凝胶层；与此同时，氢氧化铝胶体在硬化过程中不断填塞水泥石的毛细孔隙，形成致密结构。所以制品表面光滑，具有光泽且呈半透明状。

2)树脂型人造石材。这种人造石材多是以不饱和聚酯为胶粘剂，与石英砂、大理石、方解石粉等搅拌混合，浇铸成型，经固化、脱模、烘干、抛光等工序制成。目前，国内外人造大理石以聚酯型为多。这种树脂的黏度低，易成型，常温固化。其产品光泽性好，颜色鲜亮，可以调节。

3)复合型人造石材。这种石材的胶粘剂中既有无机材料，又有有机高分子材料。先将无机填料用无机胶粘剂胶结成型。养护后，再将坯体浸渍于有机单体中，使其在一定条件下聚合。板材制品的底材要采用无机材料，其性能稳定且价格较低；面层可采用聚酯和大理石粉制作，以获得最佳的装饰效果。无机胶结材料可采用快硬水泥、白水泥、铝酸盐水泥以及半水石膏等。有机单体可以采用苯乙烯、甲基丙烯酸甲酯、醋酸乙烯、丙烯腈、二氯乙烯、丁二烯等，这些树脂可单独使用或组合起来使用，也可以与聚合物混合使用。

4)烧结型人造石材。这种类型的人造石材的生产工艺与陶瓷的生产工艺相似，是将斜长石、石英、辉石、石粉及赤铁矿粉和高岭土等混合，用40%的黏土和60%的矿粉制成泥浆后，采用注浆法制成坯料，再用半干压法成型，经1 000 ℃左右的高温焙烧而成。

**2. 天然石材的技术性质**

(1)物理性质。

1)表观密度：石材的表观密度与其矿物组成和孔隙率有关，并对其抗压强度、耐久性能产生影响。通常，同种石材，表观密度越大，则抗压强度越高；吸水率越小，耐久性越好，导热性越好。

2)吸水性：石材的吸水性主要与其孔隙率及孔隙特征有关。吸水性的大小用吸水率来表示。

3)耐水性：石材的耐水性用软化系数表示，并按软化系数的大小分为高、中、低三等。

4)抗冻性能：石材的抗冻性能指标用石材在水饱和状态下所能经受的冻融循环次数来表示。石材所经受的冻融循环次数越多，则抗冻性能越好。

5)耐热性：石材的耐热性能与其化学成分及矿物组成有关。

6)导热性：石材的导热性用导热率来表示，主要与其致密程度有关。

7)坚固性：指石材在自然风化和其他外界物理、化学因素作用下抵抗破裂的能力，是对石材耐候性的一种快速、简易的检验。

(2)力学性能。石材的力学性能主要包括抗压强度、抗弯强度、硬度、耐磨性、冲击韧性等。

(3)工艺性质。石材的工艺性质是指其开采和加工过程的难易程度及可能性，包括加工性、磨光与抗钻性等。

**3. 建筑石材产品的放射性检测**

天然石材中的放射性是引起普遍关注的问题。经检测证明绝大多数天然石材中所含的放射性物质微乎其微，不会对人体造成危害，但是如果放射性超标，就会在长期使用过程中造成环境污染，应予以控制。现行国家标准《建筑材料放射性核素限量》(GB 6566—2010)规定：装饰材料(花岗石、建筑陶瓷、石膏制品等)中以天然放射性核素(镭-226、钍-232、钾-40)的放射性比活度及和外照射指数的限值分为A、B、C三类：A类的使用不受限制；B类不可用于一类建筑的内饰面，但可用于一类建筑的外饰面及其他类建筑的内、外饰面；C类只可用于一切建筑物的外饰面。

现在市场流通的天然石材产品大部分都符合A类产品要求，但不排除有少量B、C类产品。因此装饰工程应选用放射性测试，且具备放射性产品合格证书的产品。另外，还要经常保持室内外空气通畅，尽量减少污染。

## 二、建筑装饰陶瓷

### 1. 陶瓷的概念

凡以黏土、长石、石英为基本原料，经配料、制坯、干燥、烘烧而制成的成品，称为陶瓷制品。

用于建筑工程中的陶瓷制品，则称为建筑陶瓷。我国建筑陶瓷的历史源远流长，自古以来就是一种良好的建筑装饰材料。随着科学技术的发展和人们生活水平的不断提高，陶瓷的花色、品种、性能都发生了极大变化。在现代建筑装饰工程中应用的陶瓷制品主要包括陶瓷墙地砖、卫生陶瓷、园林陶瓷、琉璃陶瓷制品等，其中以陶瓷墙地砖生产量最大。

### 2. 陶瓷的组成

陶瓷生产使用的原料品种很多，从来源讲，一种是天然矿物原料，另一种是通过化学方法加工处理的化工原料。天然矿物原料主要为黏土，由多种矿物组合而成，是生产陶瓷的主要原料，黏土的成分决定陶瓷制品的质量和性能。釉是指附着于陶瓷坯体表面的连续玻璃质层，施釉的目的是改善坯体的表面性能并提高其力学强度。建筑陶瓷制品的重要技术性质如下：

(1)外观质量。建筑陶瓷制品往往根据外观质量对产品进行分类。

(2)吸水率。吸水率与弯曲强度、耐急冷急热性密切相关，是控制产品质量的重要指标。吸水率高的建筑陶瓷制品不宜用于室外。

(3)耐急冷急热性。陶瓷制品的内部和表面釉层热胀系数不同，温度急剧变化可能会使釉层开裂。

(4)弯曲强度。陶瓷材料质脆易碎，因此对弯曲强度有一定的要求。

(5)耐磨性。对铺地的彩釉砖要进行耐磨试验。

(6)抗冻性能。室外陶瓷制品对抗冻性能有一定的要求。

(7)抗化学腐蚀性。室外陶瓷制品和化工陶瓷对抗化学腐蚀性有一定的要求。

### 3. 建筑装饰中常用陶瓷种类

(1)内墙面砖。内墙面砖是适用于建筑物室内装饰的薄型精致陶瓷制品，又称釉面砖，表面施釉，烧成后表面光亮、平滑，形状、尺寸多种多样，颜色丰富多彩，并且具有不易沾污、耐水性好、耐酸碱性好、热稳定性较强、防火性好等优点。它主要被用于浴室、厨房、卫生间、试验室、医院等的内墙面及工作台面、墙裙等处。经专门设计的彩绘面砖，可镶拼成各式壁画，具有独特的装饰效果。

内墙釉面砖为多孔坯体，吸水率过大，会产生湿胀现象，而其表面釉层的吸水率和湿胀性又很小，再加上冻胀现象的影响，会在胚体和釉层之间产生应力。当胚体内产生的胀应力超过釉层本身的抗拉强度时，就会导致釉层开裂或脱落，严重影响饰面效果。因此内墙釉面砖不能用在室外。

(2)墙地砖。陶瓷墙地砖是外墙面砖和地面砖的统称。外墙面砖和地面砖虽然在外观形状、尺寸及使用部位上多有不同，但由于它们在技术性能上具有相似性，使得部分产品既可用于墙面装饰，也可用于地面装饰，成为墙地通用面砖。因此，通常把外墙面砖和地面砖统称为陶瓷墙地砖。

陶瓷墙地砖的主要品种有劈离砖、麻面砖、彩胎砖、玻化砖、陶瓷艺术砖等。陶瓷墙地砖分为无釉和有釉两种，有釉的墙地砖在已烧成的素坯上施釉，然后经釉烧而成。墙地砖的生产工艺与内墙釉面砖相似，但它增加了坯体的厚度和强度，降低了吸水率。墙地砖的表面质感丰富，通过改变配料和相应的制作工艺，可获得多重装饰效果。墙地砖的装饰日趋华丽高雅，某些产品已经具有一些天然高级材料的表面质感(特别是天然石材的表面质感)，使墙地砖应用更加广泛。

(3)陶瓷马赛克。陶瓷马赛克是以优质瓷土烧制成的小块瓷砖(长边≤40 mm)，有挂釉和不挂釉两种，目前各地产品多不挂釉。产品出厂前已按各种图案正面粘贴在牛皮纸上，每张牛皮纸制品为一联。陶瓷马赛克按砖联分为单色、混色和拼花三种。

陶瓷马赛克具有美观、不吸水、防滑、耐磨、耐酸、耐火以及抗冻性好等特性。主要用于室内地面装饰，如浴室、厨房、餐厅、精密生产车间等的地面，也可用于室内、外墙饰面，并可镶拼成具有较高艺术价值的陶瓷壁画，提高其装饰效果，增强建筑物的耐久性。

(4)建筑玻璃制品。玻璃制品是以难熔黏土作原料，经配料、成型、干燥、素烧、表面涂以玻璃釉料后，再经烧制而成的。玻璃制品属于精陶瓷制品，颜色有金、黄、绿、蓝、青等。品种分为三类：瓦类(板瓦、筒瓦、沟头)、脊类、饰件类。

玻璃制品表面光滑，色彩绚丽，造型古朴，坚实耐用，富有民族特色。其彩釉不易剥落，装饰耐久性好，比瓷质饰面材料容易加工，且花色品种很多，主要用于具有民族风格的房屋以及建筑园林中的亭台、楼阁等。

(5)陶瓷壁画、壁雕。陶瓷壁画、壁雕是以凹凸的粗细线条、变幻的造型、丰富的色调表现出浮雕式样的瓷砖。陶瓷壁雕砖可用于宾馆、会议厅等公共场合的墙壁，也可用于公园、广场、庭院等室外环境的墙壁。

统一样式的壁画、壁雕砖可批量生产，使用时与配套的平板墙面砖组合拼贴，在光线的照射下形成浮雕图案效果。由于壁画砖铺贴时需要按编号粘贴瓷砖，才能形成一幅完整的壁画。因此要求粘贴必须严密、均匀一致。每块壁画、壁雕在制作、运输、储存各个环节均不得损坏，否则造成画面缺损将很难补救。

(6)陶瓷卫生洁具。陶瓷卫生洁具主要是精陶质的，它采用可塑性黏土、高岭土、长石和石英为原料，坯体成型后经过素烧和釉烧而成。陶瓷卫生洁具颜色清澄、光泽度好、易于清洁、经久耐用。其主要产品有洗面器、大小便器、水箱水槽等，主要用于浴室、盥洗间、卫生间等处。

## 三、建筑装饰玻璃

随着现代建筑技术发展的需要，玻璃制品正向多品种及多功能方向发展。随着兼具装饰性与功能性的玻璃新品种的不断问世，也给现代建筑设计提供了更多的选择余地。例如，现代应用比较广泛的玻璃幕墙、玻璃门窗和玻璃构件，可以满足光控、节能、降噪、美观以及减轻结构自重等目的。

### 1. 玻璃的组成

玻璃是以石英砂、纯碱、长石、石灰石等为主要原料，经 1 550 ℃～1 600 ℃高温熔融、成型、冷却、固化后得到的透明非晶态无机物。普通玻璃的化学组成主要是 $SiO_2$、$Na_2O$、$K_2O$、$CaO$ 及少量 $Al_2O_3$、$MgO$ 等，如在玻璃中加入某些金属氧化物、化合物，可制成各种特殊性能的玻璃。

**2. 玻璃的性能**

(1)玻璃的密度。普通玻璃的密度为 2.45～2.55 g/cm$^3$。玻璃的密度与其化学组成有关，故变化很大，且随温度升高而降低。

(2)玻璃的光学性质。玻璃具有优良的光学性质，既能通过光线，还能反射光线和吸收光线。人们利用玻璃的光学性质研制出一些具有特殊功能的新型玻璃，如吸热玻璃、热反射玻璃、光致变色玻璃等。玻璃对光线的吸收能力随着化学组成和颜色而异。无色玻璃可透过各种颜色的光线，但吸收红外线和紫外线。各种颜色的玻璃能透过同色光线而吸收其他颜色的光线。

(3)玻璃的热工性质。玻璃是热的不良导体。导热性能与玻璃的化学组成有关，导热系数一般为 0.75～0.92 W/(m·K)，大约为铜的 1/400。但随着温度的升高，导热系数也相应增大，尤其在 700 ℃以上时更为显著。导热系数大小还受玻璃颜色、化学组成、密度的影响。当玻璃遇到急冷急热时，内部会由于膨胀量不同而产生内应力；当超过玻璃极限强度时，就会造成碎裂。玻璃抗急热的破坏能力比抗急冷的破坏能力强。通常通过热处理方法提高玻璃制品的热稳定性。

(4)玻璃的化学稳定性。玻璃具有较高的化学稳定性，通常能抵抗酸(氢氟酸除外)、碱、盐侵蚀，但长期受到侵蚀性介质的腐蚀，也能导致变质和破坏。如玻璃的风化、玻璃发霉等都会导致玻璃外观的破坏和透光能力的降低。

(5)玻璃的力学性质。玻璃的抗压强度一般为 600～1 600 MPa。抗拉强度通常为抗压强度的 1/15～1/14，为 40～120 MPa。故玻璃在冲击作用下易破碎，是典型的脆性材料，这也是普通玻璃制品的主要缺点。

**3. 建筑装饰玻璃的分类与应用**

(1)平板玻璃。主要利用其透光和透视特性，用于建筑物的门窗、橱窗及屏风等装饰。这一类玻璃制品包括普通平板玻璃、磨砂平板玻璃、磨光平板玻璃、花纹平板玻璃和浮法平板玻璃。

(2)饰面玻璃。主要利用其表面色彩图案花纹及光学效果等特性，用于建筑物的立面装饰和地坪装饰。

(3)安全玻璃。这类玻璃通常是对普通玻璃进行增强处理，加入其他复合材料制成，利用其高强度、抗冲击及破碎后不损伤人等特性，用于装饰建筑物安全门窗、阳台走廊、采光天棚、玻璃幕墙等。

(4)功能玻璃。这类玻璃一般有吸热或反射热、吸收或反射紫外线，光控或电控变色等特性。如在玻璃中加入着色氧化物或在玻璃表面喷涂氧化物膜层可制成吸热玻璃。吸热玻璃和热反射玻璃可克服温、热带建筑物普通玻璃窗的暖房效应，减少空调能耗，取得较好的节能效果；同时，能吸收紫外线、使刺目耀眼的阳光变得柔和，起到防眩的作用，另外，具有一定的透明度，能清晰地观察室外景物，色泽经久不衰，能增加建筑物美感。

(5)玻璃砖。这类玻璃是块状玻璃制品，主要用于屋面和墙面装饰，包括特厚玻璃、玻璃空心砖、玻璃马赛克、泡沫玻璃等。

## 四、建筑装饰涂料

涂料是一种涂于基体表面，能与基体材料很好粘结并形成具有保护装饰或特殊性能(如绝缘、防腐、标识等)的固态涂膜的一类液体或固体材料。涂料是最简单的一种饰面材料，具有工期短、工效高、自重轻、价格低、维修更新方便等特点，而且色彩丰富，质感逼真。因此，在建筑工程中得到广泛应用。

**1. 涂料的组成**

涂料基本上由成膜物质、稀释剂、助剂及颜料等组成。

(1)成膜物质是涂膜的主要成分，包括油脂、油脂加工产品、纤维素衍生物、天然树脂和合成树脂。成膜物质还包括部分不挥发的活性稀释剂，它是使涂料牢固附着于被涂物面上形成连续薄膜的主要物质，是构成涂料的基础，决定着涂料的基本特性。

(2)稀释剂又称溶剂，包括烃类溶剂(矿物油精、煤油、汽油、苯、甲苯、二甲苯等)、醇类、醚类、酮类和酯类物质。溶剂和水的主要作用在于使成膜基料分散而形成黏稠液体。它有助于施工和改善涂膜的某些性能。

(3)助剂如消泡剂、流平剂等，还有一些特殊的功能助剂，如底材润湿剂等。这些助剂一般不能成膜，但对基料形成涂膜的过程与耐久性起着相当重要的作用。

(4)颜料一般分两种：一种为着色颜料，如常见的钛白粉、铬黄等；另一种为体质颜料，也就是常说的填料，如碳酸钙、滑石粉等。

**2. 涂料的分类**

(1)按涂料的形态可分为水性涂料、溶剂性涂料、粉末涂料、高固体分涂料等。

(2)按施工方法可分为刷涂涂料、喷涂涂料、辊涂涂料、浸涂涂料、电泳涂料等。

(3)按施工工序可分为底漆、中涂漆(二道底漆)、面漆、罩光漆等。

(4)按功能可分为装饰涂料、防腐涂料、导电涂料、防锈涂料、耐高温涂料、示温涂料、隔热涂料、防火涂料、防水涂料等。

(5)按用途可分为建筑涂料、罐头涂料、汽车涂料、飞机涂料、家电涂料、木器涂料、桥梁涂料、塑料涂料、纸张涂料等。

(6)家用油漆可分为内墙涂料、外墙涂料、木器漆、金属用漆、地坪漆。

(7)按基料的种类可分为有机涂料、无机涂料、有机-无机复合涂料。有机涂料由于其使用的溶剂不同，又分为有机溶剂型涂料和有机水性(包括水乳型和水溶型)涂料两类。生活中常见的涂料一般都是有机涂料。无机涂料指的是用无机高分子材料为基料所生产的涂料，包括水溶性硅酸盐系、硅溶胶系、有机硅及无机聚合物系。有机-无机复合涂料有两种复合形式，一种是涂料在生产时采用有机材料和无机材料共同作为基料，形成复合涂料；另一种是有机涂料和无机涂料在装饰施工时相互结合。

(8)按装饰效果可分为表面平整光滑的平面涂料(俗称平涂)；表面呈砂粒状装饰效果的砂壁状涂料，如真石漆；形成凹凸花纹立体装饰效果的复层涂料，如浮雕。

(9)按照使用颜色效果分类有金属漆、透明清漆等。

**3. 常用建筑涂料品种**

(1)木器涂料。溶剂型涂料用于家具饰面或室内木装修，又常称为油漆。传统的油漆品种有清油、清漆、调和漆、磁漆等；新型木器涂料有聚酯树脂漆、聚氨酯漆等。木器涂料必须执行《室内装饰装修材料　溶剂型木器涂料中有害物质限量》(GB 18581—2009)、《室内装饰装修材料　水性木器涂料中有害物质限量》(GB 24410—2009)的相关条文。

(2)内墙乳胶漆。水溶型内墙乳胶漆 2001 年已被原建设部列为停止或逐步淘汰产品，产量和使用已经逐渐较少。乳胶型内墙乳胶漆包括丙烯酸酯乳胶漆、苯-丙乳胶漆、乙烯-乙酸乙烯乳胶漆。丙烯酸酯乳胶漆涂膜光泽柔和、耐候性好、附着力高、易于清洗、价位高，属于高档建筑装饰涂料；苯-丙乳胶漆具有良好的耐候性、耐水性、色泽鲜艳、质感好、耐洗刷性好，属于中高档建筑涂料；乙烯-乙酸乙烯乳胶漆同样具有较好的耐候性、耐水性、价格较低，属于中低档内墙建筑涂料。

(3)外墙涂料。外墙涂料有溶剂型外墙涂料(包括过氯乙烯、苯乙烯焦油、聚乙烯醇缩丁醛、丙烯酸酯等)、乳液型外墙涂料(包括薄质涂料纯丙乳胶漆、苯-丙乳胶漆、乙-丙乳胶漆等)、水溶型外墙涂料(硅溶胶外墙涂料等)、其他类型外墙涂料(复合外墙涂料)。其中丙烯酸酯外墙涂料具有良好的抗老化性、保光性、保色性，不粉化，附着力强，施工温度范围合适(0 ℃以下仍可干燥成膜)，应用广泛。但该种涂料耐玷污性较差，因此，常利用其与其他良好树脂相混溶的特点，用聚氨酯、聚酯或有机硅对其改性制得丙烯酸酯复合型耐玷污性外墙涂料。

(4)地面涂料(水泥砂浆基层地面涂料)。地面涂料有溶剂型地面涂料(包括过氯乙烯地面涂料、丙烯酸-硅树脂地面涂料、聚氨酯-丙烯酸酯地面涂料等)、乳液型地面涂料(有聚醋酸乙烯地面涂料等)、合成树脂厚质地面涂料(包括环氧树脂厚质地面涂料、聚氨酯弹性地面涂料、不饱和聚酯地面涂料等)。

过氯乙烯地面涂料干燥快、与水泥地面结合好，耐水、耐磨、耐化学药品腐蚀，施工时有大量有机溶剂挥发、易燃，要注意防火、通风。聚氨酯-丙烯酸酯地面涂料涂膜外观光亮平滑、有瓷质感和良好的装饰性、耐磨性、耐水性、耐酸碱性。这两种地面涂料适用于图书馆、健身房、舞厅、影剧院、办公室、会议厅、厂房、车间、机房、地下室、卫生间等水泥地面的装饰。

环氧树脂厚质地面涂料是以黏度较小、可在室温固化的环氧树脂(如 E-44、E-42 等牌号)为主要成膜物质，加入固化剂、增塑剂、稀释剂、填剂、颜料等配制而成的双组分固化型地面涂料。其特点是粘结力强、成膜坚硬耐磨且有一定韧性，耐久、耐酸、耐碱、耐有机溶剂、耐火、防尘，可涂饰各种图案，但施工操作比较复杂。环氧树脂厚质地面涂料主要应用于机场、车库、试验室、化工车间等室内外水泥基地面的装饰。

(5)氟碳涂料。氟碳涂料是在氟树脂基础上经改性、加工而成的涂料，简称氟涂料，又称氟碳漆，属于新型高档高科技全能涂料，广泛用于金属幕墙、柱面、墙面、铝合金门窗框、栏杆、天窗、金属家具、商业指示牌的着色。

**4. 内墙涂料有害物质限量及测定**

涂料是现代社会中的第二大污染源。因此，人们越来越重视涂料对环境的污染问题。内墙涂料在施工及使用过程中能挥发影响人体健康的有害物质，包括挥发性有机化合物，游离甲醛，可溶性铅、铬、镉、汞等重金属，以及苯、甲苯和二甲苯。

(1)《室内装饰装修材料　内墙涂料中有害物质限量》(GB 18582—2008)规定，内墙涂料有害物质限量见表 13-2。

(2)内墙涂料含量测定。挥发性有机物及苯、甲苯、乙苯和二甲苯总和含量的测试是通过气相色谱分析技术使样品中各种挥发性有机化合物分离，定性鉴定被测化合物后，用内标法测试其含量。涂料中总挥发物含量扣除水分含量，即为涂料中挥发性有机化合物含量。

游离甲醛的检测是采用蒸馏的方法将样品中的游离甲醛蒸出。在 pH=6 的乙酸-乙酸铵缓冲溶液中，馏分中的甲醛与乙酰丙酮在加热的条件下反应生成稳定的黄色络合物，冷却后进行吸光度测试。根据标准工作曲线，计算试样中游离甲醛的含量。

可溶性重金属含量的测定是用 0.07 mol/L 稀盐酸处理制成的涂膜，用火焰原子吸收光谱或无焰原子吸收光谱法测定金属元素含量。

**表 13-2　内墙涂料有害物质限量要求**

| 项　目 | | | 限量值 | |
| --- | --- | --- | --- | --- |
| | | | 水性墙面涂料 | 水性墙面腻子 |
| 挥发性有机化合物含量(VOC) | ≤ | | 120 g/L | 15 g/kg |
| 苯、甲苯、乙苯、二甲苯总和/$(mg \cdot kg^{-1})$ | ≤ | | 300 | |
| 游离甲醛/$(mg \cdot kg^{-1})$ | ≤ | | 100 | |
| 可溶性重金属/$(mg \cdot kg^{-1})$ | ≤ | 铅 | 90 | |
| | | 镉 | 75 | |
| | | 铬 | 60 | |
| | | 汞 | 60 | |

## 五、建筑装饰材料的发展方向

### 1. 绿色建筑功能材料

绿色建材又称生态建材、环保建材等，其本质内涵是相通的，即采用清洁生产技术，少用天然资源和能源，大量使用工农业或城市废弃物生产无毒害、无污染、达生命周期后可回收再利用，有利于环境保护和人体健康的建筑材料。在当前的科学技术和社会生产力条件下，已经可以利用各类工业废渣生产水泥、砌块、装饰砖和装饰混凝土等；利用废弃的泡沫塑料生产保温墙体材料；利用无机抗菌剂生产各种抗菌涂料和建筑陶瓷等各种新型绿色功能建筑材料。

### 2. 复合多功能建筑材料

复合多功能建筑材料是指材料在满足某一主要的建筑功能的基础上，附加了其他使用功能的建筑材料。例如，抗菌自洁涂料，它既满足一般建筑涂料对建筑主体结构材料的保护和装饰墙面的作用，同时，又具有抵抗细菌的生长和自动清洁墙面的附加功能，使得人类的居住环境进一步提高，满足了人们对健康居住环境的要求。

### 3. 智能化建筑材料

所谓智能化建筑材料，是指材料具有自我诊断和预告失效、自我调节和自我修复的功能并可继续使用的建筑材料。当这类材料的内部发生异常变化时，能将材料的内部状况反映出来，以便在材料失效前采取措施，甚至材料能够在材料失效初期自动进行自我调整，恢复材料的使用功能。如自动调光玻璃，根据外部光线的强弱自动调节透光率，保持室内光线的强度平衡，既避免了强光对人体的伤害，又可调节室温和节约能源。

## 本章小结

本章介绍了建筑装饰材料的分类及选用原则；常用的建筑装饰材料包括建筑石材、建筑陶瓷制品、建筑玻璃以及建筑涂料等装饰材料的特性及使用情况。

## 思考与练习

1. 建筑装饰材料的功能和选用原则是什么？
2. 建筑装饰玻璃可以分为哪几类？
3. 建筑涂料有何优缺点？工程中常用的建筑涂料有哪些？
4. 内墙涂料中的有害物质有哪些？测定的方法有哪些？

# 第十四章　建筑材料检测与试验

知识目标

掌握建筑材料基本性质试验、水泥试验、混凝土用集料检测、普通混凝土基本性能试验、建筑砂浆性能检测、钢筋试验、沥青试验的检测方法、仪器使用及操作技能。

技能目标

通过本章的学习，能正确说出试验需要的各种仪器设备名称；能正确取样、试样制备，并能按试验操作程序进行试验操作；能正确读取、记录相关试验数据，撰写试验报告，并能对试验获取数据进行分析、归纳和总结。

## 第一节　建筑材料的基本性质试验

### 一、密度试验

**1. 主要仪器设备**

李氏瓶、筛子(孔径 0.20 mm 或 900 孔/$cm^2$)、量筒、烘箱、天平、温度计、漏斗、小勺等。

**2. 试样制备**

将材料(建议用石灰石)试样磨成粉末，使其完全通过筛孔为 0.2 mm 的筛，再将粉末放入烘箱内，在 105～110 ℃下烘干至恒重，然后在干燥器内冷却至室温。

**3. 试样方法及步骤**

(1)将不与试样起反应的液体(水、煤油、苯等)倒入李氏瓶中，至突颈下部。并将李氏瓶放在盛水的玻璃容器中，使刻度部分完全浸入，并用支架夹住，容器中的水温应与李氏瓶刻度的标准温度(20±2)℃一致。待瓶内液体温度与水温相同后，读李氏瓶内液体凹液面的刻度值为 $V_1$(精确至 0.1 mL，以下同)。

(2)用天平称取 60～90 g 试样(精确至 0.01 g，以下同)，记为 $m_1$，用小勺和漏斗小心地将试样徐徐送入李氏瓶中(不能大量倾倒，否则会妨碍李氏瓶中空气排出或使咽喉部位堵塞)，直至液面上升至 20 mL 刻度左右为止。

(3)转动李氏瓶，使液体中气泡排出，再将李氏瓶放入盛水的玻璃容器中，待液体温度与水温一致后，读液体凹液面刻度值 $V_2$。

(4)称取未注入瓶内剩余试样的质量($m_2$)，计算出装入瓶中试样质量 $m$(两次称量值 $m_1$、$m_2$ 之差)。

(5)将注入试验后的李氏瓶中液面读数减去未注前的读数($V_2-V_1$)，得出试样的绝对体积 $V$。

**4. 试验结果确定**

按下式计算出密度 $\rho$(精确至 0.01 g/cm³)：

$$\rho=\frac{m}{V}$$

式中　$m$——装入瓶中的质量(g)；

$V$——装入瓶中试样的体积(cm³)。

按规定，密度试验用两个试样平行进行，以其计算结果的算术平均值作为最后结果，但两次结果之差不应大于 0.2 g/cm³，否则重做。

## 二、砂的表观密度试验(标准法)

**1. 仪器设备**

天平：称量 1 000 g，感量 1 g；容量瓶 500 mL；烘箱：能使温度控制在(105±5)℃；干燥器、浅盘、铝制料勺、温度计等。

**2. 检测环境**

试验室温度应保持在(20±5)℃。

**3. 表观密度的测定**

(1)试样制备：将缩分至 650 g 左右的试样在温度为(105±5)℃的烘箱中烘干至恒重，并在干燥器内冷却至室温。

(2)试验步骤。

1)称取烘干的试样($m_0$)300 g，装入盛有半瓶冷开水的容量瓶中。

2)摇转容量瓶，使试样在水中充分搅动以排除气泡，塞紧瓶塞，静置 24 h 左右。然后用滴管加水，使水面与瓶颈刻度线平齐，再塞紧瓶塞，擦干瓶外水分，称其质量($m_1$)。

3)倒出瓶中的水和试样，将瓶的内外表面洗净，再向瓶内注入与第 2)步骤水温相差不超过 2 ℃的冷开水至瓶颈刻度线。塞紧瓶塞，擦干瓶外水分，称其质量($m_2$)。

注：在砂的表观密度试验过程中应测量并控制水的温度，试验的各项称量可以在 15 ℃～25 ℃的温度范围内进行。从试样加水静置的最后 2 h 起直至试验结束，其温度相差不应超过 2 ℃。

(3)计算。表观密度 $\rho$ 应按下式计算(精确至 10 kg/m³)：

$$\rho=\left(\frac{m_0}{m_0+m_2-m_1}-a_t\right)\times 1\,000$$

式中　$\rho$——表观密度(kg/m³)；

$m_0$——试样的烘干质量(g)；

$m_1$——试样、水及容量瓶的总质量(g)；

$m_2$——水及容量瓶总质量(g)；

$\alpha_t$——水温对砂的表观密度的修正系数。

以两次试验结果的算术平均值作为测定值，如两次结果之差大于 20 kg/m³ 时，应重新取样进行试验。

## 三、砂的表观密度试验(简易法)

**1. 仪器设备**

天平：称量 100 g，感量 0.1 g；李氏瓶：容量 250 mL；烘箱：能使温度控制在(105±

5)℃；干燥器、浅盘、铝制料勺、温度计等。

**2. 检测环境**

试验室温度应保持在(20±5)℃。

**3. 表观密度的测定**

(1)试样制备。将样品在潮湿状态下用四分法缩分至120 g左右，在(105±5)℃的烘箱中烘干至恒重，并在干燥器中冷却至室温，分成大致相等的两份备用。

(2)试验步骤。

1)向李氏瓶中注入冷开水至一定刻度处，擦干瓶颈内部附着水，记录水的体积($V_1$)。

2)称取烘干试样50 g($m_0$)，徐徐装入盛水的李氏瓶中。

3)试样全部装入瓶中后，用瓶内的水将黏附在瓶颈和瓶壁的试样洗入水中，摇转李氏瓶以排除气泡，静置约24 h后，记录瓶中水面升高后的体积($V_2$)。

注：在砂的表观密度试验过程中应测量并控制水的温度，允许在15 ℃～25 ℃的温度范围内进行体积测定，但两次体积测定(指$V_1$和$V_2$)的温差不得大于2 ℃。

从试样加水静置的最后2 h起，直至记录完瓶中水面高升时止，其温度相差不应超过2 ℃。

(3)计算。表观密度$\rho$应按下式计算(精确至10 kg/m³)：

$$\rho=\frac{m_0}{V_2-V_1}-a_t\times 1\ 000$$

式中 $\rho$——表观密度(kg/m³)；

$m_0$——试样的烘干质量(g)；

$V_1$——水的原有体积(mL)；

$V_2$——倒入试样后的水和试样的体积(mL)；

$a_t$——水温对砂的表观密度的修正系数。

以两次试验结果的算术平均值作为测定值，如两次结果之差大于20 kg/m³时，应重新取样进行试验。

## 四、砂的堆积密度和紧密密度试验

**1. 仪器设备**

秤(称量5 kg，感量5 g)；容量筒(金属制，圆柱形，内径108 mm，颈高109 mm，壁厚2 mm，容积1 L，筒底厚度5 mm)；标准漏斗；烘箱：温控范围为(105±5)℃；直尺、浅盘等。

**2. 检测环境**

试验室温度应保持在15～25 ℃。

**3. 堆积密度和紧密密度的测定**

(1)试样制备。先用公称直径5.00 mm的筛子过筛，取缩分后的试样不少于3 L，装入浅盘，在温度(105±5)℃烘箱中烘干至恒重，冷却至室温，分成两份备用。

(2)试验步骤。

1)堆积密度。取试样一份，用漏斗或铝制勺装入容量筒(漏斗出料口或料勺离量筒口不应大于50 mm)直至试样装满并超出筒口，用直尺刮平，称其质量$m_2$。

2)紧密密度。取试样一份，分两层装入容量筒。装完一层后，在筒底垫放一根直径为 10 mm 的钢筋，将筒按住，左右交替颠击地面各 25 下，然后装入第二层；第二层装满后用同样的方法颠实(但筒底所垫钢筋的方向应与第一层放置方向垂直)；二层装完并颠实后，加料直至试样超出容量筒筒口，然后用直尺将多余的试样沿筒口中心线向两个相反方向刮平，称其质量($m_2$)。

(3)计算。堆积密度 $\rho_L$ 应按下式计算(精确至 10 kg/m³)：

$$\rho_L=\frac{m_2-m_1}{V}\times 1\ 000$$

式中 $m_1$——容量筒的质量(kg)；

$m_2$——容量筒和砂的总质量(kg)；

$V$——容量筒容积(L)。

$\rho_C$ 为紧密密度，公式同上。以两次试验结果的算术平均值作为测定值。

空隙率应按下式计算：

$$V_L=\left(1-\frac{\rho_L}{\rho}\right)\times 100\%；V_C=\left(1-\frac{\rho_C}{\rho}\right)\times 100\%$$

式中 $V_L$——堆积密度的空隙率(%)；

$V_C$——紧密密度的空隙率(%)。

## 五、砂的吸水率试验

### 1. 仪器设备

天平：称量 1 000 g，感量 1 g；饱和面干试模及质量约(340±15)g 的钢制捣棒；烘箱：能使温度控制在(105±5)℃；干燥器、浅盘、吹风机、铝制料勺、温度计等。

### 2. 检测环境

试验室温度应保持在 15 ℃～25 ℃。

### 3. 吸水率的测定

(1)试样制备。饱和面干试样的制备，是将样品在潮湿状态下用四分法缩分至约 1 000 g，拌匀后分成两份，分别装于浅盘或其他合适的容器中，注入清水，使水面高出试样表面 20 mm 左右[水温控制在(20±5)℃]。用玻璃棒连续搅拌 5 min，以排除气泡。静置 24 h 以后，细心地倒去试样上的水，并用吸管吸去余水。再将试样在盘中摊开，用手提吹风机缓缓吹入暖风，并不断翻拌试样，使砂表面的水分在各部位均匀蒸发。然后将试样松散地一次装满饱和面干试模中，捣 25 次，捣棒端面距试样表面不超过 10 mm，任其自由落下，捣完后，留下的空隙不用再装满，从垂直方向徐徐提起试模，直至试样达到标准规定的形状为止。

(2)试验步骤。立即称取饱和面干试样 500 g，放入已知质量(mL)的杯中，于温度为(105±5)℃的烘箱中烘干至恒重，并在干燥器内冷却至室温后，称取干样与烧杯的总重($m_2$)。

吸水率 $w_{wa}$应按下式计算(精确至 0.1%)：

$$w_{wa}=\left[\frac{500-(m_2-m_1)}{m_2-m_1}\right]\times 100\%$$

式中 $m_1$——烧杯质量(g)；

$m_2$——烘干的试样与烧杯的总质量(g)。

以两次试验结果的算术平均值作为测定值，如两次结果之差值大于0.2%，应重新取样进行试验。

# 第二节　水泥试验

## 一、水泥试验的一般规定

**1. 试样和用水**

水泥试样应充分拌匀，通过0.9 mm方孔筛并记录筛余物情况。试验用水须是洁净的饮用水，如有争议时应以蒸馏水为准。

**2. 检测环境要求**

水泥试验室的温度应保持在(20±2)℃，相对湿度不低于50%；水泥试样、砂、拌合水和试验用具的温度应与试验室一致。

湿气养护箱的温度应为(20±1)℃，相对湿度不低于90%。养护水的温度应为(20±1)℃。

## 二、水泥细度的测定

水泥细度测定的常用方法有负压筛析法、水筛法和干筛法。当对结果有争议时，以负压筛析法为准。

**1. 实训目的**

通过实训操作，掌握水泥细度测定的基本实验方法和技能，学会正确使用所用的仪器、设备，并能根据实验数据对水泥的细度是否满足标准规定做出正确的评定。

**2. 主要仪器、设备**

水泥细度筛(图14-1)、负压筛析仪(图14-2)、天平(感量不大于0.01 g)等。

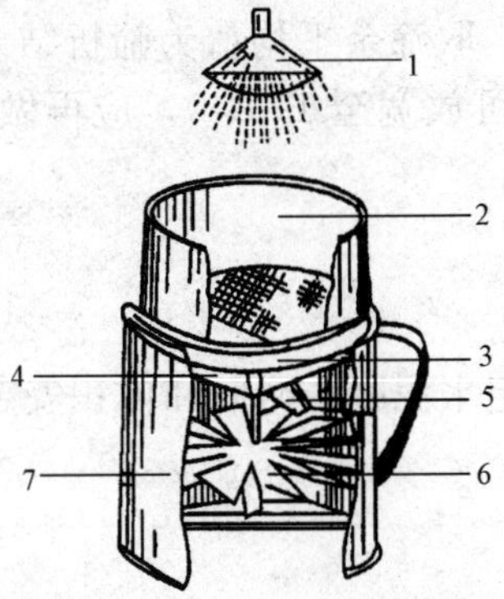


**图14-1　水泥细度筛**

1—喷头；2—标准筛；3—旋转托架；
4—集水斗；5—出水口；6—叶轮；7—外筒

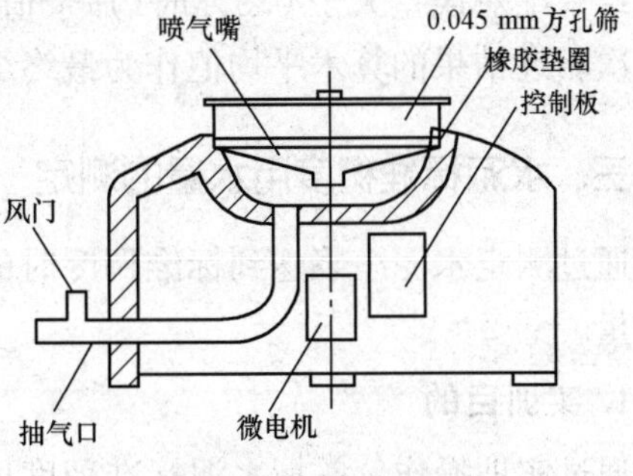


**图14-2　负压筛析仪**

**3. 实训步骤**

(1)负压筛析法。负压筛析法测定水泥细度，采用负压筛析仪。

1)筛析试验前，应把负压筛放到筛座上，盖上筛盖，接通电源，检查控制系统，调节负压至4 000～6 000 Pa范围内。

2)称取试样25 g，置于洁净的负压筛中，盖上筛盖，放在筛座上，开动筛析仪连续筛析2 min，在此期间如有试样附着在筛盖上，可轻敲筛盖使其落下。筛毕，用天平称量筛余物的质量。

3)当工作负压小于4 000 Pa时，应清理吸尘器内水泥，使负压恢复正常。

(2)水筛法。水筛法测定水泥细度，采用图14-1装置。

1)筛析试验前，检查水中应无泥沙，调节水压为(0.0±0.02)MPa，喷头底面距筛网35～75 mm，水筛能正常进行。

2)称取水泥试样50 g，置于洁净的水泥细度筛中，立即用水冲洗至大部分细粉通过后(用水喷头先从筛底下面反冲，注意水压不要太大)，放到水泥细度筛架上用水压为(0.05±0.02)MPa的喷头连续冲洗3 min。

3)筛毕，将筛余物移到蒸发器皿中烘干，称量筛余物的质量。

(3)干筛法。在没有负压筛析仪和水泥细度筛时，允许用手工干筛法确定水泥细度。

1)称取水泥试样50 g，倒入干筛内(筛框有效直径150 mm)。

2)用一只手执筛往复摇动，另一只手轻轻拍打，拍打速度每分钟约120次，每40次向同一方向转动60°，使试样均匀分布在筛网上，直至每分钟通过的试样量不超过0.05 g为止。称量筛余物的质量。

**4. 结果计算**

水泥试样筛余(%)按下式计算(精确至0.1%)：

$$F=\frac{R_s}{m}\times 100\%$$

式中 $F$——水泥试样的筛余(%)；

$R_s$——水泥筛余物的质量(g)；

$m$——水泥试样的质量(g)。

合格评定时，每个样品应称取两个试样分别筛析，取筛余平均值为筛析结果。若两次筛余结果绝对误差大于0.5%时(筛余值大于5.0%时可放宽至1.0%)，应再做一次试验，取两次相近结果的算术平均值作为最终结果。

## 三、水泥标准稠度用水量的测定

通过测定水泥净浆达到标准稠度时的用水量来确定水泥凝结时间和体积安定性试验的用水量。

**1. 实训目的**

通过实训操作，掌握水泥标准稠度用水量测定的基本实验方法和技能，学会正确使用所用的仪器设备。

**2. 主要仪器、设备**

水泥净浆搅拌机(图14-3)、标准稠度与凝结时间测定仪(图14-4)等。

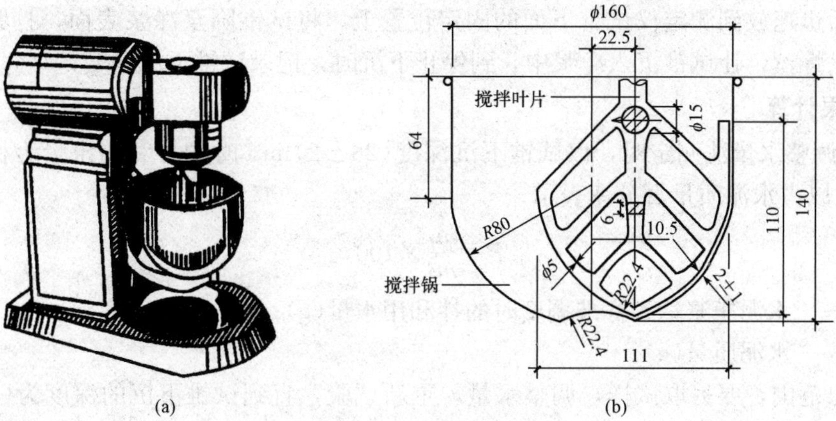


**图 14-3　水泥净浆搅拌机**

(a)水泥净浆搅拌机；(b)搅拌锅与搅拌叶片

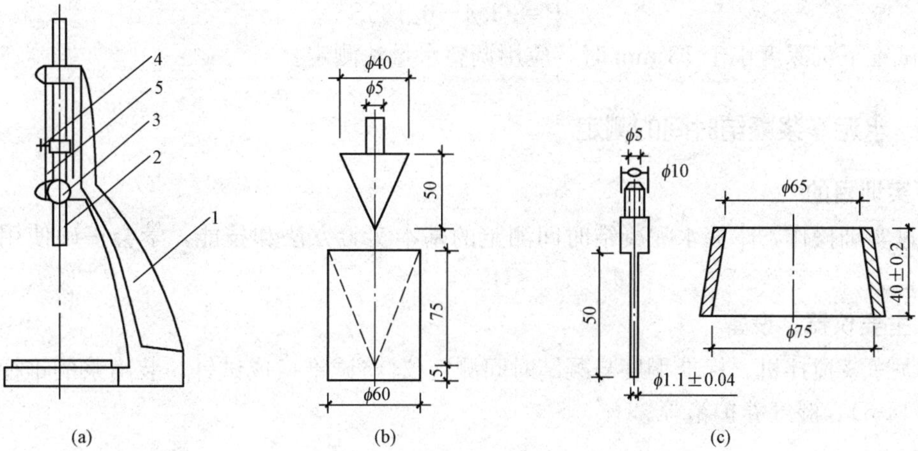


**图 14-4　标准稠度与凝结时间测定仪**

(a)试针支架；(b)试锥和锥模；(c)试针和圆模

1—铁座；2—金属圆棒；3—松紧螺丝；4—指针；5—标尺

**3. 实训步骤**

标准稠度用水量的测定有两种方法：调整水量法和不变水量法。

(1)标准稠度用水量可用调整水量法和不变水量法中的任何一种来测定，若发生矛盾时以调整水量法为准。

(2)试验前必须检查测定仪的金属棒能否自由活动，试锥降至锥模顶面位置时，指针应对准标尺零点，搅拌机应运转正常。

(3)水泥净浆用机械拌和，拌和用具应先用湿布擦抹。将称量好的 500 g 水泥试样倒入搅拌锅内。采用调整水量法时，拌和用水量按经验确定，采用不变水量法时，用水量为 1 142.5 mL，准确至 0.5 mL。

(4)拌和时，先将装有试样的锅放到搅拌机锅座上的搅拌位置，开动机器，同时徐徐加入拌和用水，慢拌 120 s，停拌 15 s，接着快拌 120 s 后停机。

(5)拌和完毕，立即将水泥净浆一次装入锥模中，用小刀插捣并振动数次，刮去多余净浆，抹平后迅速放到测定仪试锥下面的固定位置上。将试锥降至净浆表面，拧紧螺丝，然后突然放松螺丝，让试锥沉入净浆中，到停止下沉时，记录试锥下沉深度 $S$。

**4. 结果计算**

(1)用调整水量法测定时，以试锥下沉深度(28±2)mm 时的拌和用水量为标准稠度用水量($P$)，以占水泥质量百分率表示。

$$P=\frac{m_1}{m_2}\times 100\%$$

式中 $m_1$——水泥净浆达到标准稠度时的拌和用水量(g)；

$m_2$——水泥质量(g)。

若超出范围，要另取试样，调整水量，重新试验，直到试锥下沉的深度为(28±2)mm 时为止。

(2)用不变水量法测定时，根据测得的下沉深度 $S$(mm)，可按以下经验公式计算标准稠度用水量 $P$(%)。

$$P=33.4-0.185S$$

当试锥下沉深度小于 13 mm 时，应用调整水量法测定。

## 四、水泥净浆凝结时间的测定

**1. 实训目的**

通过实训操作，掌握水泥凝结时间测定的基本实验方法和技能，学会正确使用所用的仪器设备。

**2. 主要仪器、设备**

水泥净浆搅拌机、标准稠度与凝结时间测定仪(将试锥换成试针，装净浆的锥模换成圆模)(图 14-5)、湿气养护箱等。

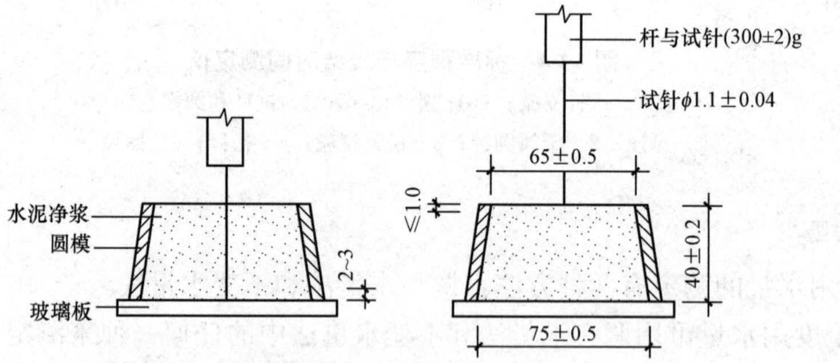


**图 14-5 凝结时间测定仪**

**3. 实训步骤**

(1)测定前，将圆模放在玻璃板上，并调整仪器使试针接触玻璃板时，指针对准标尺的点。

(2)以标准稠度用水量，用 500 g 水泥按规定方法拌制标准稠度水泥净浆，并将净浆一次装入圆模，振动数次刮平，放入湿气养护箱内，记录开始加水的时间作为凝结时间的起始时间。

(3)试件在湿气养护箱内养护至加水后 30 min 时进行第一次测定。测定时，从养护箱中取出圆模放到试针下，使试针与净浆表面接触，拧紧螺丝，然后突然放松，使试针自由沉入净浆中，观察试针停止下沉时指针的读数。临近初凝时，每隔 5 min 测定一次，当试针沉至距底板(4±1)mm 时，即为水泥达到初凝状态。从水泥全部加入水中至初凝状态的时间即为水泥的初凝时间，用小时(h)和分钟(min)表示。

(4)初凝时间测出后，立即将试模连同浆体以平移的方式从玻璃板上取下，翻转 180°，直径大端向上、小端向下，放在玻璃板上，再放到湿气养护箱中养护。

(5)取下测初凝时间的试针，换上测终凝时间的试针。

(6)临近初凝时，每隔 15 min 测定一次，当试针沉入净浆 0.5 mm 时，即环形附件开始不能在净浆表面留下痕迹时，即为水泥的终凝时间。

(7)由开始加水至初凝、终凝状态的时间分别为该水泥的初凝时间和终凝时间，用小时(h)和分钟(min)来表示。

(8)注意事项。

1)水泥净浆搅拌时，水泥加水的过程中，应防止水和水泥溅出而影响测试精度。由于标准稠度用水量的测定直接影响凝结时间的测定结果，故标准稠度应准确。

2)凝结时间测定时，最初测定操作应轻扶金属柱，使其徐徐下落，以防试针撞弯，但应保证其为自由下落。

3)在整个测试过程中试针沉入净浆的位置距圆模至少 10 mm。

4)每次测定完毕，需将试针擦净并将圆模放入养护箱内，测定过程中要防止圆模受振。

5)每次测定时不能让试针落入原孔，测得结果应以两次都合格为准。

**4. 确定结果**

(1)自加水起至试针沉入净浆中距底板(4±1)mm 时止，所需的时间为初凝时间，至试针沉入净浆中不超过 0.5 mm(环形附件开始不能在净浆表面留下痕迹)时所需的时间为终凝时间。用小时(h)和分钟(min)来表示。

(2)水泥净浆达到初凝或终凝状态时应立即重复测一次，当两次测定结果相同时才能定为达到初凝或终凝状态。

(3)评定方法将测定的初凝时间、终凝时间结果与国家标准规范中的凝结时间相比较，可判断本次试验所用标准稠度水泥净浆的合格性。

## 五、水泥安定性的测定

**1. 安定性产生的原因**

水泥的安定性即体积安定性，是指水泥在凝结硬化过程中体积变化的均匀性。水泥在凝结硬化过程中，总是伴随一定的体积变化，这种变化如果轻微均匀，或发生在水泥完全失去塑性之前，将不会影响混凝土的质量；但如果水泥产生不均匀变形或在水泥硬化后变形较大，会使混凝土构件产生变形、膨胀，严重时造成开裂，影响混凝土的质量。

引起水泥安定性不良的原因有很多，一般是由于熟料中所含的游离氧化钙、游离氧化镁或掺入的石膏过多。熟料中所含的游离氧化钙或氧化镁都是烧过的，熟化很慢，在水泥已经硬化后才进行熟化，体积发生膨胀，引起不均匀的体积变化，造成水泥石开裂。

**2. 仪器设备**

(1)水泥净浆搅拌机。

(2)雷氏夹。由铜质材料制成。当一根指针的根部先悬挂在一根金属丝或尼龙丝上，另一根指针的根部再挂上 300 g 质量的砝码时，两根指针针尖的距离增加应在(17.5±2.5)mm 范围内。去掉砝码后，针尖的距离能恢复至挂砝码前的状态。

雷氏夹膨胀测定仪，标尺最小刻度为 0.5 mm。

(3)沸煮箱。有效容积约为 410 mm×240 mm×310 mm；箅板的结构应不影响试验结果，箅板与加热器之间的距离大于 50 mm；能在(30±5)min 内将箱内的试验用水由室温升至沸腾并保持 3 h 以上；整个试验过程无须加水。

**3. 水泥安全性测定方法**

游离氧化钙在沸煮条件下能迅速熟化，游离氧化镁需在压蒸下才能加速熟化，而石膏对体积安定性的影响则需在长期的常温水中才能发现。因此，沸煮法只适用于检验游离氧化钙对体积安定性的影响。

(1)雷氏法。雷氏法是通过测定水泥标准稠度净浆在雷氏夹中沸煮后试针的相对位移表征其体积膨胀的程度。

每个试样准备两个雷氏夹，每个雷氏夹配备两块两个边长或直径约 80 mm、厚度 4～5 mm 的玻璃板两块，并在与水泥净浆接触的玻璃板面及雷氏夹内表面涂上一层油。将雷氏夹放在玻璃板上，将已制好的标准稠度净浆一次装满雷氏夹。装浆时一只手轻轻扶持雷氏夹，另一只手用宽约 25 mm 的直边刀在浆体表面轻轻插捣 3 次，然后抹平，盖上稍涂油的玻璃板，立即将试件移至湿气养护箱中养护(24±2)h。调整好沸煮箱内的水位，使之能在(30±5)min 内升至沸腾，同时又能保证在整个沸煮过程中都超过试件，不需中途加水。

脱去玻璃板取下试件，将雷氏夹放在雷氏夹膨胀测定仪上，测量指针尖端间的距离($A$)，精确到 0.5 mm。将试件放入沸煮箱水中的试件架上，指针朝上，然后在(30±5)min 内加热至沸，并恒沸(180±5)min。

判别：沸煮结束后，立即放掉沸煮箱中的热水，打开箱盖，待箱体冷却到室温，取出试件进行判别。测量雷氏夹指针尖端的距离($C$)，精确至 0.5 mm，当两个试件煮后增加距离($C-A$)的平均值不大于 5.0 mm 时，即认为该水泥安定性合格；当两个试件煮后增加距离($C-A$)的平均值相差超过 5.0 mm 时，应用同一样品立即重做一次试验。如情况仍如此，则认为该水泥为安定性不合格。以复检结果为准。

(2)试饼法。试饼法是通过观测水泥标准稠度净浆试饼煮沸后的外形变化情况表征其体积安定性。

每个试件准备两块约 100 mm×100 mm 的玻璃板，并将与水泥净浆接触的玻璃板面稍稍涂上一层油。

将已制好的标准稠度净浆取出一部分分成两等份，使之成球形，并放在预先准备好的玻璃板上；轻轻振动玻璃板并用湿布擦过的小刀由边缘向中间抹，做成直径 70～80 mm、中心厚约 10 mm、边缘渐薄、表面光滑的试饼，然后将试饼移至湿气养护箱中养护(24±2)h。沸煮同标准法。

判别：沸煮结束后，立即放掉沸煮箱中的热水，打开箱盖，待箱体冷却到室温，取出试件进行判别。目测试饼未发现裂缝，用钢直尺检查也没有弯曲(使钢直尺和试饼底部紧靠，以两者间不透光为不弯曲)，则认为该水泥安定性合格，反之为不合格。当两个试饼判别结果有矛盾时，该水泥的安定性为不合格。

## 六、水泥胶砂强度试验

**1. 仪器设备**

胶砂搅拌机：应每月检查一次叶片与锅之间的间隙(指叶片与锅壁间的最小距离)。

胶砂振实台：应安装在高度约 400 mm 的混凝土基座上，混凝土基座体积约为 0.25 $m^3$，重约 600 kg，仪器底座与基座之间铺一层砂浆以保证它们完全接触。仪器用地脚螺栓固定在基座上，应保证水平。

试模：组装备用的试模，应用黄干油涂覆试模的外接缝，在试模内表面涂上一层薄机油。

压力试验机：精度应为±1%，试验机最大荷载宜为 200～300 kN，并具有按(2 400±200)N/s 速率加荷的能力，宜采用能自动调节加荷速度的试验机。

抗压试验夹具：受压面积为 40 mm×40 mm。

天平：精度应为±1 g。

量筒：精度应为±1 mL。

ISO 标准砂：颗粒分布和湿含量应符合规定。可以单级分包装，也可以预配合以(1 350±5)g 量的塑料袋混合包装。

水泥：当试验水泥从取样至试验要保持 24 h 以上时，应把它储存在基本装满和气密的容器里，这个容器不与水泥起反应。

水：仲裁试验或其他重要试验用蒸馏水，其他实验可用饮用水。

**2. 试验环境**

(1)试验室温度为(20±2)℃，相对湿度不低于 50%。试验时，水泥试样、拌合水、仪器和用具的温度应与试验室一致。

(2)试样带模养护的湿气养护箱的温度为(20±1)℃，相对湿度不低于 90%。

(3)试样养护池水温应在(20±1)℃范围内。

(4)试验室空气温度和相对湿度及养护池水温每天至少记录一次。

(5)湿气养护箱的温度与相对湿度至少每 4 h 记录一次，在自动控制的情况下可一天记录两次。

**3. 试验步骤**

胶砂的制备：胶砂的质量配合比应为一份水泥、三份标准砂和半份水，一锅胶砂制三条试体。每锅材料用量为：水泥(450±2)g，标准砂(1350±5)g，水(225±1)g。

试验前先检查水泥胶砂搅拌机、水泥胶砂振实台是否正常运转。用湿抹布擦拭搅拌锅及叶片。把水加入锅里，再加入水泥，把锅放在固定架上，上升至固定位置。立即开动机器，低速搅拌 30 s 后，在第二个 30 s 开始的同时均匀地将砂子加入(当各级砂是分装时，从最粗粒级开始，依次将所需的每级砂量加完)。机器转至高速再拌 30 s。停拌 90 s，在第一个 15 s 内用一胶皮刮具将叶片和锅壁上的胶砂刮入锅中间。在高速下继续搅拌 60 s 后成型。各个搅拌阶段，时间误差应在±1 s 以内。

试件的制备：胶砂制备完毕后，立即进行试件的成型。将空试模和模套固定在振实台上，用一个适当的勺子直接将胶砂分两层装入试模，装第一层时，每个槽里约放 300 g 胶砂，用大播料器垂直架在模套顶部沿每个模槽来回一次将料层播平，接着振实 60 次。再装入第二层胶砂，用小播料器播平，再振实 60 次，移走模套，从振实台上取下试模，用金属直尺以近似 90°的角度架在试模模顶的一端，然后沿试模长度方向以横向锯割动作慢慢向另一端移动，一次将超过试模部分的胶砂刮去，并用同一直尺在近乎水平的情况下将试体表面抹平。

在试模上做标记或加字条标明试件编号、各试件相对于振实台的位置。

试件的养护：去掉留在模子四周的胶砂。立即将做好标记的试模放入雾室或湿气养护箱的水平架子上养护。湿空气应能与试模的各边接触。一直养护到规定的脱模时间，取出脱模。

脱模前，用防水墨汁对试体进行编号和做其他标记。两个龄期以上的试体，在编号时应将同一试模中的三条试体分在两个以上龄期内。

脱模应非常小心。对于 24 h 龄期的，应当在破型试验前 20 min 内脱模。对于 24 h 以上龄期的，应在成型后 20～24 h 脱模。如经 24 h 养护，会因脱模对强度造成损害时，可以延迟至 24 h 以后脱模，但在试验报告中应予说明。

将做好标记的试件立即水平或竖直放在(20±1)℃水中的箅子上养护，彼此之间保持一定间距，水平放置时刮平面应朝上，以使水与试件的六个面接触。养护期间试件之间间隔或试件上表面的水深不得小于 5 mm。养护期间只许加水保持适当水位，不允许全部换水。每个养护池只养护同类型的水泥试件。

任何到龄期的试体应在破型前 15 min 从水中取出，揩去试体表面沉积物，并用湿布覆盖至试验结束。

试体龄期是从水泥加水搅拌开始试验时算起，不同龄期强度的试验在下列时间段进行：

(1)24 h±15 min；

(2)48 h±30 min；

(3)72 h±45 min；

(4)7 d±2 h；

(5)28 d±8 h。

抗折强度测定：将试体的一个侧面放在试验机支撑圆柱上，试体长轴垂直于支撑圆柱，通过加荷圆柱以(50±10)N/s 的速率均匀地将荷载垂直地加在棱柱体相对侧面上，直至折断。保持两个半截棱柱体处于潮湿状态直至抗压试验。

抗折强度 $R_f$ 以牛每平方毫米(N/mm²)表示，按下式进行计算：

$$R_f=\frac{1.5F_fL}{b^3}$$

式中 $F_f$——折断时施加于棱柱体中部的荷载(N)；

$L$——支撑圆柱之间的距离(mm)；

$b$——棱柱体正方形截面的边长(mm)。

抗压强度测定：将经抗折试验折断的半截棱柱体放入抗压夹具，并保证半截棱柱体中心与试验机压板的中心差在±0.5 mm 内，棱柱体露出抗压夹具压板的部分约有 10 mm。

在整个加荷过程中，以(2 400±200)N/s 的速率均匀地加荷直至破坏。

抗压强度 $R_c$ 以牛每平方毫米(N/mm²)表示，按下式进行计算：

$$R_c=\frac{F_c}{A}$$

式中　$F_c$——破坏时的最大荷载(N)；

$A$——受压部分面积($mm^2$)。

**4. 试验结果的判定**

抗折强度以一组三个棱柱体抗折结果的平均值作为试验结果。当三个强度值中有超出平均值±10%的值时，应剔除后再取平均值作为抗折强度试验结果。各试体的抗折强度记录至0.1 MPa，计算精确至0.1 MPa。

抗压强度以一组三个棱柱体上得到的六个抗压强度测定值的算术平均值作为试验结果。

当六个测定值中有一个超出六个平均值±10%时，就应剔除这个结果，然后取其他平均值作为抗压强度结果；如果五个测定值中再有超出它们平均数±10%的，则此组结果作废。各个半个棱柱体的单个抗压强度记录至0.1 MPa，平均值计算精确至0.1 MPa。

## 第三节　混凝土用集料检测

### 一、砂的取样与缩分

**1. 验收批的划分**

用大型工具运输的，以400 $m^3$ 或600 t为一验收批；用小型工具运输的，以200 $m^3$ 或300 t为一验收批。不足上述数量以一批计。当质量比较稳定、进料量又较大时可以1 000 t为一验收批。

**2. 取样方法**

料堆取样时，取样部位应均匀分布，取样前先铲除表层，然后从不同部位和深度随机抽取大致等量的砂共8份，组成一组样品。

**3. 取样量**

每一单项试验，取样量应不少于表14-1要求；须做几项试验时，如确能保证样品经一项试验后不致影响另一项试验的结果，可用同组样品进行几项不同的试验。

**表14-1　试验最少取样数量**

| 试验项目 | 最少取样量/g<br>(JGJ 52—2006) | 最少取样量/kg<br>(GB/T 14684—2011) |
|---|---|---|
| 筛分析(颗粒级配) | 4 400 | 4.4 |
| 含泥量 | 4 400 | 4.4 |
| 泥块含量 | 20 000 | 20.0 |
| 石粉含量 | 1 600 | 6.0 |
| 云母含量 | 600 | 0.6 |
| 轻物质含量 | 3 200 | 3.2 |
| 有机物含量 | 2 000 | 2.0 |
| 硫化物及硫酸盐含量 | 50 | 0.6 |

续表

| 试验项目 | 最少取样量/g<br>(JGJ 52—2006) | 最少取样量/kg<br>(GB/T 14684—2011) |
|---|---|---|
| 氯离子含量(氯化物含量) | 2 000 | 4.4 |
| 贝壳含量 | 10 000 | 9.6 |
| 人工砂压碎值指标<br>(坚固性) | 公称粒径分成<br>5.00～2.50 mm；<br>2.50～1.25 mm；<br>1.25～630 μm；<br>630～315 μm。<br>315～160 μm 每个粒级<br>各需 100 g | 天然砂 8.0<br>机制砂 20.0 |
| 表观密度 | 2 600 | 2.6 |
| 松散堆积密度与空隙率 | 5 000 | 5.0 |
| 放射性 | — | 6.0 |
| 饱和面干吸水率 | 4 000 | 4.4 |
| 碱活性(碱-集料反应) | 20 000 | 20.0 |

**4. 样品保管**

每组样品应妥善包装，避免细料散失及防止污染。并附样品卡片、标明样品编号、取样日期、代表数量、产地数量、要求检验项目及取样方式等。

**5. 样品的缩分**

(1)用分料器缩分。将样品在潮湿状态下拌和均匀，然后使样品通过分料器留下接料斗中的其中一份，用另一份再次通过分料器，重复上述过程，直至把样品缩分到试验所需量为止。

(2)人工四分法缩分。将所取每组样品置于平板上，在潮湿情况下拌和均匀，并堆成厚度约为 20 mm 的“圆饼”，然后沿互相垂直的两条直径把“圆饼”分成大致相等的四份，取其对角的两份重新拌匀，再堆成“圆饼”。重复上述过程，直至缩分后的材料量略多于进行试验所必需的量为止。

(3)砂的堆积密度、紧密密度、含水率及机制砂坚固性检验所用的试样可不经缩分，在拌匀后直接进行试验。

## 二、石子颗粒级配(筛分析)试验

**1. 主要仪器设备**

(1)标准筛。孔径为 90 mm、75.0 mm、63.0 mm、53.0 mm、37.5 mm、31.5 mm、26.5 mm、19.0 mm、16.0 mm、9.50 mm、4.75 mm、2.36 mm 的方孔筛各一只，并附有筛底和筛盖(筛框内径为 300 mm)。

(2)天平或案秤。称量不小于 5 kg，感量 1 g。

(3)电动摇筛机。

(4)烘箱。温度可控制在(105±5)℃。

**2. 实训步骤**

(1)按规定方法取样，并将试样缩分至略大于表 14-2 规定的数量，烘干或风干后备用。

**表 14-2　筛分析所需试样的最小试验用量**

| 石子最大粒径/mm | 9.5 | 16.0 | 19.0 | 26.5 | 31.5 | 37.5 | 63.0 | 75.0 |
|---|---|---|---|---|---|---|---|---|
| 最小试样用量/kg | 1.9 | 3.2 | 3.8 | 5.0 | 6.3 | 7.5 | 12.6 | 16.0 |

(2)称取按表规定数量的试样一份，准确至 1 g。将筛按孔径从大到小组合并附上筛底，将试样倒入最上层筛中，然后进行筛分。

(3)将套筛置于摇筛机上，摇筛 10 min 左右，取下套筛，按筛孔大小顺序再逐个用手筛至每分钟通过量小于试样总量的 0.1%为止，通过的石子并入下一号筛中，并和下一号筛中的试样一起过筛，这样按顺序进行，直至各号筛全部筛完为止。在筛余颗粒的粒径大于 19.0 mm 时，在筛分过程中，允许用手指拨动颗粒。当每号筛上筛余层的厚度大于试样的最大粒径时，应将该筛上试样分成两份，再进行筛分，以两次筛余量之和作为该筛的筛余量。

(4)称取各筛的筛余量(准确至 1 g)。

**3. 结果计算与评定**

(1)计算分计筛余百分率。各筛的筛余量除以试样总质量的百分率，精确至 0.1%。

(2)计算累计筛余百分率。该筛的分计筛余百分率与大于该筛的各筛上分计筛余百分率之和，精确至 1%。筛分后，若每号筛的筛余量与筛底的筛余量之和同原试样质量之差超过 1%时，须重做试验。

(3)根据各号筛的筛余百分率，对照颗粒级配表，评定该试样的颗粒级配。

# 第四节　普通混凝土基本性能试验

## 一、一般规定

**1. 原材料要求**

拌制混凝土的原材料要符合技术要求，并与施工实际用料相同。在拌和前，材料的温度要与室温[应保持(20±5)℃]相同。水泥若有结块现象，要用 64 孔/$cm^2$ 筛过筛，筛余团块不得使用。

拌制混凝土的材料用量以质量计。称量的精确度为±1%，水、水泥及混合材料为±0.5%。

**2. 主要仪器设备**

(1)混凝土搅拌机：容量 75～100 L，转速 18～22 r/min。

(2)磅秤：称量 50 kg，感量 50 g。

(3)天平：称量 5 kg，感量 1 g。

(4)量筒：500 mL、1000 mL。

(5)拌板：1.5 m×2 m 左右。

(6)拌铲、盛器、抹布等。

### 3. 拌和步骤

(1)人工拌和。

1)按所定配合比称取各材料用量。

2)将拌板和拌铲用湿布润湿后，把称好的砂倒在铁拌板上，然后加水泥，用铲自拌板一端翻拌至另一端，如此反复，拌至颜色均匀，再加入石子翻拌混合均匀。

3)将干混合料堆成堆，在中间做一凹槽，将已称量好的水倒一半在凹槽中，仔细翻拌，注意不要使水流出。然后再加入剩余的水，继续翻拌，直至拌和均匀为止。

4)要尽快拌和均匀，拌和时间自加水算起，应符合以下规定。

拌合物体积为 30 L 以下时，拌和时间 4～5 min；

拌合物体积为 30～50 L 时，拌和时间 5～9 min；

拌合物体积为 51～75 L 时，拌和时间 9～12 min。

拌好后，按照试验要求，立即做坍落度测定或试件成型。从开始加水到全部操作结束，必须在 30 min 内完成。

(2)机械搅拌。

1)按给定的配合比称取各材料用量。

2)用按配合比称量的水泥、水、砂及少量石子在搅拌机中预拌一次，使水泥砂浆部分黏附在搅拌机的内壁及叶片上，并刮去多余砂浆，以避免影响正式搅拌时的配合比。

3)依次向搅拌机内加入石子、砂和水泥，开动搅拌机干拌均匀后，再将水徐徐加入，全部加料时间不超过 2 min，加完水后再继续搅拌 2 min。

4)将拌合物从搅拌机卸出，倾倒在铁板上，再经人工拌和 2～3 次，即可做拌合物的各项性能试验或成型试件。从开始加水到全部操作结束，必须在 30 min 内完成。

## 二、普通混凝土拌合物和易性的测定

测定混凝土拌合物的和易性应以测流动性为主，兼顾黏聚性和保水性。流动性的测定有坍落度和维勃稠度两种方法，坍落度法适用于坍落度值不小于 10 mm、集料最大粒径不大于 40 mm 的混凝土拌合物的稠度测定；维勃稠度法适用于集料最大粒径不超过 40 mm，维勃稠度为 5～30 s 的混凝土拌合物的稠度测定。

### 1. 坍落度法

(1)主要仪器设备。

1)标准坍落度筒。坍落度筒(形状、尺寸大小如图 14-6 所示)为金属制截头圆锥形，上下截面必须平行并与锥体轴心垂直，筒外两侧焊有把手两只，近下端两侧焊有脚踏板，圆锥筒内表面必须光滑。

2)其他用具。捣棒(断部要磨圆)、装料漏斗、小铁铲、钢直尺、镘刀、拌板等。

(2)实训步骤。

1)首先用湿布擦拭坍落度筒及其他用具，将坍落度筒置于铁板上，漏斗置于坍落度筒顶部并用双脚踩紧踏板(使其位置固定)。

2)用小铲将拌好的拌合物分三层装入筒内，每层装入高度约为筒高的 1/2，每层要用捣棒沿螺旋方向由边缘向中心插捣 25 次。插捣底层时应贯穿整个深度，插捣其他层时，要插至下一层的表面。

3)插捣完毕，除去漏斗，用镘刀刮去多余拌合物并抹平。清除筒四周拌合物，在 5～10 s 内垂直平稳地提起坍落度筒，将筒放在拌合物试体一旁，量出坍落后试体最高点与筒高之间的距离(以 mm 计，读数精确至 5 mm)，即为混凝土拌合物的坍落度(图 14-7)。

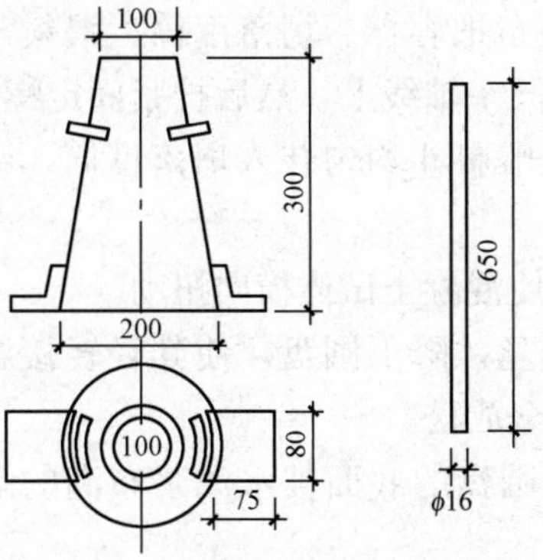


**图 14-6　标准坍落度筒**

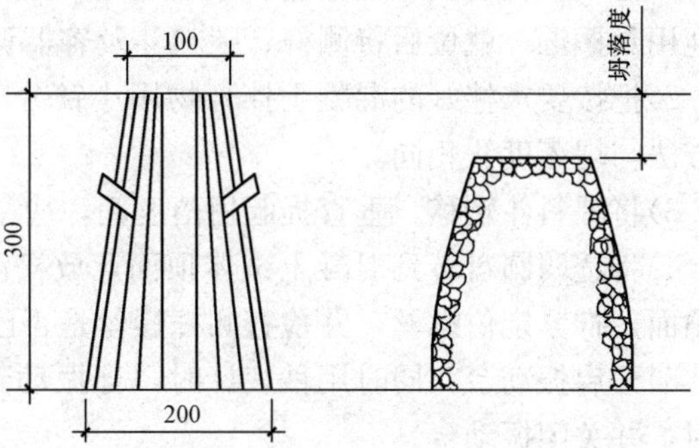


**图 14-7　坍落度试验**

4)混凝土拌合物黏聚性、保水性评定。若坍落度筒提起后，混凝土发生崩坍或一边剪坏现象，则要重新取样另行测定。若第二次试验仍出现上述现象，则表示该混凝土和易性不好，应记录备查。

黏聚性的检查方法是用捣棒在已坍落的混凝土锥体侧面轻轻敲打，若锥体整体慢慢下沉，则表示黏聚性良好，若锥体倒塌、部分崩裂或出现离析现象，则表示黏聚性不好。

保水性以拌合物中稀浆析出的程度来评定，坍落筒提起后，若有较多的稀浆从底部析出，锥体部分的混凝土也因失浆而集料外漏，则说明混凝土拌合物保水性差；若坍落筒提起后，无稀浆或仅有少量稀浆从底部析出，则说明混凝土拌合物保水性良好。

**2. 维勃稠度法**

(1)主要仪器设备。

1)维勃稠度仪。由振动台、坍落度筒、容器、旋转架(测杆、圆盘和荷重块)组成。其振动频率为(50±3)Hz，装有空容器时台面振幅应为(0.5±0.1)mm。维勃稠度仪如图 14-8 所示。

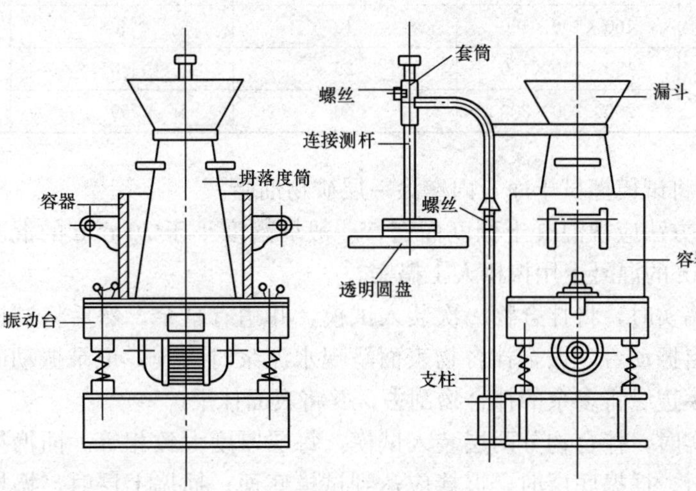


**图 14-8　维勃稠度仪**

2)秒表。

3)其他仪器与坍落度试验相同。

(2)实训步骤。

1)把维勃稠度仪放置在坚实水平的地面上，用湿布把容器、坍落度筒、喂料斗内壁及其他用具擦湿。就位后将测杆、喂料斗及容器调整在同一轴线上，然后拧紧固定螺丝。

2)把按要求拌好的混凝土拌合物用小铲分三层经喂料斗均匀装入坍落度筒，装料与捣实方法与坍落度法相同。

3)将喂料斗转移，垂直提起坍落度筒，应注意不使混凝土试体横向扭动。

4)将透明圆盘转到混凝土试体顶面，放松测杆螺丝，降下圆盘，使其轻轻接触到混凝土顶面，拧紧定位螺丝，并检查测杆螺丝是否已经完全放松。

5)开启振动台，同时用秒表计时，当振动到透明圆盘的底面被水泥浆布满的瞬间停表计时，并关闭振动台。

(3)试验结果确定。由秒表读出的时间(s)即为该混凝土拌合物的维勃稠度值，精确至1 s。

## 三、普通混凝土抗压强度试验

**1. 主要仪器设备**

(1)压力试验机。精度不低于±2%，试验时应以试件最大荷载选择压力机量程，使试件破坏时的荷载位于全量程的20%～80%范围内。

(2)振动台。振动频率为(50±3)Hz，空载振幅约为0.5 mm。

(3)其他用具。搅拌机、试模、捣棒、镘刀等。

**2. 试件的制作**

(1)抗压强度试验一般采用立方体试件，以龄期分组，每组3个试件，混凝土试件尺寸大小按集料最大粒径选定(表14-3)。

**表14-3　混凝土试件尺寸及强度值换算系数**

| 集料最大粒径/mm | 试件尺寸/(mm×mm×mm) | 每层插捣次数 | 每组需混凝土量/kg | 强度值换算系数 |
|---|---|---|---|---|
| 31.5 | 100×100×100 | 12 | 9 | 0.95 |
| 40 | 150×150×150 | 25 | 30 | 1.00 |
| 60 | 200×200×200 | 50 | 65 | 1.05 |

(2)制作前应将试模擦拭干净，内壁涂一层矿物油脂。

(3)试件成型方法应视混凝土稠度而定，一般坍落度小于70 mm的混凝土，用振动台振实，大于70 mm的混凝土用捣棒人工捣实。

当用振动台捣实时，将拌合物一次装入试模，并稍有富余，然后将试模放在振动台上并加以固定。开启振动台，振至拌合物表面呈现水泥浆时为止，记录振动时间。振动结束后，用镘刀沿试模边缘将多余的拌合物刮去，并将表面抹平。

当用人工捣实时，拌合物分两层装入试模，每层厚度大致相等。插捣按螺旋方向从边缘向中心均匀进行。插捣底层时，捣棒应达到试模底面；插捣上层时，捣棒应穿入下层深度20～30 mm。插捣时，捣棒应保持垂直，并用镘刀沿内壁插入数次。每层插捣次数见

表 14-3(一般 100 $cm^2$ 面积不少于 12 次)，然后刮除多余的混凝土，并用镘刀抹平。

**3. 试件的养护**

(1)试件成型后应覆盖，防止水分蒸发，并在室温为(20±5)℃的情况下至少静置 1 d(但不得超过 2 d)，然后编号拆模。

(2)拆模后的试件应立即放在温度为(20±3)℃、相对湿度为 90%以上的标准养护室中养护。在标准养护室内，试件应放在架上，彼此间隔为 10～20 mm，应避免直接冲淋试件。无标准养护室时，混凝土试件可放在(20±3)℃的不流动水中养护，水的 pH 值不应大于 7。

(3)试件成型后，需与构件同条件养护时，应覆盖其表面，试件拆模时间可与实际构件的拆模时间相同。拆模后的试件仍应保持与构件相同的养护条件。

**4. 抗压强度测定**

(1)试件从养护地点取出后应及时进行试验，以免试件内部的温度、湿度发生显著变化。

(2)试件在试压前要擦拭干净，测量尺寸，并检查其外观，试件尺寸测量应精确至 1 mm，并据此计算试件的承压面积值。试件不得有明显缺损，其承压面的不平度要求不超过 0.05%，承压面与相邻面的不垂直偏差不超过±1。

(3)将试件放在试验机承压板中心，试件的承压面与成型面垂直。开启试验机，当上压板与试件接近时，调整球座，使其接触均衡。

(4)加荷时要连续、均匀，加荷速度为：混凝土强度等级<C30 时，取 0.3～0.5 MPa/s；≥C30 时，取 0.5～0.8 MPa/s。当试件接近破坏而开始迅速变形时，停止调整试验机油门，直至试件破坏。记录破坏荷载。

**5. 结果计算**

(1)混凝土立方体抗压强度按下式计算：

$$f_{cu}=\frac{F}{A}$$

式中 $f_{cu}$——混凝土立方体抗压强度(MPa)；

$F$——试件破坏荷载(N)；

$A$——试件承压面积($mm^2$)。

(2)以三个试件测定值的算术平均值作为该组试件的抗压强度值(精确至 0.1 MPa)；若三个测定值中的最大值或最小值中有一个与中间值的差超过中间值的 15%，则把最大值和最小值一并舍去，直接取中间值作为该组试件的抗压强度值；若最大值和最小值与中间值的差均超过中间值的 15%，则该组试件的试验结果无效。

(3)取 150 mm×150 mm×150 mm 试件的抗压强度值为标准值，其他尺寸试件测得的抗压强度值均应乘以换算系数，换算成标准值(表 14-3)。当混凝土强度等级≥C60 时，宜采用标准试件(150 mm×150 mm×150 mm)，使用非标准试件时，换算系数应由试验确定。

## 四、混凝土非破损试验

用回弹法检测混凝土抗压强度。

回弹法作为无损检测方法之一，主要用于检测混凝土的抗压强度，其检测结果只能作为评价现场混凝土强度或处理混凝土质量问题的依据之一，不能用作评定混凝土抗压强度。

回弹法不适用于：表层与内部质量有明显差异或内部存在缺陷的混凝土结构或构件的检测，掺有引气型外加剂的混凝土，特殊成型工艺或表面曲率半径小于 250 mm 的混凝土，混凝土龄期超过 1 000 d，混凝土抗压强度超过 60 MPa，表面潮湿或浸水的混凝土及粗集料最大粒径大于 60 mm 的混凝土。

**1. 主要仪器设备**

(1)回弹仪。中型回弹仪主要由弹击系统、示值系统和仪壳部件等组成，冲击功能为 2.207 J。

(2)钢砧。要求洛氏硬度为(60±2)HRC。

**2. 实训步骤**

(1)回弹仪率定。将回弹仪垂直向下在钢砧上弹击，取三次的稳定回弹值进行平均，弹击杆应分四次旋转，每次旋转约 90°，弹击杆每旋转一次的率定平均值均应符合(80±2)的要求，否则不能使用。

(2)混凝土构件测区与测面布置。每一构件至少应选取 10 个测区，相邻两测区间距不超过 2 m，测区应均匀分布，并且具有代表性(测区宜选在测面为好)。每个测区宜有两个相对的测面，每个测面约为 20 cm×20 cm。

(3)检测面的处理。测面应平整光滑，必要时可用砂轮做表面加工，测面要自然干燥。每个测面上布置 8 个测点，若一个测区只有一个测面，应选 16 个测点，测点要均匀分布。

(4)回弹值测定。将回弹仪垂直对准混凝土表面并轻压回弹仪，使弹击杆伸出，挂钩挂上冲锤，将回弹仪弹击杆垂直对准测试点，缓慢均匀地施压，待冲锤脱钩冲击弹击杆后，冲锤即带动指针向后移动直至到达一定位置时，即读出回弹值(精确至 1)。

**3. 试验结果处理**

(1)回弹值计算。从测区的 16 个回弹值中分别剔除 3 个最大值和 3 个最小值，取其余 10 个回弹值的算术平均值。计算至 0.1，作为该测区水平方向测试的混凝土平均回弹值($N$)。

(2)回弹值测试角度及浇筑面修正。若为非水平方向和浇筑面或底面时，按有关规定先进行角度修正，然后再进行浇筑修正。

(3)混凝土表面碳化后其硬度会提高，测出的回弹值将增大，故当碳化深度大于或等于 0.5 mm 时，其回弹值应按有关规定进行修正。

(4)根据室内试验建立的强度($f_{cu}$)与回弹值($N$)关系曲线，查得构件测区混凝土强度值。

(5)计算混凝土构件强度平均值(精确至 0.1 MPa)和强度标准差(精确至 0.01 MPa)，最后计算出混凝土构件强度推定值(精确至 0.1 MPa)。

## 第五节　建筑砂浆性能检测

### 一、试样制备

**1. 主要仪器设备**

砂浆搅拌机、拌和铁板(约 1.5 m×2 m，厚约 3 mm)、磅秤(称量 50 kg，感量 50 g)、台秤(称量 10 kg，感量 5 g)、拌铲、抹刀、量筒、盛器等。

**2. 拌和方法**

(1)一般规定。

1)拌制砂浆所用的原材料应符合质量标准，并要求提前运入试验室内，拌和时试验室的温度应保持在(20±5)℃。

2)水泥应符合相应的质量标准，如有结块，应以0.9 mm方孔筛过筛，筛除粗颗粒之后充分混合均匀再使用，砂应符合建筑用砂的质量标准，砂也应以5 mm筛过筛。

3)其他掺合料均应符合质量标准。拌制砂浆时，材料称量计量的精度：水泥、外加剂等为±0.5%；砂、石灰膏、黏土膏等为±1%。

4)拌制前应将搅拌机、拌和铁板、拌铲、抹刀等工具表面用水润湿，注意拌和铁板上不得有积水。

(2)人工拌和。

1)按设计配合比(质量比)称取各项材料用量，先把水泥和砂放入拌板干拌均匀(拌合物颜色均匀)。

2)将拌匀的混合物堆成堆，在中间作一凹坑，将称好的石灰膏(或黏土膏)倒入凹坑中，再倒入一部分水，将石灰膏或黏土膏稀释，然后与水泥和砂共同拌和，并逐渐加水，直至混合料色泽基本相同。

3)拌和时间(从加水完毕时算起)一般需5 min，观察拌合物颜色均匀且和易性符合要求为止。可用量筒盛定量水，拌好以后，减去筒中剩余水量，即为用水量(注意各种材料称量要准确)。

(3)机械拌和。

1)先拌适量砂浆(应与正式拌和的砂浆配合比相同)，使搅拌机内壁黏附一薄层砂浆，使正式拌和时的砂浆配合比成分准确。

2)先称出各材料用量，再将砂、水泥装入搅拌机内。

3)开动搅拌机，将水徐徐加入(混合砂浆须将石灰膏或黏土膏用水稀释至浆状)，搅拌时间从加水完毕算起约3 min(搅拌的用量不宜少于搅拌容量的20%，搅拌时间不宜少于2 min)。

4)将砂浆拌合物倒在拌和铁板上，用拌铲翻拌两次，使之均匀。拌好的砂浆，应立即进行有关的试验。

## 二、砂浆的稠度检验

**1. 主要仪器设备**

砂浆稠度测定仪、捣棒(直径10 mm，长350 mm，一端呈半球形的钢棒)、台秤、拌锅、拌板、量筒、秒表等。

**2. 实训步骤**

(1)将拌好的砂浆一次装入砂浆容器内，装至距筒上口约10 mm为止，用捣棒自筒中心向边缘插捣25次，并将筒体振动5～6次，使砂浆表面平整，随后将容器移置稠度仪底座上。

(2)放松圆锥体滑杆的制动螺丝，向下移动滑杆，使试锥尖端与砂浆表面接触，拧紧制动螺丝，使齿条测杆下端刚好接触滑杆上端，并将指针对准零点。

(3)突然拧开制动螺丝，使圆锥体自动沉入砂浆中，同时计时到10 s，立即固定螺丝。

从刻度盘上读出下沉深度(精确至 1 mm)，即为砂浆的稠度值。

(4)圆锥筒内的砂浆，只允许测定一次稠度，重复测定时，应重新取样测定。

**3. 结果评定**

以两次测定结果的算术平均值作为砂浆稠度测定结果(计算值精确至 1 mm)，若两次测定值之差大于 20 mm，应重新配料测定。

## 三、分层度试验

本方法适用于测定砂浆拌合物的分层度，以确定在运输及停放时砂浆拌合物的稳定性。

**1. 主要仪器设备**

(1)砂浆分层度筒(图 14-9)。应由钢板制成，内径应为 150 mm，上节高度应为 200 mm，下节带底净高应为 100 mm；两节的连接处应加宽 3～5 mm，并应设有橡胶垫圈。

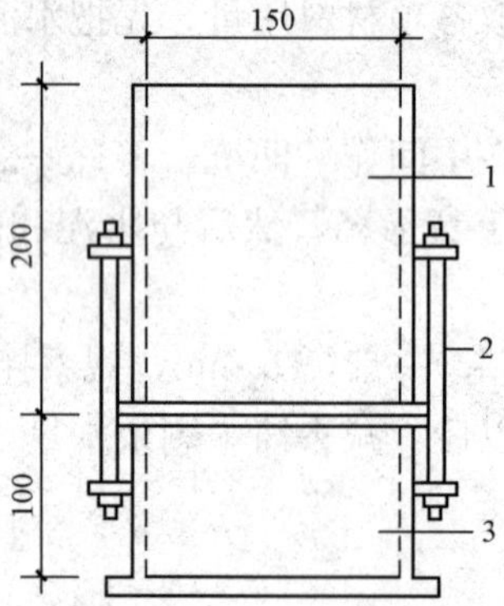


**图 14-9　砂浆分层度筒**

1—无底圆筒；2—连接螺栓；3—有底圆筒

(2)振动台。振幅应为(0.5±0.05)mm，频率应为(50±3)Hz。

(3)砂浆稠度仪、木锤等。

**2. 测定方法**

分层度的测定可采用标准法和快速法。当发生争议时，应以标准法的测定结果为准。

**3. 标准法测定分层度的步骤**

(1)应按照国家标准稠度试验的规定测定砂浆拌合物的稠度。

(2)应将砂浆拌合物一次装入分层度筒内，待装满后，用木锤在分层度筒周围距离大致相等的四个不同部位轻轻敲击 1～2 次；当砂浆沉落到低于筒口时，应随时添加，然后刮去多余的砂浆并用抹刀抹平。

(3)静置 30 min 后，去掉上节 200 mm 砂浆，然后将剩余的 100 mm 砂浆倒在拌合锅内拌 2 min，再按照国家标准的规定测其稠度。前后测得的稠度之差即为该砂浆的分层度值。

**4. 快速法测定分层度的步骤**

(1)应按照国家标准的规定测定砂浆拌合物的稠度。

(2)应将分层度筒预先固定在振动台上，把砂浆一次装入分层度筒内，振动 20 s。

(3)去掉上节 200 mm 砂浆，剩余 100 mm 砂浆倒出放在拌合锅内拌 2 min，再按稠度试验方法测其稠度，前后测得的稠度之差即为该砂浆的分层度值。

**5. 分层度试验结果要求**

(1)应取两次试验结果的算术平均值作为该砂浆的分层度值，精确至1 mm。

(2)当两次分层度试验值之差大于10 mm时，应重新取样测定。

## 四、建筑砂浆抗压强度检验

**1. 主要仪器设备**

压力试验机、试模(70.7 mm×70.7 mm×70.7 mm，分无底试模与有底试模两种)、捣棒(直径110 mm，长350 mm，一端呈半圆形)、垫板等。

**2. 试件制作及养护**

(1)当制作用于多孔吸水基面(如砖砌体)的砂浆试件时，先将无底试模的内壁涂刷一薄层机油，然后放在预先铺上吸水性较好的湿纸的普通黏土砖上(砖的吸水率不小于10%，含水率不大于2%)，将拌好的砂浆一次倒满试模，并用捣棒均匀地由外向内按螺旋方向插捣25次，使砂浆略高于试模口，待砂浆表面出现麻斑后(15～30 min)，将高出部分的砂浆沿试模顶面削去，抹平。

(2)当制作用于密实(不吸水)基底(如石砌体)的砂浆试件时，采用有底试模，涂油后，将拌好的砂浆分两层装入试模(每层厚度约40 mm)，每层用捣棒插捣12次，然后用刮刀沿试模壁插捣数次，砂浆应略高出试模顶面，静停15～30 min，刮去多余部分，抹平。

(3)试件成型后，在(20±5)℃环境下经(24±2)h即可脱模，气温较低时，可适当延长时间，但不得超过2 d。对试件编号脱模后，按下列规定进行养护：

1)自然养护。将试件放在室内空气中养护，混合砂浆在相对湿度为60%～80%、正温条件下养护；水泥砂浆在正温并保持试件表面湿润的状态下(如湿砂堆中)养护。养护期间必须做好温度记录，有争议时，以标准养护为准。

2)标准养护。混合砂浆应在(20±3)℃、相对湿度为60%～80%条件下养护；水泥砂浆应在温度(20±3)℃，相对湿度90%以上的潮湿条件下养护。养护时试件间隔应不小于10 mm。

**3. 抗压强度检验**

(1)经过28 d养护后的试件从养护地点取出后，应尽快进行检验，以免试件内部的温度、湿度发生显著变化。检验前，先将试件擦干净，测量尺寸，并检查其外观。试件尺寸测量精确至1 mm，并据此计算试件的承压面积。若实测尺寸与公称尺寸之差不超过1 mm，可按公称尺寸进行计算。

(2)将试件置于压力机的下压板上，试件的承压面应与成型时的顶面垂直，试件中心应与下压板中心对准。

(3)开启压力机，当上压板与试件接近时，调整球座，使接触面均衡受压。加荷应均匀而连续，加荷速度应为0.5～1.5 kN/s(砂浆强度不大于5 MPa时，取下限为宜；大于5 MPa时，取上限为宜)，当试件接近破坏而开始迅速变形时，停止调整压力机油门，直至试件破坏，记录破坏荷载。

**4. 结果计算**

单个试件的抗压强度按下式计算(精确至0.1 MPa)：

$$f_{m,cu}=\frac{F}{A}$$

式中　$f_{m,cu}$——砂浆立方体抗压强度(MPa)；

$F$——试件破坏荷载(N)；

$A$——试件承压面积($mm^2$)。

每组试件为六个，以六个试件测量值的算术平均值作为该组试件的抗压强度值，平均值计算精确至 0.1 MPa。

当六个试件的最大值或最小值与平均值的差超过 20%时，以中间四个试件的平均值作为该组试件的抗压强度值。

## 第六节　钢筋试验

### 一、一般规定

(1)同一截面尺寸和同一炉罐号组成的钢筋分批验收时，每批质量不大于 660 t。

(2)钢筋应有出厂证明书或试验报告单。验收时应抽样做力学性能试验，包括拉力试验和冷弯试验两个项目。两个项目中如有一个项目不合格，该批钢筋即为不合格品。

(3)钢筋在使用中如有脆断、焊接性能不良或力学性能显著不正常时，应进行化学成分检验分析，或做其他专项检验。

(4)取样方法和结果评定规定，自每批钢筋中任意抽取两根，于每根距端部 50 mm 处各取一套试样(两根试件)，在每套试样中取一根做拉力试验，另一根做冷弯试验。在拉力试验的两根试件中，如其中一根试件的屈服点、抗拉强度和伸长率三个指标中有一个指标达不到标准中规定的数值，应再抽取双倍(4 根)钢筋，制取双倍(4 根)试件重做试验，如仍有一根试件的一个指标达不到标准要求，则无论这个指标在第一次试件中是否达到标准要求，拉力试验项目都认为不合格。在冷弯试验中，如有一根试件不符合标准要求，应同样抽取双倍钢筋，制成双倍试件重做试验，如仍有一根试件不符合标准要求，冷弯试验项目即为不合格。

(5)试验应在(20±10)℃条件下进行，如试验温度超出这一范围，应于试验记录和报告中注明。

### 二、钢材的抗拉强度及伸长率检验

**1. 实训目的**

测定低碳钢的屈服强度、抗拉强度与伸长率。注意观察拉力与变形之间的变化。确定应力与应变之间的关系曲线，评定钢筋的强度等级。

**2. 主要仪器设备**

(1)万能材料试验机。为保证机器安全和检验准确，其吨位选择最好是使试件达到最大荷载时其指针位于指示度盘第三象限内。试验机的测力示值误差不大于 1%。

(2)钢板尺、游标卡尺(精确度至 0.1 mm)等。

**3. 试件制作和准备**

抗拉试验用钢筋试件不得进行车削加工，可以用两个或一系列等分小冲点或细画线标出原始标距（标记不应影响试样断裂），测量标距长度 $L_0$（精确至 0.1 mm），如图 14-10 所示。

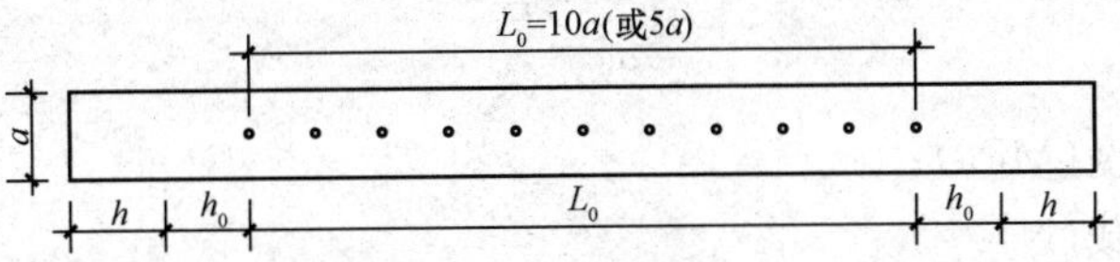


**图 14-10 钢筋拉伸试件**

$a$—试样原始直径；$L_0$—标距长度；$h$—夹头长度；

$L_c=2h_0+L_0$（$L_c$ 为试样平均长度，不小于 $L_0+a$）

计算钢筋强度所用横截面积采用表 14-6 所列公称横截面面积。

**表 14-6 钢筋的公称横截面面积**

| 公称直径/mm | 公称横截面面积/$mm^2$ | 公称直径/mm | 公称横截面面积/$mm^2$ |
|---|---|---|---|
| 8 | 50.27 | 22 | 380.1 |
| 10 | 78.54 | 25 | 490.9 |
| 12 | 113.1 | 28 | 615.8 |
| 14 | 153.9 | 32 | 804.2 |
| 16 | 201.1 | 36 | 1 017.9 |
| 18 | 254.5 | 40 | 1 256.6 |
| 20 | 314.2 | 50 | 1 963.5 |

**4. 屈服强度和抗拉强度的测定**

(1)调整试验机测力度盘的指针，使其对准零点，并拨动副指针，使其与主指针重叠。

(2)将试件固定在试验机夹头内。开启试验机进行拉伸，拉伸速度为：屈服前，应力增加速率按表 14-7 的规定，并保持试验机控制器固定于这一速率位置上，直至该性能测出为止；屈服后或只需测定抗拉强度时，试验机活动夹头在荷载下的移动速度不大于 $0.5L_c$/min。

**表 14-7 屈服前的加荷速率**

| 金属材料的弹性模量/MPa | 应力速率/[N·($mm^2$·s)$^{-1}$] | |
|---|---|---|
| | 最小 | 最大 |
| <150 000 | 1 | 10 |
| ≥150 000 | 3 | 30 |

(3)拉伸中，测力度盘的指针停止转动时的恒定荷载，或第一次回转时的最小荷载，即为所求的屈服点荷载 $F_s$(N)。按下式计算试件的屈服点：

$$\sigma_s=\frac{F_s}{A}$$

式中 $\sigma_s$——屈服点(MPa)；

$F_s$——屈服点荷载(N);

$A$——试件的公称横截面面积($mm^2$)。

(4)测得屈服强度后，继续对试件连续施荷直至拉断，由测力度盘读出最大荷载 $F_b$(N)。按下式计算试件的抗拉强度：

$$\sigma_b=\frac{F_b}{A}$$

式中 $\sigma_b$——抗拉强度(MPa);

$F_b$——最大荷载(N);

$A$——试件的公称横截面面积($mm^2$)。

**5. 断后伸长率的测定**

(1)将已拉断试件的两段紧密地对接在一起，尽量使其轴线位于一条直线上。如拉断处形成缝隙，则此缝隙应计入试件拉断后的标距部分长度内。

(2)如拉断处到邻近的标距端点的距离大于 $1/3L_0$ 时，可用卡尺直接测量已被拉长的标距长度 $L_1$(mm)。

(3)如拉断处到邻近的标距端点的距离小于或等于 $1/3L_0$ 时，则可按下述移位法确定 $L_1$：在长段上，从拉断处 $O$ 取基本等于短段格数，得 $B$ 点，接着取等于长段所余格数[偶数，如图 14-11(a)所示]之半，得 $C$ 点；或者取所余格数[奇数，如图 14-11(b)所示]减 1 与加 1 之半，得 $C$ 与 $C_1$ 点。移位后的 $L_1$ 分别为 $AO+OB+2BC$(偶数)或者 $AO+OB+BC+BC_1$(奇数)。

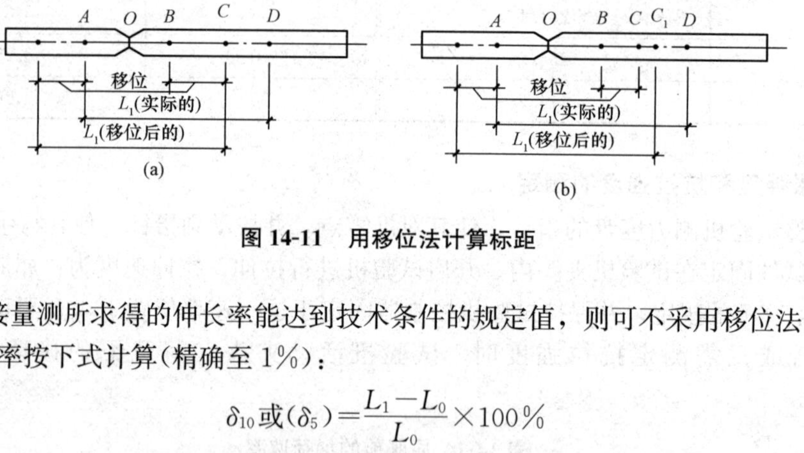


**图 14-11 用移位法计算标距**

如果直接量测所求得的伸长率能达到技术条件的规定值，则可不采用移位法。

(4)伸长率按下式计算(精确至 1%)：

$$\delta_{10}或(\delta_5)=\frac{L_1-L_0}{L_0}\times100\%$$

式中 $\delta_{10}$，$\delta_5$——$L_0=10d$ 或 $L_0=5d$($d$ 为直径)时的伸长率；

$L_0$——原标距长度 $10d(5d)$(mm);

$L_1$——试件拉断后直接量出或按移位法确定的标距部分长度(测量精确至 0.1 mm)(mm)。

(5)若试件在标距端点上或标距处断裂，则试验结果无效，应重做试验。

## 三、钢筋冷弯试验

**1. 试验目的**

通过检验钢筋在达到规定的弯曲程度时的弯曲变形性能，评定钢筋的质量。

**2. 仪器设备**

压力机或万能材料试验机。

**3. 试验步骤**

(1)弯曲试件长度根据试件直径和弯曲试验装置而定，冷弯试样长度按下式确定：

$$L=5a+150(\text{mm})$$

(2)调整两支辊间距离 $L=(d+3a)\pm0.5a$，此距离在试验期间保持不变(图 14-12)。$d$ 为弯芯直径(钢筋标准中有具体规定)。

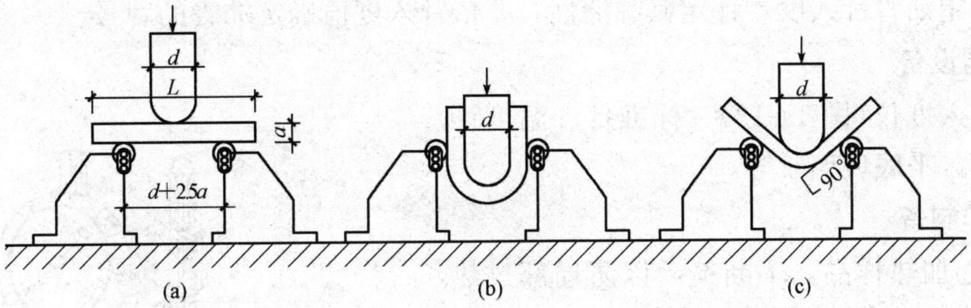


**图 14-12　钢筋冷弯试验图**

(a)装好的试件；(b)弯曲 180°；(c)弯曲 90°

(3)将试件放置于两支辊上，试件轴线应与弯曲压头轴线垂直，弯曲压头在两支座之间的中点处对试件连续施加力使其弯曲，直至达到规定的弯曲角度。

注：试件弯曲至两臂直接接触的试验，应首先将试件初步弯曲(弯曲角度尽可能大)，然后将其置于两平行压板之间，连续施加力压其两端使试件进一步弯曲，直至两臂直接接触。

**4. 结果评定**

按有关标准规定检查试件弯曲外表面，若无裂纹、裂缝或裂断，则评定试件冷弯试验合格。

## 第七节　沥青试验

沥青试验一般规定：

(1)同一批出厂，同一规格标号的沥青以 20 t 为一个取样单位，不足 20 t 也作为一个取样单位。

(2)从每个取样单位的不同部位取 5 处洁净试样，每处所取数量大致相等，共 1 kg 左右，作为平均试样，对个别可疑混杂的部位，应注意单独取样进行测定。

### 一、沥青针入度试验

《沥青针入度测定法》(GB/T 4509—2010)适用于测定范围从(0～500)1/10 mm 的固体和半固体沥青材料的针入度。石油沥青的针入度以标准针在一定的荷重、时间及温度条件下垂直穿入沥青试样的深度来表示，单位为 1/10 mm。除非另行规定，标准针、针连杆与附加砝码的总质量为(100±0.05)g，温度为(25±0.1)℃，时间为 5 s。特定试验条件参照表 14-8 的规定。

表 14-8 沥青的针入度特定试验条件

| 温度/℃ | 荷载/g | 时间/s |
|---|---|---|
| 0 | 200 | 60 |
| 4 | 200 | 60 |
| 46 | 50 | 5 |

**1. 试验目的**

通过测定沥青针入度，评定其黏滞性，并依针入度值确定沥青的牌号。

**2. 仪器设备**

沥青针入度仪(图 14-13)、标准针、温度计、水槽、秒表、平底玻璃皿等。

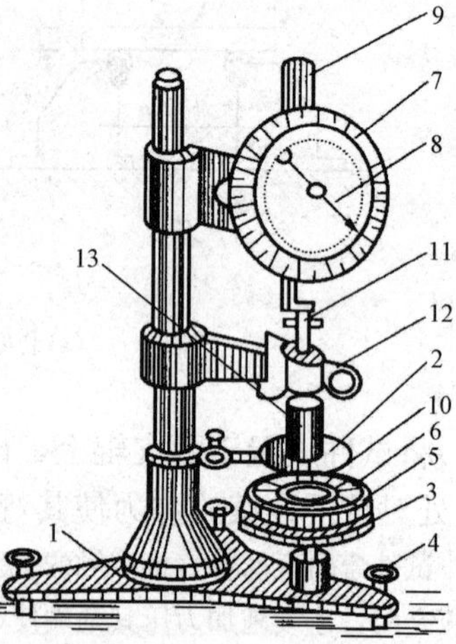


图 14-13 针入度仪

1—底座；2—小镜；3—圆形平台；4—调平螺丝；5—保温皿；6—试样；7—刻度盘；8—指针；9—活杆；10—标准针；11—连杆；12—按钮；13—砝码

**3. 试样制备**

(1)小心加热样品，不断搅动以防局部过热，加热到样品易于流动。加热时焦油沥青的加热温度不超过软化点的 60 ℃，石油沥青不超过软化点的 90 ℃。加热时间在保证样品充分流动的基础上尽量少。加热、搅拌过程中避免试样中进入气泡。

(2)将试样倒入预先选好的试样皿中，试样深度应至少是预计针入深度的 120%。如果试验皿的直径小于 65 mm，而预期针入度高于 200，每个试验条件都要倒三个样品。如果样品足够，浇注的样品要达到试样皿边缘。

(3)松松地盖住试样皿以防灰尘落入。在 15～30 ℃的室温下，小试样皿中的样品冷却 45～60 min，中等试样皿中的样品冷却 1～1.5 h，较大的试样皿中的样品冷却 1.5～2.0 h，冷却结束后将试样皿和平底玻璃皿放入恒温水浴中，水面没过试样表面 10 mm 以上。在规定的试验温度下恒温，小试样皿恒温 45～60 min，中等试样皿中的样品恒温 1～1.5 h，更大的试样皿中的样品恒温 1.5～2.0 h。

**4. 试验步骤**

(1)调整针入度仪的水平，检查针连杆和导轨，以确认无水和其他外来物，无明显摩擦。如果预测针入度超过 350，应选择长针，否则用标准针。先用合适的溶剂清洗标准针，再用干净的布将其擦干，把标准针插入针连杆中固紧。

(2)如果测试时针入度仪是在水浴中，则直接将试样皿放在浸在水中的支架上，使试样完全浸入水中。如果实验时针入度仪不在水浴中，将已恒温到试验温度的试样皿从水槽中取出，放在平底玻璃皿中的三脚架上，用与水浴相同温度的水完全覆盖样品，将盛有试样的平底玻璃皿放在针入度的平台上。慢慢放下针连杆，使针尖刚好与试样表面接触，必要时用放置在合适位置的光源反射来观察。拉下刻度盘的拉杆，使其与针连杆顶端轻轻接触，调节刻度盘的指针指向零。

(3)在规定时间内快速释放针连杆，同时开启秒表或计时装置，使标准针自由下落穿入沥青试样，到规定时间停压按钮使标准针停止移动。

(4)拉下刻度盘拉杆与针连杆顶端接触，此时刻度盘指针的读数即为试样的针入度，用 0.1 mm 表示。

(5)同一试样至少平行试验三次，各测点间及测定点与试样皿之间的距离不应小于 10 mm。每次试验后都应将放有试样皿的平底玻璃皿放入恒温水槽，使平底玻璃皿中的水温保持试验温度。每次试验都应采用干净针。当针入度小于 200 时可将针取下用合适的溶剂擦净后继续使用。当针入度超过 200 时，每个试样皿中扎一针，三个试样皿得到三个数据。或者每个试样至少用三根针，每次试验用的针留在试样中，直到三根针扎完时再从试样中取出。

**5. 试验结果**

以三次试验结果的平均值作为该沥青的针入度。三次试验所测针入度的最大值与最小值之差不应大于表 14-9 中的数值。如差值超过表中数值，则试验须重做。

**表 14-9　针入度测定最大允许差值**

| 针入度 | 0～49 | 50～149 | 150～249 | 250～350 | 350～500 |
|---|---|---|---|---|---|
| 最大差值 | 2 | 4 | 6 | 8 | 20 |

## 二、沥青延度(延伸度)的测定

**1. 检测目的**

通过测定沥青的延度，可以评定沥青的韧性、塑性好坏，并依据延度值确定沥青的牌号。通过试验操作练习，学会有关仪器设备的使用。

**2. 主要仪器设备**

延度仪及试样模具(图 14-14)、瓷皿或金属皿、孔径 0.3～0.5 mm 筛、温度计(0 ℃～50 ℃，分度 0.1 ℃、0.5 ℃各一支)、刀、金属板、砂浴。

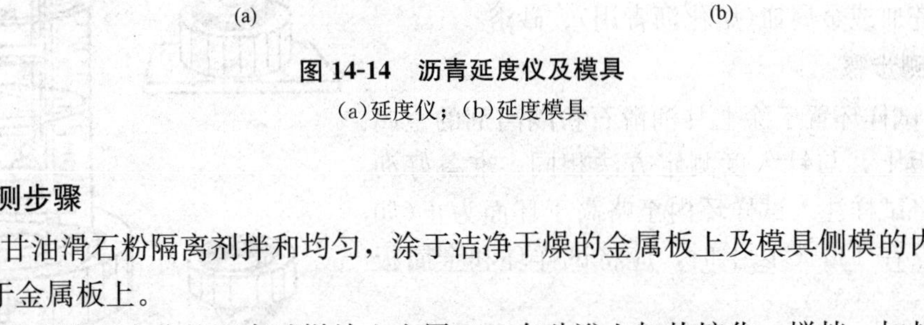


**图 14-14　沥青延度仪及模具**

(a)延度仪；(b)延度模具

**3. 检测步骤**

(1)将甘油滑石粉隔离剂拌和均匀，涂于洁净干燥的金属板上及模具侧模的内表面，并将模具置于金属板上。

(2)将预先除去水分的沥青试样放入金属皿，在砂浴上加热熔化、搅拌。加热温度不得超过估计软化点 100 ℃，用筛过滤，并充分搅拌至气泡完全消除。

(3)将熔化沥青试样自模具的一端至另一端往返多次缓缓注入并使试样略高出模具，灌模时应注意勿使气泡混入。

(4)试件在 15 ℃～30 ℃的空气中冷却 30 min 后，放入(25±0.1)℃的水浴中，保持 30 min 后取出，用热刀将高出模具的沥青刮去，使沥青面与模面齐平。沥青的刮法应自模具的中间刮向两边，表面应刮得十分光滑。将试件连同金属板再浸入(25±0.1)℃的水浴中保持1～1.5 h。

(5)检查延度仪的拉伸速度是否符合标准要求，然后移动滑板使指针正对标尺的零点。

(6)将试件移至延度仪水槽中，然后将试件从金属板上取下，将模具两端的孔分别套在滑板及槽端的金属柱上，然后去掉侧模，水面距试件表面应不小于 25 mm。

(7)确认水槽中水温为(25±0.5)℃时，开启延度仪(此时仪器不得有振动)，观察沥青的拉伸情况。在测定过程中应随时观测，保持水温在(25±0.5)℃的范围内，水面不得有晃动，试验时，若发现沥青细丝浮于水面或沉入槽底时，则应在水中加入乙醇或食盐水，调整水的密度至与试样的密度相近后，再重新进行测定。

(8)试件拉断时指针所指标尺上的读数，即为试样的延度，以 cm 表示。在正常情况下，试件应拉伸成锥尖状，在断裂时实际横断面接近于零。如不能得到上述结果，则应在报告中注明。

**4. 检测结果**

取平行测定三次结果的算术平均值作为测定结果。三次的单个值与平均值之差均应在平均值的 5%以内，若其中一次测定值与平均值之差不在平均值的 5%以内，则舍去该值，取另两次结果的平均值；若其中有两次测定值与平均值之差均不在平均值的 5%以内，则应重新检测。

## 三、沥青软化点的测定

**1. 检测目的**

通过测定沥青的软化点，可评定沥青的温度稳定性(温度敏感性)，并依据软化点值确定沥青的牌号。软化点也是在不同的温度下选用沥青的重要技术指标。通过试验操作练习，学会有关仪器设备的使用。

**2. 主要仪器设备**

软化点测定仪(图 14-15)、电炉或其他加热设备、金属板或玻璃板、刀、孔径 0.3～0.5 mm 筛、温度计、瓷皿或金属皿(熔化沥青用)、砂浴。

**3. 检测步骤**

(1)将试样环置于涂上甘油滑石粉隔离剂的金属板或玻璃板上，与针入度测定方法相同，准备好沥青试样，将试样注入试样环内至略高于环面为止(如估计软化点在 120 ℃以上时，应将试样环和金属板预热至 80～100 ℃)。

(2)将试样在 15～30 ℃的空气中冷却 30 min 后，用热刀刮去高出环面的试样，使其与环面齐平。

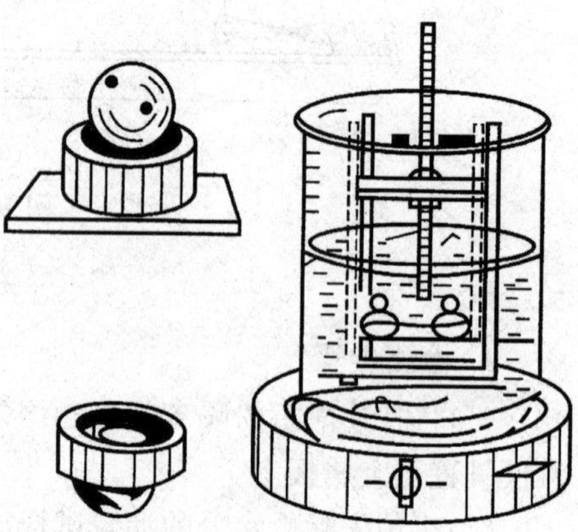

**图 14-15　软化点测定仪**

(3)对于软化点不高于 80 ℃的试样，将盛有试样的试样环及金属板置于盛满水的保温槽内，水温保持(5±0.5)℃，恒温 15 min。

对于软化点高于 80 ℃的试样，将盛有试样的试样环及金属板置于盛满甘油的保温槽内，水温保持(32±1)℃，恒温 15 min。或将盛有试样的试样环水平地安放在试验架中层板的圆孔内，然后放在烧杯中，恒温 15 min，温度要求与保温槽相同。

(4)烧杯内注入新煮沸并冷却至约 5 ℃的蒸馏水(对于软化点不高于 80 ℃的试样)，或注入预先加热至 32℃的甘油(对于软化点高于 80 ℃的试样)，使水面或甘油面略低于连接杆上的深度标记。

(5)从水(或甘油)保温槽中取出盛有试样的试样环放置在环架中层板的圆孔中，并套上钢球定位环，把整个环架放入烧杯内，调整水面或甘油面至连接杆上的深度标记，环架上任何部分均不得有气泡。再将温度计由上层板中心孔垂直插入，使测温头底部与试样环下面齐平。

(6)将烧杯移至有石棉网的加热炉具上，然后将钢球放在试样上(须使各环的平面在全部加热时间内完全处于水平状态)，立即开动振荡搅拌器，使水或甘油微微振荡，并开始加热，使烧杯内的水或甘油温度在 3 min 内调节至上升速度为(5±0.5)℃/min。在整个测定过程中如温度的上升速度超出此范围时，检测应重做。

(7)试样受热软化下坠至与下层底板表面接触时的温度即为试样的软化点。

**4. 检测结果**

取平行测定两个结果的算术平均值作为测定结果。平行测定的两个结果的偏差不得大于下列规定：软化点低于 80 ℃时，允许差值为 0.5 ℃；软化点高于或等于 80 ℃时，允许差值为 1 ℃。否则检测重做。

## 本章小结

建筑材料试验是本课程重要的实践性教学环节。试验既是建筑材料课程的重要组成部分，同时也是学习和研究建筑材料的重要方法。

在本章学习中，应熟悉常用材料性能的检验和评定方法，熟悉常用材料试验仪器的性能和操作方法，掌握建筑材料基本性能试验、水泥试验、混凝土的有关试验、砂浆试验、钢筋试验及沥青试验等七个基本的建筑材料试验方法。

## 思考与练习

1. 如何用试饼法来评定水泥的体积安定性？
2. 对水泥抗折强度和抗压强度测试结果的判定方法是什么？
3. 混凝土拌合物黏聚性、保水性的评定方法是什么？
4. 对钢材进行弯曲后，如何检验其冷弯性能的合格性？

# 参考文献

[1] 林祖宏．建筑材料[M]．北京：北京大学出版社，2008.
[2] 谭平．建筑材料[M]．北京：北京理工大学出版社，2009.
[3] 葛勇．土木工程材料学[M]．北京：中国建材工业出版社，2007.
[4] 周文娟．建筑材料[M]．北京：清华大学出版社，2009.
[5] 高琼英．建筑材料[M]．武汉：武汉工业大学出版社，2009.
[6] 王春阳．建筑材料[M]．2版．北京：高等教育出版社，2006.
[7] 赵丽萍．土木工程材料[M]．北京：人民交通出版社，2009.
[8] 徐友辉，何展荣．建筑材料[M]．北京：北京理工大学出版社，2012.
[9] 王秀花．建筑材料[M]．北京：机械工业出版社，2011.
[10] 魏鸿汉．建筑材料[M]．北京：中国建筑工业出版社，2010.
[11] 范文昭．建筑材料[M]．3版．北京：中国建筑工业出版社，2010.